普通高等院校数据科学与大数据技术专业“十三五”规划教材

大数据采集与预处理技术

DASHUJU CAIJI YU YUCHULI JISHU

刘丽敏 廖志芳 周 筠 ⊙ 编著

中南大學出版社
www.csupress.com.cn
·长沙·

图书在版编目(CIP)数据

大数据采集与预处理技术 / 刘丽敏，廖志芳，周筠编著. —长沙：中南大学出版社，2018.12(2024.12重印)

ISBN 978-7-5487-3411-6

Ⅰ.①大… Ⅱ.①刘… ②廖… ③周… Ⅲ.①数据采集 ②数据处理 Ⅳ.①TP274

中国版本图书馆CIP数据核字(2018)第213376号

大数据采集与预处理技术

DASHUJU CAIJI YU YUCHULI JISHU

刘丽敏　廖志芳　周筠　编著

□出 版 人　林绵优

□责任编辑　韩　雪

□责任印制　唐　曦

□出版发行　中南大学出版社

社址：长沙市麓山南路　　邮编：410083

发行科电话：0731-88876770　　传真：0731-88710482

□印　　装　湖南省众鑫印务有限公司

□开　　本　787 mm×1092 mm　1/16　□印张 11.75　□字数 301 千字

□互联网+图书　二维码内容　字数 0.71 千字

□版　　次　2018年12月第1版　□印次 2024年12月第9次印刷

□书　　号　ISBN 978-7-5487-3411-6

□定　　价　42.00元

普通高等院校数据科学与大数据技术专业“十三五”规划教材

编委会

内容简介

本书以大数据关键技术为主线，重点介绍了大数据采集技术和数据预处理技术。本书共7章。第1章为大数据概述，重点阐述了大数据的概念、大数据关键技术以及大数据采集和数据预处理的重要性，并对本书内容进行了概述；第2章在阐述传统数据采集相关技术基础上，从数据发展出发，剖析了大数据采集的特点和相关技术；第3章介绍了常用的大数据采集架构；第4章介绍了针对系统数据来源复杂、数据量大的企业数据的大数据迁移技术；第5章介绍了互联网数据抓取与处理技术；第6章介绍了数据预处理技术，包括数据清洗、数据集成、数据变换和数据归约等技术；第7章首先阐述了Hadoop相关理论基础，然后以淘宝网数据为例，介绍了大数据从数据采集、数据预处理、数据分析以及数据可视化的综合应用实例。本书可作为高等院校大数据相关专业的教学用书，也可以作为从事大数据相关工作的工程技术人员的参考用书。

总 序

Preface

随着移动互联网的兴起，全球数据呈爆炸性增长，目前90%以上的数据是近年产生的，数据规模大约每两年翻一番；而随着人工智能下物联网生态圈的形成，数据的采集、存储及分析处理、融合共享等技术需求都能得到响应，各行各业都在体验大数据带来的革命，“大数据时代”真正来临。这是一个产生大数据的时代，更是需要大数据力量的时代。

大数据具有体量巨大、速度极快、类型众多、价值巨大的特点，对数据从产生、分析到利用提出了前所未有的新要求。高等教育只有转变观念，更新方法与手段，寻求变革与突破，才能在大数据与人工智能的信息大潮面前立于不败之地。据预测，中国近年来大数据相关人才缺口达200万人，全世界相关人才缺口更超过1000万人之多。我国教育部门为了响应社会发展需要，率先于2016年开始正式开设“数据科学与大数据技术”本科专业及“大数据技术与应用”专科专业，近几年，全国形成了申报与建设大数据相关专业的热潮。随着专业建设的深入，大家发现一个共同的难题：没有成系列的大数据相关教材。

中南大学作为首批申报大数据专业的学校，2015年在我校计算机科学与技术专业设立大数据方向时，信息科学与工程学院院领导便意识到系列教材缺失的严重问题，因此院领导规划由课程团队在教学的同时积累素材，形成面向大数据专业知识体系与能力体系、老师自己愿意用、同学觉得买得值、关联性强的系列教材。经过两年的准备，针对2017年《教育部办公厅关于推荐新工科研究与实践项目的通知》的精神，中南大学出版社组织对系列教材文稿进行相应的打磨，最终于2018年底出版“高等院校数据科学与大数据技术专业‘十三五’规划教材”。

该套系列教材具有如下特点：

1. 本套教材主要参照“数据科学与大数据技术”本科专业的培养方案，综合考虑专业的来源，如从计算机类专业、数学统计类专业以及经济类专业发展而来；同时适当兼顾了专科类偏向实际应用的特点。

2. 注重理论联系实际，注重能力培养。该系列教材中既有理论教材也有配套的实践教程。力图通过理论或原理教学、案例教学、课堂讨论、课程实验与实训实习等多个环节，训练学生掌握知识、运用知识分析并解决实际问题的能力，以满足学生今后就业或科研的需求；同时兼顾“全国工程教育专业认证”对学生基本能力的培养要求与复杂问题求解能力的要求。

3. 在规范教材编写体例的同时，注重写作风格的灵活性。本套系列教材中每本书的内容都由教学目的、本章小结、思考题或练习题、实验要求等组成。每本教材都配有PPT电子教案及相关的电子资源，如实验要求及DEMO、配套的实验资源管理与服务平台等。本套系列教材的文本层次分明、逻辑性强、概念清晰、图文并茂、表达准确、可读性强，同时相关配套电子资源与教材的相关性强，形成了新媒体式的立体型系列教材。

4. 响应了教育部"新工科"研究与实践项目的要求。本套教材从专业导论课开始设立相关的实验环节，作为知识主线与技术主线把相关课程串接起来，力争让学生尽早具有培养自己动手能力的意识、综合利用各种技术与平台的能力。同时为了避免新技术发展太快、教材纸质文字内容容易过时的问题，在相关技术及平台的叙述与实践中，融合了网络电子资源容易更新的特点，使新技术保持时效性。

5. 本套丛书配有丰富的多媒体教学资源，将扩展知识、习题解析思路等内容做成二维码放在书中，丰富了教材内容，增强了教学互动，增加了学生的学习积极性与主动性。

本套丛书吸纳了数据科学与大数据技术教育工作者多年的教学与科研成果，凝聚了作者们的辛勤劳动，同时也得到了中南大学等院校领导和专家的大力支持。我相信本套教材的出版，对我国数据科学与大数据技术专业本科、专科教学质量的提高将有很好的促进作用。

桂卫华

2018 年 11 月

前言

Foreword

目前全国各类高校、高职院校都已陆续开设了大数据相关的专业和课程。作为交叉型学科，大数据的相关专业强调培养具有多学科交叉能力的大数据人才。因此，作为承担大数据人才培养的高等院校，需要及时建立健全大数据专业的课程体系，培养一批具备大数据专业素养的高级人才，满足社会对大数据人才的需求。而高质量的教材是推动高等院校大数据专业课程体系建设的关键。

《大数据采集与预处理技术》一书侧重于介绍大数据关键技术中的大数据采集和数据预处理技术，该教材可作为入门级大数据基础教材，旨在为读者搭建起大数据的知识架构，阐述大数据采集和数据预处理的基本原理，开展相关的初级实践，为读者在大数据以及相关领域的学习奠定重要的基础。

教材系统论述了大数据的概念和关键技术、大数据采集基础知识、常用大数据采集架构、大数据迁移技术、互联网数据的抓取与处理技术、数据预处理等技术，最后给出了基于Hadoop 的大数据综合分析案例。本书共7 章，第 1 章介绍大数据的相关概念和大数据关键技术，帮助读者了解大数据的整体架构，形成对大数据关键技术的总体认识。第 2 章介绍传统数据采集技术和大数据采集技术，帮助读者形成大数据采集技术的初步认识，为后面章节的学习奠定基础。第 3 章介绍常用大数据采集架构，包括 Chukwa、Flume、Scrible 以及 Apache Kafka 等，帮助读者了解针对日志系统的采集方法。第 4 章介绍大数据迁移技术，包括基于存储的数据迁移、基于主机逻辑卷的迁移、基于数据库的迁移和服务器虚拟化数据迁移等，帮助读者了解针对系统数据来源复杂、数据量大的企业数据的采集方法。第 5 章介绍互联网数据抓取与处理技术，并开展了初步的实践，帮助读者了解互联网数据的爬虫技术以及分词技术。第 6 章介绍数据预处理技术，包括数据的描述以及数据清洗、数据集成、数据变换和数据归约等相关算法和技术。第 7 章首先介绍了 Hadoop 相关理论，然后开展了基于 Hadoop 的大数据分析案例，帮助读者了解大数据分析的全过程，建立起大数据从数据采集—数据预处理—数据分析—数据可视化的分析架构，加深对大数据相关知识的理解。

本书是中南大学大数据系列丛书之一，可以作为数据科学与大数据专业、大数据技术与应用专业、计算机科学等相关专业的教材，也可供从事大数据技术的相关技术人员参考使用。

本书由中南大学刘丽敏、廖志芳、湖南财政经济学院周筠编写。其中，第 1、2、3、6 章由刘丽敏编写，第 4 章由廖志芳编写，第 5 章由廖志芳和刘丽敏合作编写，第 7 章由刘丽敏和周筠合作编写。全书由刘丽敏统稿。在撰写过程中，中南大学软件学院硕士研究生周杰、周亚辉等人做了大量辅助性工作，在此，向这些同学的辛勤工作表示衷心的感谢。

由于编者能力有限，加之编写时间仓促，书中难免存在不足之处，敬请批评指正。

编者

2018 年 10 月

目 录
Contents

第 1 章　大数据概述

随着云计算、透明计算和物联网等技术的兴起以及社会网络、移动支付、基于位置的服务(location based service，LBS)等应用的迅速发展，数据正以前所未有的速度在不断地增长和累积，大数据时代已经来到。

最早提出“大数据”时代到来的是全球知名咨询公司麦肯锡。麦肯锡曾说：“数据，已经渗透到当今每一个行业和业务职能领域，成为重要的生产因素。人们对于海量数据的挖掘和运用，预示着新一波生产率增长和消费者盈余浪潮的到来。”随着互联网和信息行业的发展，大数据在各个领域越来越彰显它的优势，各种利用大数据进行发展的领域正在协助企业不断地发展新业务。本章内容旨在让大家更好地认识和了解大数据。

1.1　大数据的概念

1965 年，英特尔创始人戈登摩尔提出了著名的“摩尔定律”，即集成电路上可容纳的晶体管数目，约每隔 18 个月便会增加一倍。1998 年，图灵奖获得者杰姆格雷提出了著名的“新摩尔定律”，即人类有史以来的数据总量，每过 18 个月就会翻一番。而根据国际数据调研机构 IDC 的估测，数据一直都在以每年 50% 的速度增长，也就是说每两年就增长一倍。这意味着人类在最近两年产生的数据量相当于之前产生的全部数据量。Intel 预测到 2020 年，全球数据量将会达到 35 ZB(1 ZB = 10 亿 TB = 1 万亿 GB)，而中国产生的数据量将会达到 8 ZB，也就是说 2020 年之后中国产生的数据量将约占到全球数据总量的的四分之一。

互联网技术的发展，尤其是社会网络的兴起，让每个人都是互联网信息的接受者，也是信息的产生者，每个人都成为数据源，几乎每个人都在用智能终端拍照、拍视频、发微博、发微信等。另外，物联网技术的发展，遍布地球各个角落的各种各样的传感器，无一不是数据来源或者承载的方式。此外，各行各业越来越依赖大数据手段来开展工作，例如，医疗行业有大量的病例、病理报告、治愈方案、药物报告等，通过对这些数据进行整理和分析，将会极大地辅助医生提出治疗方案，帮助病人早日康复。可以构建大数据平台来收集不同病理和治疗方案，以及病人的基本特征，建立针对疾病特点的数据库，帮助医生进行疾病诊断。所以随着科学技术的发展和人类活动的进一步扩展，数据规模会急剧膨胀，于是大数据这样一个在含义上趋近于无穷大的概念应运而生。

近些年来，大数据一直是学术界的研究热点。*Nature* 最早在 2008 年提出了大数据的概念，并推出了 *Big Data* 专刊。*Science* 在 2011 年推出了大数据专刊 *Dealing with Data*，主要围绕着科学研究中大数据的问题展开讨论，说明大数据对于科学研究的重要性。2012 年，美国一些知名的数据管理领域的专家学者联合发布了一份白皮书“Challenges and Opportunities with Big Data”，该白皮书从学术的角度出发，介绍了大数据的产生，分析了大数据的处理流程，并提出大数据所面临的若干挑战。2012 年，达沃斯世界经济论坛上，大数据是会议铁主题之一，该次会议还特别针对大数据发布了报告“Big Data，Big Impact：New Possibilities for International Development”，探讨了在新的数据产生方式下，如何更好地利用数据来产生良好的社会效益。该报告重点关注了个人产生的移动数据与其他数据的融合与利用。2012 年 3 月，奥巴马政府在白宫网站发布了《大数据研究和发展倡议》，将其视为“未来的新石油”，提出通过大数据加速在科学、工程领域的创新步伐，强化美国国土安全，转变教育和学习模式。如何利用数据资源发掘知识、提升效益、促进创新，使其服务于国家治理、企业决策乃至个人生活服务，是大数据时代的重要战略课题。奥巴马政府的这一计划被视为美国政府继信息高速公路(information highway)计划之后在信息科学领域的又一重大举措。

中国信息通信研究院在 2016 年发布的《大数据白皮书(2016)》从大数据产业发展概述、大数据技术发展趋势、大数据资源开放与共享、重点行业大数据应用、大数据政策法规等方面分析了大数据行业的最新进展。

那么，何谓大数据?《著云台》的分析师团队认为，大数据(big data)通常用来形容一个公司创造的大量非结构化和半结构化数据，这些数据下载到关系型数据库用于分析时会花费过多时间和金钱。刘鹏在《大数据》一书中给出了大数据的定义，大数据又称巨量数据，指的是无法在可承受的时间范围内用常规软件工具进行捕捉，管理和处理的数据集合，是需要新处理模式才能具有更强的决策力、洞察发现力和流程优化能力来适应海量高增长率和多样化的信息资产。

由此可见，大数据是大小超出典型数据库软件采集、储存、管理和分析等能力的数据集合。因此大数据并非大量数据简单无意义的堆积，通常需要从大数据中获取更多有价值的“新”信息，所以必然要求这些大量的数据之间存在着或远或近、或直接或间接的关联性，才具有相当的分析挖掘价值。数据间是否具有结构性和关联性，是“大数据”与“大规模数据”的重要差别。大数据技术是从各种各样类型的大数据中，快速获得有价值信息的技术及其集成。“大数据”与“大规模数据”“海量数据”等类似概念间的最大区别，就在于“大数据”这一概念中包含着对数据对象的处理行为。为了能够完成这一行为，从大数据对象中快速挖掘更多有价值的信息，使大数据“活起来”，就需要综合运用灵活的、多学科的方法，包括数据采集、分布式处理、数据挖掘等，而这就需要拥有对各类技术、各类软硬件的集成应用能力。可见，大数据技术是使大数据中所蕴含的价值得以发掘和展现的重要工具。

目前工业界普遍认为大数据具有 5V + 1C 的特征：大量(volume)、多样(variety)、价值(value)、高速(velocity)、准确性(veracity)和复杂(complexity)。

(1)大量：数据量大，包括采集、存储和计算的量都非常大。大数据的起始计量单位至少是 P(1000 个 T)、E(100 万个 T)或 Z(10 亿个 T)。

(2)多样：数据种类和来源多样化。包括结构化、半结构化和非结构化数据，具体表现为网络日志、音频、视频、图片、地理位置信息等。多类型的数据对数据的处理能力提出了更高的要求。

(3)价值：数据价值密度相对较低。随着互联网以及物联网的广泛应用，信息感知无处不在，信息海量，但价值密度较低，如何结合业务逻辑并通过强大的机器算法来挖掘数据价值，是大数据时代最需要解决的问题。

(4)高速：数据增长速度快，处理速度也快，时效性要求高。比如搜索引擎要求几分钟前的新闻能够被用户查询到，个性化推荐算法尽可能要求实时完成推荐。这是大数据区别于传统数据挖掘的显著特征。

(5)准确性：即数据处理结果要保证一定的准确性和可信赖度，即数据的质量。

(6)复杂：由于数据大量、多样、产生速度快，对数据的处理和分析的难度大。

从大数据的特征可以看出，大数据的产生和用户使用需求呈指数级增长，数量极其庞大；大量非结构化的数据使得数据复杂度提高，传统的数据处理方式已经无法来处理；数据处理的时效与数据分析结果的准确性难度非常大。可见，大数据技术涉及数据采集、数据存储、数据处理、数据分析等各个方面，运用传统的数据处理工具和技术，无法满足实时大数据的需求。

1.2　大数据关键技术

大数据正带来一场信息社会的变革，大量的结构化数据和非结构化数据的广泛应用，致使人们需要重新思考已有的数据模式，庞大的数据需要进行清洗、预处理、归类、建模、分析等操作，才能得到需要的服务和产品。因此，大数据关键技术涵盖了数据采集、数据存储、数据处理、数据分析、数据应用等多方面技术。如图1－1所示，根据大数据的处理过程，可将其分为数据采集、数据预处理、数据存储、数据分析与挖掘以及数据可视化等环节。由于大数据具有规模大、异构、多源等特点，大数据技术与传统的数据处理技术也有所不同，对于每个处理环节，都体现出大数据需求的新技术。

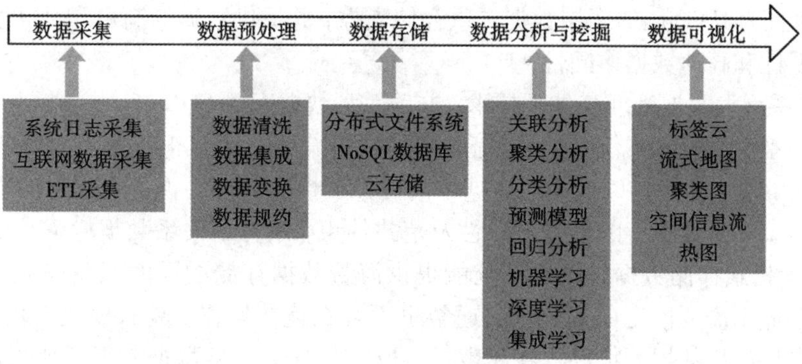

图1－1　大数据处理过程

1. 大数据采集

对于大数据分析来说，获取大数据是重要的基础。数据采集，又称数据获取，是处于大数据生命周期的第一个环节，它是通过RFID射频数据、传感器数据、社交网络、移动互联网等方式获取各种类型的结构化、半结构化和非结构化的海量数据。由于可能存在成千上万的用户并发的访问和操作，因此，必须采用专门针对大数据的采集方法。

2. 大数据预处理

虽然数据采集端本身有很多数据库，但是如果要对这些海量数据进行有效的分析，还是应该将这些数据导入到一个集中的大型分布式数据库或者分布式存储集群当中，同时在导入的基础上完成数据清洗和预处理工作。

现实世界中，数据通常存在不完整、不一致的“脏”数据，无法直接进行数据挖掘，或挖掘结果差强人意，因此，为了提高数据挖掘的质量产生了数据预处理技术。

3. 大数据存储

大数据存储与管理要用存储器把采集到的大规模数据存储起来，建立相应的数据库，并进行管理和调用。针对大数据时代的复杂结构化数据，特别是半结构化数据和非结构化数据的海量存储和分布式存储的需求，大数据存储通常采用分布式文件系统、NoSQL 数据库以及云存储等技术。

(1)高效低成本的大数据文件存储技术：分布式文件系统(distributed file system，DFS)。

DFS 是指文件系统管理的物理存储资源不一定直接连接在本地节点上，而通过计算机网络与节点相连。使用分布式文件系统可以轻松定位和管理网络中共享资源、使用统一的命名路径完成对所需资源的访问。例如，Google 文件系统是一个可扩展的分布式文件系统，用于大型的、分布式的、对大量数据进行访问的应用。它运行于廉价的普通硬件上，将服务器故障视为正常现象，通过软件的方式自动容错，在保证系统可靠性和可用性的同时，大大降低了系统成本。除了 Google 的文件系统，Hadoop 也是一种常用的分布式系统架构，它可以让用户在不了解分布式底层细节的情况下开发分布式程序，充分利用集群的高速运算和存储。Hadoop 的分布式文件系统称为 HDFS(Hadoop distributed file system)。HDFS 不仅有着高容错性的特点，而且为 Hadoop 的底层数据提供存储支撑，并提供数据的高可靠性和容错能力，拥有良好的扩展性和高速数据访问性。

(2)非关系型大数据管理与处理技术：非关系型数据库 NoSQL。

传统的关系型数据库不仅难以满足高并发读写的需求，而且很难实现对海量数据高效率存储和访问的需求，同时难以满足对数据库高可扩展性和高可用性的需求。然而，NoSQL 数据库打破了传统关系数据库的事务一致性及范式约束，放弃了关系数据库强大的 SQL，采用 <key，value> 格式存储数据，保证系统能提供海量数据存储的同时具备优良的查询性能。NoSQL 数据存储不需要固定的表结构，通常也不存在连接操作，具有模式自由、备份简易、接口简单和支持海量数据等特性。在大数据存取上具备关系型数据库无法比拟的性能优势。例如，Google 设计的分布式数据库 BigTable，它为应用程序提供了比单纯的文件系统更方便、更高层的数据操作能力。BigTable 提供了一定粒度的结构化数据操作能力，解决一些大型媒体数据(Web 文档、图片等)的结构化存储问题。BigTable 的设计目的是可靠地处理 PB 级别的数据，并且能够部署到上千台机器。

DynamoDB 是 Amazon 提供的共享式数据库云服务，这种方法可用性和扩展性都很好，读写访问中 99.9% 的响应时间都在 30 ms 内。DynamoDB 通过服务器把所有的数据存储在固态硬盘上的三个不同区域。如果有更高的传输需求，DynamoDB 也可以在后台添加更多的服务器。

Hbase(Hadoop database)是 Hadoop 项目的子项目，它是一个分布式的、面向列的开源数据库，它能提供类似于 BigTable 的数据存储功能。

Mongodb 是一个基于分布式文件存储的数据库。它由 C ++ 语言编写，是一个介于关系数据库和非关系数据库之间的产品，是非关系数据库当中功能最丰富最像关系数据库的。它支持的数据结构非常松散，可以存储比较复杂的数据类型。它支持的查询语言非常强大，其语法有点类似于面向对象的查询语言，几乎可以实现类似关系数据库单表查询的绝大部分功能，而且支持对数据建立索引。

(3)大数据分布式存储技术：云存储。

云存储是在云计算概念上延伸和发展出来的一个新概念，是指通过集群应用、网格技术或分布式文件系统等功能，将网络中大量各种不同类型的存储设备通过应用软件集合起来协同工作，共同对外提供数据存储和业务访问功能的一个系统。当云计算系统运算和处理的核心是大量数据的存储和管理时，云计算系统中就需要配置大量的存储设备，那么云计算系统就转变成为一个云存储系统，所以云存储是一个以数据存储和管理为核心的云计算系统。

简单来说，云存储就是将存储资源放到云上供人存取的一种新兴方案。使用者可以在任何时间、任何地方，透过任何可联网的装置连接到云上方便地存取数据。

4. 大数据分析与挖掘

数据挖掘是数据库知识发现(knowledge discovery in databases，KDD)中的一个步骤。数据挖掘是从大量的、不完全的、有噪声的、模糊的、随机的实际应用数据中，提取出隐含在其中的、人们事先未知的、但又是潜在有用的信息和知识的过程。与传统数据的统计与分析方法不同的是，大数据分析与挖掘一般没有预先设定好的主题，主要是在现有数据基础上进行的基于各种算法的计算，从而起到预测效果，实现高级别数据分析的需求。主要包含关联分析、聚类分析、分类分析、预测模型、回归分析、机器学习、深度学习、集成学习等技术。

关联分析是针对数据集中存在的一类重要的可被发现的知识，关联分析的目标在于发现数据集中隐藏的相关联系。

聚类分析的目的在于将数据集内具有相似特征属性的数据聚集在一起，同一个数据群中的数据特征要尽可能相似，不同的数据群中的数据特征要有明显的区别。

分类分析是根据重要数据类的特征向量及其他约束条件，构造分类函数或分类模型，目的是根据数据集的特点把未知类别的样本映射到给定类别中。

预测建模是根据数据集的特征，以目标结果为目的建立映射关系，预测建模有两个任务，一是分类用于预测具有多种属性的数据的类别，二是回归用于预测连续数据及未来的变化趋势。

机器学习是一种能够赋予机器学习的能力以此让它完成直接编程无法完成的功能的方法。从实践的意义上来说，机器学习是一种通过利用数据训练出模型，然后使用模型预测的一种方法。机器学习是一门多领域交叉学科，涉及概率论、统计学、逼近论、凸分析、算法理论等多门学科。机器学习已经有了十分广泛的应用，例如，数据挖掘、计算机视觉、自然语言处理、生物特征识别、搜索引擎、医学诊断、检测信用卡欺诈、证券市场分析、DNA 序列测序、语音和手写识别、战略游戏和机器人运用等。

深度学习是机器学习研究中的一个新的领域，其动机在于建立、模拟人脑进行分析学习的神经网络，它模仿人脑的机制来解释数据，例如，图像、声音和文本。深度学习的概念源于人工神经网络的研究，含多隐层的多层感知器就是一种深度学习结构。深度学习通过组合低层特征形成更加抽象的高层表示属性类别或特征，以发现数据的分布式特征表示。

集成学习也是机器学习的一个重要分支。集成学习是使用一系列学习器进行学习，并使用某种规则把各个学习结果进行整合从而获得比单个学习器更好的学习效果的一种机器学习方法。

5. 大数据可视化

随着互联网技术的发展，网络数据出现了爆炸式增长。如何从这些数据中快速获得自己想要的信息，并以一种直观、形象的方式展示出来是大数据可视化的核心问题。大数据可视化是利用计算机图形学和图像处理技术，将转换为图形或图像的数据在屏幕上显示出来，并使用交互处理技术进行分析，这种技术可以更为直观地表达数据，从而发现数据隐含的规律。

在大数据分析的应用过程中，可视化通过交互式视觉表现的方式来帮助人们探索和理解复杂的数据。可视化与可视分析能够迅速和有效地简化与提炼数据流，帮助用户交互筛选大量的数据，有助于使用者更快更好地从复杂数据中得到新的发现，成为用户了解复杂数据、开展深入分析不可或缺的手段。大规模数据的可视化主要是基于并行算法设计的技术，合理利用有限的计算资源，高效地处理和分析特定数据集的特性。

大数据可视化不仅是静态的仪表盘和数据的图形展现，而且开启了通过数据交互与数据对话的新时代。大数据可视化系统的作用不仅仅是呈现数据，更重要的是赋予了数据被发现的价值，常用的大数据可视化方法包括标签云、历史流图、聚类图、空间信息流、热图等。

标签云的设计思路主要是对于不同的对象用标签来表示，标签的排列顺序依照字典排序，按照热门程度确定字体的大小和颜色，建立一套相关的标签以及与此相应的权重。权值影响标签的字体大小、颜色或其他视觉效果。流式地图是一种将时间事件流与地图进行融合的方法。聚类图是指用图形方式展示聚类分析结果的技术，有助于判断簇数量不同时的聚类效果。空间信息流是展示信息空间状态的一种可视化技术。热图是将变量值用不同的颜色或高亮形式描绘出来，可以非常直观地呈现一些原本不易理解或表达的数据，如密度、频率、温度等。

面对海量的数据，如何将其清晰地展现给用户是大数据处理所面临的巨大挑战，无论是学术界还是工业界，对大数据进行可视化的研究从未停止。大数据可视化仍将是未来大数据的一个重要研究方向。

综上所述，整个大数据的处理过程，至少包括大数据采集、大数据预处理、大数据存储、大数据分析与挖掘以及大数据可视化等步骤才能算得上是一个比较完整的大数据处理流程。本书将详细介绍大数据采集与数据预处理的相关技术。

1.3 大数据采集与数据预处理技术

大数据采集与预处理是大数据处理分析的第一阶段，也是大数据的关键技术之一。在大数据获取过程中，一旦原始数据被采集，一个有效的机制将原始数据进行存储管理。但是，采集到的原始数据可能包含很多冗余或无用的数据，因此，数据预处理是保证有效的数据存储和利用必不可少的操作。

1.3.1　大数据采集技术

大数据采集是在确定用户目标的基础上，针对该范围内的海量数据的智能化识别、跟踪及采集的过程。实际应用中，大数据可能是企业内部的经营交易信息，比如联机交易数据和联机分析数据；也可能是源于各种网络和社交媒体的半结构化和非结构化数据，比如Web文本、手机呼叫详细记录、GPS和地理定位映射数据、通过管理文件传输协议传送的海量图像文件、评价数据等；还有源于各类传感器的海量数据，比如摄像头、可穿戴设备、智能家电、工业设备等收集的数据。面对如此复杂、海量的数据，制定适合大数据的采集策略或者方法是值得深入研究的。

传统数据采集是将从传感器或其他设备等自动采集信息的过程。这种方法数据来源单一，数据结构简单，且存储、管理和分析数据量也相对较小，大多采用集中式的关系型数据库或并行数据仓库即可处理。但是，在大数据时代，面对数据来源广泛、数据类型复杂以及海量数据的井喷式增长和不断增长的用户需求，传统的集中式数据库的弊端日益显现，基于分布式数据库的数据采集方法应运而生。

基于分布式数据库的数据采集方法相比传统数据采集方法的特点如下：

(1)具有更高的数据访问速度：分布式数据库为了保证数据的高可靠性，往往采用备份的策略实现容错，因此，客户端可以并发地从多个备份服务器同时读取，从而提高了数据访问速度。

(2)具有更强的可扩展性：分布式数据库可以通过增添存储节点来实现存储容量的线性扩展，而集中式数据库的可扩展性十分有限。

(3)更高的并发访问量：分布式数据库由于采用多台主机组成存储集群，所以相对集中式数据库，它可以提供更高的用户并发访问量。

目前，多家知名公司都已开发了采用分布式架构的大数据采集平台，比如Apache Chukwa、Flume、Scrible以及Apache kafka等。

Apache Chukwa是一个开源的用于监控大型分布式系统的数据采集平台，它是构建在Hadoop分布式文件系统(HDFS)和MapReduce框架之上，并继承了Hadoop的可伸缩性和健壮性。Apache Chukwa还包括一个灵活、强大的工具集，用于显示、监视和分析结果，以充分利用收集到的数据。

Flume是一种分布式、可靠和可用的服务，可以有效地采集海量日志数据。Flume支持在日志系统中定制各类数据发送方，用于数据采集；同时，Flume提供对数据进行简单处理，并写到各种数据接受方(可定制)的能力。Flume最早是Cloudera提供的日志采集系统，称为Flume OG(original generation)。但随着Flume功能的扩展，Flume OG代码工程臃肿、核心组件设计不合理、核心配置不标准等缺点暴露出来，尤其是在Flume OG的最后一个发行版本0.94.0中，日志传输不稳定的现象尤为严重。为了解决这些问题，2011年10月22号，Cloudera完成了Flume-728，对Flume进行了包括重构核心组件、核心配置以及代码架构等改动，重构后的版本被纳入Apache旗下，Cloudera Flume改名为ApacheFlume。

Scribe是Facebook开源的分布式数据采集平台，目前在各大互联网公司内部已经得到大量的应用。它能够从各种日志源上收集日志，存储到一个中央存储系统(可以是NFS、分布式文件系统等)上，以便于进行集中统计分析处理。它为日志的“分布式收集，统一处理”提供了一个可扩展的、高容错的方案。

Apche Kafka 是最初由 Linkedin 公司开发，是一个分布式、支持分区的、多副本的、基于 ZooKeeper 协调的分布式消息系统，它的最大的特性就是可以实时的处理大数据以满足各种需求场景。Linkedin 于 2010 年被纳入到 Apache，并更名为 Apache Kafka。

除上述这些广泛应用的大数据采集平台外，还有 Fluentd、Logstash、Splunk Forwarder 等大数据采集平台，它们大都提供高可靠和高扩展的数据采集。大多数平台都抽象出了输入，输出和中间的缓冲架构。利用分布式的网络连接，大多数平台都能实现一定程度的扩展性和高可靠性。

随着互联网技术的飞速发展，互联网中沉淀着大量以共享和开放形式存在的能反映用户偏好倾向、事件趋势、浏览历史、购买历史等相关数据，对于这些数据的采集也是大数据分析的重要组成部分。对于这部分大数据的采集，通常采用网络爬虫或网站公开 API 等方式从网页中抽取数据，将其存储为统一的本地数据文件。同时，它也可以支持图片、音频、视频等文件或附件的非结构数据的采集。此外，随着移动互联网的兴起，移动终端也产生了大量的个性化信息，对于这类数据的采集，各种应用 APP 是获取用户移动端数据的有效方法。

很多企事业单位内部产生了大量的数据并被存储于数据中心或数据集市中。如 ERP 系统产生的数据存储在 ERP 数库中，在线交易平台产生的数据存储在交易数据库中。对于这类数据的采集，ETL 是整合数据的一个重要方式。

在大数据的采集过程中，并发数高是主要面对的挑战，因为同时可能会有成千上万的用户来进行访问和操作。例如，12306 售票系统和淘宝网站，它们并发的访问量在峰值时达到上百万，所以需要在采集端部署大量的数据库才能支撑，并且如何在这些数据库之间进行负载均衡和分片是采集工具重点解决的问题。

1.3.2　数据预处理技术

数据预处理是大数据处理中的重要一环，要使数据处理能挖掘出丰富的知识，就必须为它提供干净、准确、简洁的数据。然而实际应用系统中采集到的原始数据是“脏”的，不完全的、冗余的和模糊的，很少能直接满足数据分析中数据挖掘算法的要求。在海量数据中无意义的成分也很多，严重影响了算法的执行效率，其中的噪声干扰还会造成无效的归纳。因此，数据预处理已经成为大数据处理中的关键问题。

采集到的原始数据通常存在的问题如下：

(1)杂乱性：原始数据是从各个实际应用系统中获取的(多种数据库、多种文件系统)，由于各应用系统的数据缺乏统一标准和定义，数据结构也有较大的差异，因此各系统间的数据存在较大的不一致性，往往不能直接拿来使用。

(2)重复性：对于同一个客观事物在数据库中存在其两个或两个以上完全相同的物理描述。由于应用系统实际使用中存在的一些问题，几乎所有应用系统中都存在数据的重复和信息的冗余现象。

(3)不完整性：由于实际系统设计时存在的缺陷以及一些使用过程中人为因素所造成的影响，数据记录中可能会出现数据属性的值丢失或不确定的情况，还可能缺少必须的数据而造成数据不完整。实际使用的系统中，存在大量的模糊信息，有些数据设置还具有一定的随机性质。

一个完整的大数据处理系统必须包含数据预处理。它以发现任务作为目标，以领域知识作为指导，用全新的“业务模型”来组织原始数据，摈弃一些与目标不相关的属性，为大数据提供干净、准确、有针对性的数据，从而减少数据处理量，提高处理效率，提高知识发现的起点和知识的准确度。常用的数据预处理技术包括数据清理、数据集成、数据变化、数据规约等。

(1)数据清理主要是达到数据格式标准化、异常数据清理、数据错误纠正、重复数据的清除等目标。

(2)数据集成是将多个数据源中的数据结合起来并统一存储，建立数据仓库。

(3)数据变换是通过平滑聚集、数据概化、规范化等方式，将数据转换成适用于数据挖掘的形式。

(4)数据规约是指在对挖掘任务和数据本身内容理解的基础上，寻找依赖于发现目标数据的应用特征，以缩减数据规模，从而在尽可能保持数据原貌的前提下，最大限度的精简数据量。

除了上述数据预处理方法外，数据也会通过其他操作进行处理，例如，针对高维数据进行降维或特征选择和特征提取等。

事实上，基于不同数据集的考虑，建立一个统一的数据预处理过程和技术、使其适用于所有类型的数据集是不太可能的。因此，需要综合考虑数据的特征、数据分析的要求以及数据集的其他因素，然后选择合适的数据预处理策略。

1.4　小结

大数据是人类在不断追求文明的过程中一定会经历的必然阶段。随着互联网技术的发展，每个人在享受社交服务的同时都在生产各类数据，比如文字、图片、视频、音频、个人支付信息、位置信息等；还有很多智能终端也在不断地采集各种数据，比如智能手环采集人的体征数据、地震仪监测地震数据、各种电子探头收集车辆相关数据等；各个商家，比如淘宝网每天产生的大量物流数据、商品信息、销售信息、客户购买信息等。如何从这些数据中发掘出隐含的，有用的知识是人类必然的一个期望。

大数据正是从大数据采集、大数据预处理、大数据存储、大数据分析、大数据可视化等几个方面解决数据到知识的目标，而其中大数据采集和大数据预处理是大数据分析的首要任务。本书将详细介绍大数据采集和大数据预处理的相关技术。

习　题

1. 摩尔定律的含义是什么？
2. 大数据有哪些特征？
3. 简述大数据处理过程。
4. 大数据存储常用的技术有哪些？
5. 基于分布式数据库的数据采集方法相比传统数据采集方法有哪些特点？

第 2 章　数据采集基础

数据采集是计算机与外部世界之间联系的桥梁，是获取信息的重要途径。传统数据采集解决了从信息到数字信号的处理过程，这一过程数据量小、数据结构简单、数据存储和处理简单。然而随着信息技术的飞速发展，大数据开启了一个大规模生产、分享和应用数据的时代，如何从大数据中采集出有用的信息已经是大数据发展的关键因素之一。本章首先介绍传统数据采集技术，然后根据数据发展、大数据特点和大数据来源，介绍大数据采集技术基础。

2.1　传统数据采集技术

数据采集技术是信息科学的重要组成部分，已广泛应用于国民经济和国防建设的各个领域，并且随着科学技术的发展，尤其是计算机技术的发展与普及，数据采集技术将有广阔的发展前景。

2.1.1　数据采集概述

数据采集(data acquisition)是指将要获取的信息通过传感器转换为信号，并经过对信号的调整、采样、量化、编码和传输等步骤，最后送到计算机系统中进行处理、分析、存储和显示。相应的系统称为数据采集系统。

具体地说，数据采集系统的任务就是采集传感器输出的模拟信号并转换成计算机能识别的数字信号，然后送入计算机进行相应的计算和处理，得到所需的数据。与此同时，将计算得到的数据进行存储、显示或打印，以便实现对某些物理量的监视，其中一部分数据还将被生产过程中的计算机控制系统用来控制某些物理量。

数据采集系统性能的好坏，主要取决于它的精度和速度。在保证精度的条件下，应该尽可能提高采样速度，以满足实时采集、实时处理和实时控制等对速度的要求。

传统数据采集系统都具有以下几个特点：

(1)数据采集系统一般都包含有计算机系统，这使得数据采集的质量和效率等大为提高，同时节省了硬件投资。

(2)软件在数据采集系统中的作用越来越大，增加了系统设计的灵活性。

(3)数据采集与数据处理相互结合日益紧密，形成了数据采集与处理相互融合的系统，可实现从数据采集、处理到控制的全部工作。

(4)速度快，数据采集过程一般都具有“实时”特性。

(5)随着微电子技术的发展，电路集成度的提高，数据采集系统的体积越来越小，可靠性越来越高。

(6)出现了很多先进的采集技术，比如总线采集技术、分布式采集技术等。

2.1.2 数据采集系统架构

数据采集系统一般由硬件和软件两部分组成。从硬件方面来看，目前数据采集系统的架构包括两种形式，微型计算机数据采集系统和集散型数据采集系统。

1. 微型计算机数据采集系统

微型计算机数据采集系统架构如图2-1所示，微型计算机数据采集系统是由传感器、模拟多路开关、程控放大器、采样/保持器、A/D转换器、计算机及外设等部分组成。

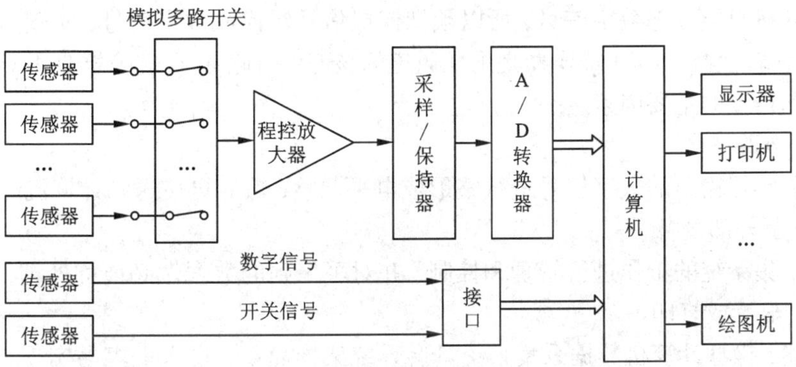

图2-1 微型计算机数据采集系统架构

(1)传感器。

把各种非电的物理量，比如温度、压力、位移、流量等转换成电信号的器件称为传感器。传感器的类型有很多，如测量温度的传感器有热电偶、热敏电阻等；测量机械力的有压(力)敏传感器、应变片等；测量机械位移的有电感位移传感器、光栅位移传感器等；测量气体的有气敏传感器等。

(2)模拟多路开关。

数据采集系统往往要对多路模拟量进行采集。在不要求高速采样的场合，一般采用公共的A/D转换器，分时对各路模拟量进行模/数转换，目的是简化电路，降低成本。可以用模拟多路开关来轮流切换各路模拟量与A/D转换器间的通道，使得在一个特定的时间内，只允许一路模拟信号输入到A/D转换器，从而实现分时转换的目的。

(3)程控放大器。

在数据采集时，来自传感器的模拟信号一般都是比较弱的低电平信号。程控放大器的作用是将微弱输入信号进行放大，以便充分利用A/D转换器的满量程分辨率。例如，传感器的输出信号一般是毫伏数量级，而A/D转换器的满量程输入电压多数是2.5 V、5 V或10 V，且A/D转换器的分辨率是以满量程电压为依据确定的。为了能充分利用A/D转换器的分辨率，即转换器输出的数字位数，就要把模拟输入信号放大到与A/D转换器满量程电压相应的电平值。

一般通用数据采集系统均支持多路模拟通道，而各通道的模拟信号电压可能有较大差异，因此最好是对各通道采用不同的放大倍数进行放大，即放大器的放大倍数可以实时控制改变。

程控放大器能够实现这个要求，它的放大倍数随时可以由一组数码控制。这样，在多路开关改变其通道序号时，程控放大器也由相应的一组数码控制改变放大倍数，即为每个模拟通道提供最合适的放大倍数，它的使用大大拓宽了数据采集系统的适应面。

(4)采样/保持器。

A/D 转换器完成一次转换需要一定的时间，在这段时间内希望 A/D 转换器输入端的模拟信号电压保持不变，以保证有较高的转换精度。这可以用采样/保持器来实现，采样/保持器的加入，大大提高了数据采集系统的采样频率。

(5)A/D 转换器。

因为计算机只能处理数字信号，所以须把模拟信号转换成数字信号，实现这一转换功能的器件是 A/D 转换器。A/D 转换器是采样通道的核心，因此 A/D 转换器是影响数据采集系统采样速率和精度的主要因素之一。

(6)接口电路。

用来将传感器输出的数字信号进行整形或电平调整，然后再传送到计算机的总线。

(7)微机及外部设备。

对数据采集系统的工作进行管理和控制，并对采集到的数据做必要的处理，然后根据需要进行存储、显示或打印。

综上所述，微型计算机数据采集系统具有系统架构简单，技术上容易实现，并且能够满足中、小规模数据采集的要求；微型计算机的价格低廉，降低了数据采集系统的成本，还可以作为集散型数据采集系统的一个基本组成部分。

2. 集散型数据采集系统

集散型数据采集系统的结构如图 2－2 所示。集散型数据采集系统是计算机网络技术的产物，它由若干个“数据采集站”和一台上位机及通信接口、通信线路组成。

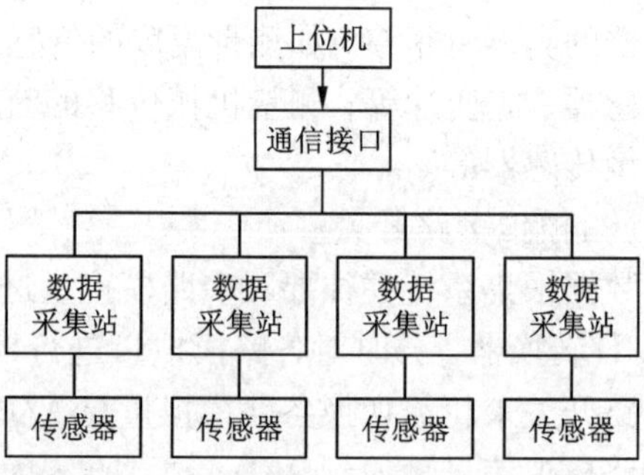

图 2－2　集散型数据采集系统的结构

数据采集站一般是由单片机数据采集装置组成，位于生产设备附近，独立完成数据采集和处理任务，并将数据以数字信号的形式传送给上位机。

上位机一般为 PC 计算机，配置有打印机和绘图机。上位机用来将各个数据采集站传送来的数据，集中显示在显示器上或用打印机打印成各种报表，或以文件形式储存在磁盘上。此外，还可以将系统的控制参数发送给各个数据采集站，以调整数据采集站的工作状态。

数据采集站与上位机之间通常采用异步串行传送数据。数据通信通常采用主从方式，由上位机确定与哪一个数据采集站进行数据传送。

集散型数据采集系统的主要优点如下：

(1)系统的适应能力强。无论是大规模的系统，还是中小规模的系统，集散型系统都能够适应，因为可以通过选用适当数量的数据采集站来构成数据采集系统。

(2)系统的可靠性高。由于采用了多个以单片机为核心的数据采集站，若某个数据采集站出现故障，只会影响某项数据的采集，而不会对系统的其他部分造成任何影响。

(3)系统可以实时响应。由于系统中各个数据采集站之间是真正“并行”工作的，所以系统的实时响应性较好，这一点对于大型、高速、动态数据采集系统来说，则是一个很突出的优点。

(4)对系统硬件的要求不高。由于集散型数据采集系统采用了多机并行处理方式，所以每一个单片机仅能完成数量十分有限的数据采集和处理任务，因此，它对硬件的要求不高，可以用低档的硬件组成高性能的系统，这是微型计算机数据采集系统方案无法比拟的。

另外，这种数据采集系统是用数字信号传输代替模拟信号传输，有利于克服常模干扰和共模干扰，因此，这种系统特别适合于在恶劣的环境下工作。

以上介绍了两种数据采集系统。由此可知，微型计算机数据采集系统是基本型系统，由它可组成集散型数据采集系统。

3. 数据采集系统的软件

数据采集系统除了必须有系统硬件外，还必须有系统软件的支持。数据采集系统软件由于具体应用的不同，其规模、功能及所采用的技术也不相同，在这里详细地介绍数据采集系统软件是比较困难的。因此，本节只是重点介绍数据采集系统软件中一些部分，让读者了解数据采集系统软件的组织结构、软件的基本功能。数据采集系统的软件一般由下列程序组成。

(1)模拟信号采集与处理程序。

模拟信号采集与处理程序的主要功能是对模拟输入信号进行采集、标度变换、滤波处理及次数据计算，并将数据存储到硬盘。

(2)数字信号采集与处理程序。

数字信号采集与处理程序的功能是对数字输入信号进行采集及码制之间的转换，如 BCD 码转换成 ASCⅡ码。

(3)脉冲信号处理程序。

脉冲信号处理程序的功能是对输入的脉冲信号进行电平高低判断和计数。

(4)开关信号处理程序。

开关信号处理程序包括一般的开关信号处理程序和中断型开关信号处理程序，前者是按系统设定的扫描周期定时查询运行，而后者是随中断的产生而随时运行的。开关信号处理程序的主要功能是判断开关信号输入状态的变化情况，如果发生变化，则执行相应的处理程序。

(5)运行参数设置程序。

运行参数设置程序的主要功能是对数据采集系统的运行参数进行设置，运行参数有：采样通道号、采样点数、采样周期、信号量程范围、放大器增益系数、工程单位等。

(6)系统管理(主控)程序。

首先系统管理程序是用来将各个功能模块程序组织成一个程序系统，并管理和调用各个功能模块的程序，其次是用来管理数据文件的存储和输出。

系统管理程序一般以文字菜单和图形菜单的人机界面技术来组织、管理和运行系统程序。

(7)通信程序。

通信程序是用来完成上位机与各个数据采集站之间的数据传送工作，它的主要功能有：设置数据传送的波特率(速率)，上位机向数据采集站群发送机号，上位机接收和判断数据采集站发回的机号，命令相应的数据采集站传送数据，上位机接收数据采集站传送来的数据。这里需要指出，只有集散型数据采集系统才具有通信程序。

以上介绍了数据采集系统软件的功能模块划分。需要指出的是，软件功能模块的划分并非是一成不变的，不同的系统常常有不同的划分。例如，在单片机数据采集系统中，软件还要有显示程序、键盘扫描与分析程序、实时监控程序等功能模块，而不能有用菜单技术编程的系统管理程序。因此，一般来说，软件功能模块的划分是由系统的规模、所要实现的功能、微型计算机的类型、编程者的经验等诸多方面的因素来决定。

2.1.3 数据采集关键技术

数据采集系统中采用计算机作为处理机。众所周知，计算机处理的信号是二进制的离散数字信号，而被采集的各种物理量一般都是连续模拟信号，因此，在数据采集系统中，首先遇到的问题是传感器所测量到的连续模拟信号该怎样转换成离散的数字信号。这一过程涉及采样、量化和编码等关键技术。

1. 采样技术

采样过程如图 2-3 所示。一个在时间和幅值上连续的模拟信号 $x(t)$，通过一个周期性开闭(周期为 T_s)，在输出端输出一串在时间上离散的脉冲信号 $x_s(nT_s)$，把这一过程称为采样过程。

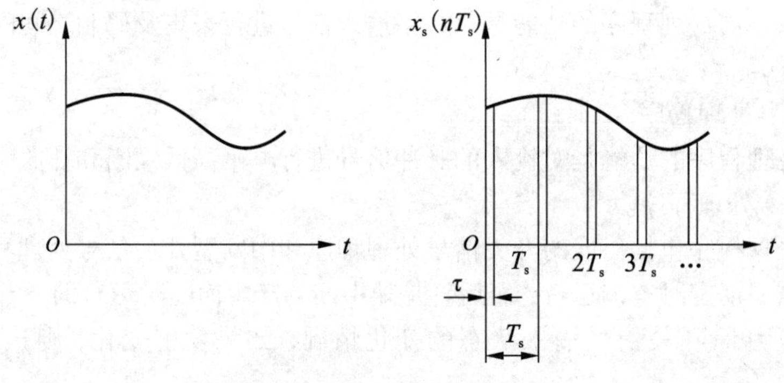

图 2-3 采样过程

采样后的脉冲信号 $x_s(nT_s)$ 称为采样信号。0、T_s、2 T_s、3 T_s…各点称为采样时刻，τ 称为采样时间，T_s 称为采样周期，其倒数 $f_s=\dfrac{1}{T_s}$ 称为采样频率。应该指出，在实际系统中，

$\tau \ll T_s$，也就是说，在一个采样周期内，只有很短的一段时间在进行采样。

采样周期 T_s 决定了采样信号的质量和数量，T_s 太小，会使 $x_s(nT_s)$ 的数量剧增，占用大量存储空间，并影响数据处理效率；T_s 太大，会使模拟信号的某些信息被丢失，从而导致采样后的信号难以恢复成原来的信号，导致信号出现失真现象，影响数据处理的精度。因此，必须明确采样周期的选择依据，确保采样信号能不失真地恢复为原信号，这个依据就是采样定理。

采样定理。设有连续的模拟信号 $x(t)$，其频谱为 $X(f)$，以采样周期 T_s 采得的离散信号为 $x_S(nT_s)$。如果频谱 $X(f)$ 和采样周期 T_s 满足下列条件：

（1）频谱 $X(f)$ 为有限频谱，即当 $|f| \geq f_c$ 时，$X(f)=0$；

（2）$T_s \leq \dfrac{1}{2f_c}$ 或 $2f_c \leq \dfrac{1}{T_s}=f_s$。

则离散信号 $x_s(nT_s)$ 可以完全确定频谱 $X(f)$。

其中，f_c 是指在采样时间间隔内能辨认的信号的最高频率。根据采样定理可以看出，对一个有限频谱 $X(f)$ 的连续信号 $x(t)$ 进行采样，当采样频率大于等于信号的最高频率的 2 倍时，采样得到的采样信号 $x_s(nT_s)$ 能无失真地恢复为原来的信号 $x(t)$。

采样定理明确了采样频率的基本原则，只要严格遵守采样定理设定采样频率，就能在把采样信号不失真的恢复成原始的模拟信号。但是，在实际的数据采集系统中，将产生一大批数据，需要很大的数据存储空间。由于计算机的数据存储空间是有限的，必须采取与自适应的采样技术来满足存储的需要。

（1）常规采样技术。

常规采样就是前面介绍的采样技术，即采样频率由采样定理决定。例如，假设某模拟信号的最高频率为 f_{max}，根据采样定理，为使采样后的采样信号能不失真地还原成原来的模拟信号，采样频率必须大于等于模拟信号的最高频率的 2 倍，若采样频率用 f_s 表示，则：

$$f_s \geq 2 \times f_{max} \tag{2-1}$$

采样后的数据需要保存起来，这就需要足够大的数据存储空间来保存所有的采样数据。模拟信号的频率越高，测量时间越长，采样的数据量越大，所需的数据存储空间也就越大。然而，计算机的数据存储空间总是有限的，在高速数据采集或长时间数据采集时，可能出现数据存储空间不足，不能记录下所有采样数据的问题，这将影响数据采集系统的采集范围。为了解决这个问题，可以采用间歇采样技术。

（2）间歇采样技术。

间歇采样技术是指采样是间歇的，采样过程如图 2-4 所示。只要确定采样时间段 t_{Si} 与间歇时间段 t_{Gi} 的比例关系，就能采集到所需的采样数据。

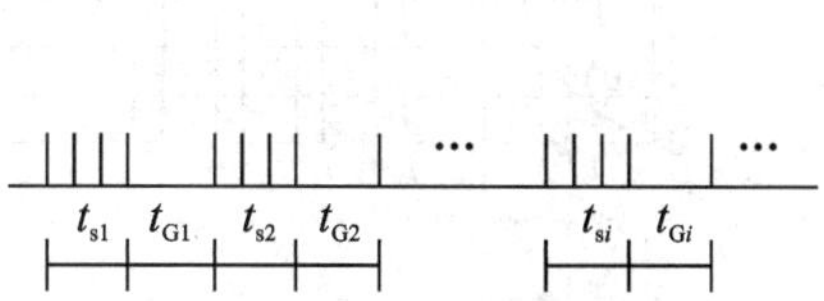

图 2-4　间歇采样过程

例如，设各采样时间段相等，即 $t_{S1}=t_{S2}=\cdots$；各采样间歇时间段相等，即 $t_{G1}=t_{G2}=\cdots$。采用采样间歇技术时，在时间段 t_{Gi} 不采样，未记录下模拟信号的任何信息，如用 ε 表示信息的丢失量，设 $\alpha=\dfrac{t_{Gi}}{t_{Si}}$，则 $\varepsilon=\dfrac{\alpha}{1+\alpha}$。显而易见，$\alpha$ 值越大，信息丢失越多。

少量的信息丢失量对测量精度和测量结果不会产生直接影响，但信息丢失量较大时，将影响数据处理的精度，所以一般 α 的取值不能太大。

由此可见，间歇采样技术是以丢失模拟信号的部分信息为代价来解决数据存储空间不足的问题。但是，可以通过将采样段数分得尽可能多，使得各采样时间段和间歇时间段都比较小，来达到虽然丢失了间歇段的信息，也不至于影响后期的数据处理的目的。

(3)变频采样技术。

变频采样是指在采样过程中采样频率可以变化。例如，如果模拟信号的频率是随时间增大而减小的，那么就可以采用变频采样技术，从而减少采样的数据量。因此，实现变频采样的先决条件是清楚目标信号的频率随时间变化的关系。

总之，常规采样所需存储容量最大；间歇采样所需存储容量与 α 有关，α 越大，所需存储容量越小；变频采样所需存储容量略小于常规采样。这三种采样技术中，只有变频采样精度保持不变，其他三种采样精度随采样时间增加而变差。

2. 量化技术

来自传感器的连续模拟信号经过采样器采样后，变成了时间上离散的采样信号，但其幅值在采样时间 τ 内是连续的，因此，采样信号仍然是模拟信号。为了能用计算机处理信号，须将采样信号转换成数字信号，也就是将采样信号的幅值用二进制代码来表示。由于二进制代码的位数是有限的，只能代表有限个信号的电平，故在编码之前，首先要对采样信号进行“量化”。

量化就是把采样信号的幅值与某个最小数量单位的一系列整倍数比较，以最接近于采样信号幅值的最小数量单位倍数来代替该幅值。这一过程称为“量化过程”，简称“量化”。

例如，设传感器的模拟信号的电压值在 0 ~ 5 V 内变化，如图 2 - 5(a)所示。现用 1 V、2 V、3 V、4 V、5 V 五个电平近似取代 0 ~ 5 V 内变化的信号，如图 2 - 5(b)所示。

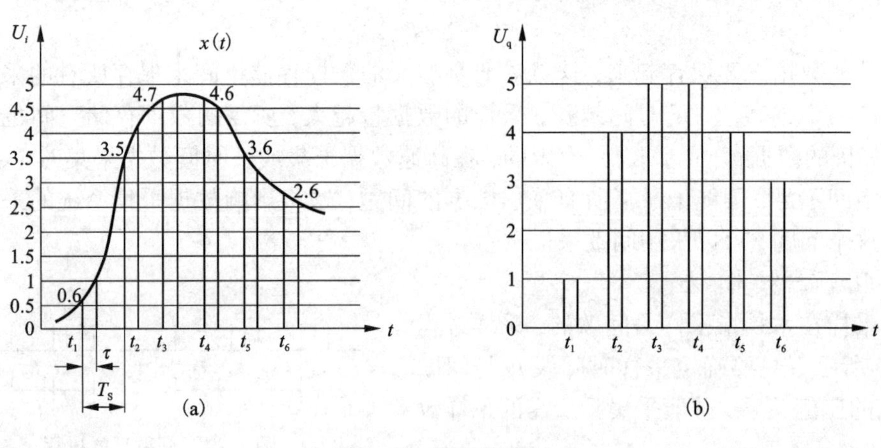

图 2 - 5　量化的实例

从图 2 - 5 可以看出，经采样后，连续的模拟信号变成了时间离散而电压幅值在各自范围内连续的采样信号，经过量化处理，得到了 n 个离散值的量化信号。

3. 编码技术

把量化信号的数值用二进制代码来表示，称为编码。量化信号经编码后转换为数字信号。完成量化和编码的器件是模/数(A/D)转换器。编码有多种形式，最常用的是二进制编码。

如同十进制，二进制的数码是由多个位组成。数码作为一个数，代表一个量化信号量值，只有当码制和码制间的相互关系被定义之后，数码才具体代表该量化信号的某一个量值。因此，所谓二进制编码，就是用1和0所组成的 n 位数码来代表量化电平。

在数据采集中，被采集的模拟信号是存在着极性的，如单极性信号，电压从0～+10 V变化；双极性信号，电压从-5～+5 V变化。因此，二进制码也分成单极性二进制码和双极性二进制码。

(1)单极性二进制编码。

单极性二进制码是使用最普遍的一种码制。在这种码制中，一个(十进制)数 D 的量化电平可表示为：

$$D = \sum_{i=1}^{n} \alpha_i \overline{2}^{i} = \frac{\alpha_1}{2} + \frac{\alpha_2}{2^2} + \cdots + \frac{\alpha_n}{2^n} \tag{2-2}$$

由式(2-2)可以看出，第1位的权是$\frac{1}{2}$，第2位的权是$\frac{1}{4}$，…，第 n 位的权是$\frac{1}{2^n}$，α 为0或为1，n 是位数。数 D 的值就是所有非0位的值与它的权的积累加的和。

(2)双极性二进制编码。

在很多情况下，模拟信号是双极性的，即有时是正值，有时是负值。为了区别两个幅值相等而符号相反的信号，就需要采用双极性编码。常见的双极性编码有符号-数值码和2的补码。

符号-数值码中，最高位为符号位(“0”表示正，“1”表示负)，其他各位是数值位。这种码制的优点在于信号在零附近变动时，数值码只有最低位改变，这意味着不会产生严重的瞬态效应。

利用2的补码的编码方法中，构建2的补码的方法是正数2的补码就是其二进制码，负数2的补码是先把相应正数的二进制码所有取反(即“0”换成“1”，“1”换成“0”)，然后在最低位加1。

将传感器采集的模拟信号进行量化后，计算机就可以对其进行存储、处理、显示或打印。通常这些数据采集来源单一、数据结构简单，且存储、管理和分析数据量也相对较小，大多采用关系型数据库即可处理。

随着信息技术的飞速发展，大数据开启了一个大规模生产、分享和应用数据的时代。大数据时代数据来源广泛、数据结构复杂、数据量巨大，并且数据通常是分布式存储、管理，如何从大数据中采集出有用的信息已经是大数据发展的关键因素之一。

2.2　大数据采集基础

大数据时代，人们希望能够将隐藏于海量数据中的信息和知识挖掘出来，为人类的社会经济活动提供依据。但是大数据来源广泛，数据结构复杂，如何从大量的数据中采集到需要的数据是大数据技术面临的第一个挑战。

2.2.1　数据的发展

数据是可以获取和存储的信息。实际上，人类的一切语言文字、图形图画、音像记录，所有感官可以察觉的事物，只要能被记下来就是数据。对数据的记录能力是人类社会进步的重要标志。5000 年前，在古埃及、中国和两河流域都发明了记录数据的方法，并产生了最早期的数据获取和数据存储方式。人类将在认识和改造自然的过程中，将发现的自然规律以特有的数据形式进行记录和存储，这对人类文明的发展起到了巨大的推动作用。

几千年来，人类记录和存储数据的方式发生了翻天覆地的变化。我国最早期的算术计算是利用算筹来记录的。古代的算筹实际上是很多根长短、粗细相同的小棍子，一般长为 13 ~ 14 cm，直径为 2 ~3 mm，如图 2 -6 所示。

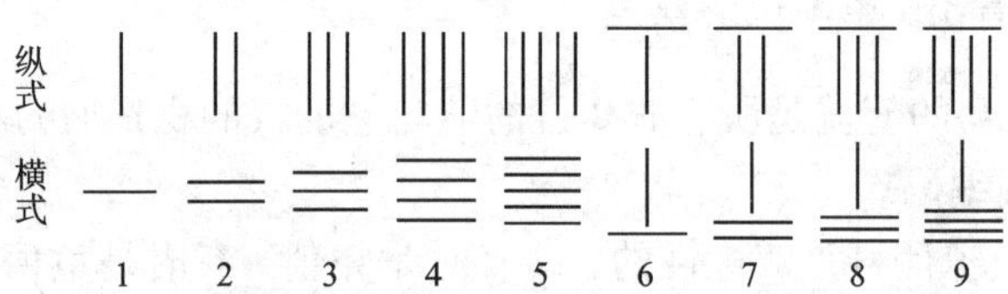

图 2 -6　算筹以及数字表示

图 2 -6 表示了算筹的记数方法，即纵横两种排列方法。其中 1 ~5 分别以纵或者横的方式排列相应数目，6 ~9 则以上面的算筹加下面相应的算筹来表示。这实际上是一种十进制记数法。算筹的记数方法虽然看似简单，但是在当时确是一种非常有效的记数工具。

算盘是我国古代的一项重要发明，它是在算筹基础上的发明创新。古人把算珠串成一组，一组组排列好，放入框内，然后迅速拨动算珠进行计算。人们在使用算盘的过程中，总结经验逐渐形成了很多计算口诀，提高了计算的速度，这种用算盘计算的方法，叫珠算。算盘的出现，被称为人类历史上计算器的重大改革。算盘灵巧、便携、计算准确，即使在计算机广泛普及的今天，古老的算盘仍然发挥着重要的作用。

纳皮尔筹是 17 世纪英国数学家纳皮尔在他的著作里介绍的一种新工具。它的基本思想是“格子”乘法，它是由十根木条组成的，每根木条上都刻有数码，右边第一根木条是固定的，其余的都可根据计算的需要进行拼合或调换位置。纳皮尔把格子乘法里填格子的工作事先做好，需要哪几个数字时，就将刻有这些数字的木条按格子乘法的形式拼合在一起，如图 2 -7 所示。

图 2 -7 给出了纳皮尔筹以及一个乘法的示例。这种方法首先将 834 和 413 分别横向和纵向放置，然后在 3×3 矩阵中依次计算每个元素的值，接着从右下角元素开始求斜对角元素的和，如果有进位向下一位进位，最后按照顺序写出计算结果，$834 \times 413 = 344442$。纳皮尔

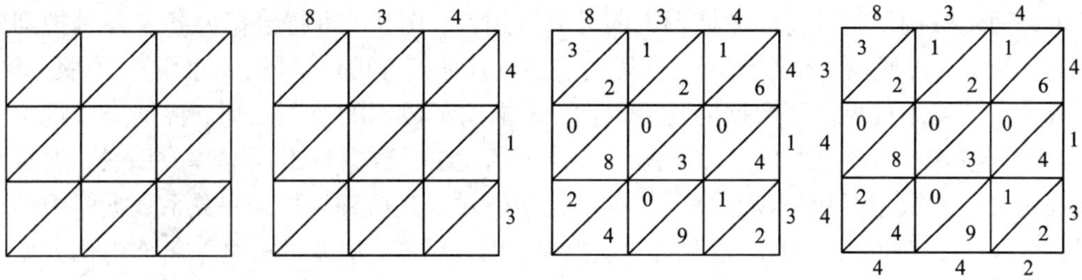

图2-7 纳皮尔筹以及乘法示例

筹与中国的算盘的基本原理差别很大，但其计算过程非常巧妙，对后续的计算研究以及计算器的影响巨大。纳皮尔的最大贡献是发明了对数，对数被发明后，乘除运算可以转化为加减运算，计算尺也因此诞生。计算尺通常由三个互相锁定的有刻度的长条和一个滑动窗口(称为游标)组成。

机械计算机几乎与计算尺同时出现，它也是人类记录数据的又一重大发明。1642年，数学家帕斯卡发明了世界上第一台加减法计算机。它是利用齿轮传动原理制成的机械式计算机，通过手摇方式操作运算。1671年，数学家莱布尼兹发明了第一台能够进行加、减、乘、除四则运算的机械式计算机。

上面简单介绍了历史上几种经典的数字数据记录方法，这些方法都是基于手工或者机械的模拟计算。20世纪初期，随着工业技术的发展，出现了一些具有控制功能的电器元件，并逐渐为计算工具所采用。1946年，ENIAC(electronic numerical integrator and computer)的诞生标志着数字电子计算机时代的到来。计算机早期主要是为军方服务，以数值计算为主。随着时代的发展，逐步开始民用服务，个人计算机由此诞生。

个人计算机的出现提高了数据的易获取性，数百万的用户开始能够快速、经济的处理和分析数据。然而，个人计算机能够处理的数据是有限的，存储空间、内存大小和处理器速度限制了其处理能力。大型数据系统，比如天气预报数据等，需要使用大型机和超级计算机。为了获取和处理海量数据，一些知名软件公司开发了包括相互联系的数据集合和存取这些数据的一套程序的关系型数据库管理系统(relational database management systems，RDBMS)，如Microsoft SQL Server和Oracle。关系型数据库管理系统满足了易获取数据的管理和分析需求，而这种需求促进了各种信息管理系统的发展。这一时期，传统的数据采集基本可以完成数据采集要求。

随着信息管理系统的发展，数据急剧增长，单机处理模式几乎不可能完成海量、复杂的数据采集、存储和处理任务，如何在高负载的情况下保持数据的高可用性和高性能成为了需要重点解决的问题。为满足互联网技术的发展和用户的数据需求，很多学者开始研究将大量计算的项目数据分割成小块，由多台计算机分别计算的方法，即分布式存储和分布式计算。利用分布式存储技术，传统的关系型数据库开始从集中式模型向分布式架构发展，基于关系型的分布式数据库在保留了传统数据库的数据模型和基本特征下，从集中式存储走向分布式存储，从集中式计算走向分布式计算。分布式计算体现了计算结构的现代组织形式，这种组织形式在面向网络提供共享资源的同时，独立维护本地组织内的计算机和资源。同时，分布式计算有良好的伸缩性，对资源需求的增加可通过提供额外资源来有效解决。而且，分布式技术可以通过资源复制维持故障情形下的资源可用性，例如，可将数据库备份并维护到网络的不同系统上，以便在一个系统出现故障时，还有其他副本可以访问，从而避免了服务瘫痪。

分布式计算不仅提高了数据的易获取性，还推动了数据的急剧发展，特别是最近10年，随着互联网技术、移动互联网、社交网络等技术的发展，数据量出现爆炸式增长，大数据时代已经到来。大数据时代不仅数据量巨大，数据格式也是多种多样，如关系数据库中结构化数据、文档、系统日志、HTML等半结构化数据，以及图像、语音、视频等非结构化数据。大数据技术正在改变目前计算机的运行模式，它需要能快速处理几乎各种类型的海量数据。而云计算将计算任务分布在大量计算机构成的资源池上，使用户能够按需获取计算力、存储空间和信息服务，云计算分布式架构也能够很好地支持大数据存储和处理需求。由此可见，云计算为大数据提供了有力的工具和途径，大数据为云计算机提供了有价值的计算资源。

大数据迅速增长的数据来源之一是Web数据、社会网络数据(微信、微博、Facebook等)和视频数据。如今，大数据也包括从医学图像到基因组学和蛋白质组学的数据，即从医学研究到生物学的数据。然而，在这些数据中，只有小比例的数据被存储在传统数据库里。

大数据可以进行深入地数据分析，但是大数据还远不止这些。大数据区别于传统数据之处主要有以下四点。

(1)大数据关注数据流，而不是数据库中的“库表”。

目前，常见的大数据应用，如支持面向客户的过程、可以实时识别诈骗及可以对患者进行健康风险评估；另外一种应用是连续的过程监控，如监控客户的情绪变化，并判断客户可能的动作或者反应。在这些应用中，可以看出数据不是数据库中的“库表”，而是一个连续的数据流。

传统的数据分析是基于固定的数据库所得出的结论，而基于连续的数据流的数据分析允许在事情得出结论以前进行数据处理。数据量的快速增长意味着公司需要开发连续的进程来进行数据采集和数据分析。获取的知识可以与生产应用程序相连接，实现连续处理。数据仓库和数据集市的小“库表”数据可以继续用来提炼大数据分析模型，一旦模型被开发，它们就可以快速、准确地处理持续的数据流数据。

例如，对电信公司的潜在客户分析，传统的方法是从一个大数据仓库中挑选出潜在的客户，数据采集、准备和分析的过程需要数周的时间，执行则需要更长的时间。如今，他们能够创造一个“针对市场”的数据分析模型，允许营销人员在一天内实时地分析和选择潜在客户，并通过频繁的迭代，以及对客户的实时监控数据，为客户制定个性化服务。因此，在大数据环境中，快速和实时的分析和决策是很重要的。

(2)大数据分析依赖于数据科学家，而不是传统的数据分析师。

虽然一个数据分析师可以提供足够的分析能力，但这与对大数据技术的要求是不同的。从事大数据工作的人员不仅需要实质性与创造性的计算机专业知识，还需要了解数据相关领域的专业知识。

数据科学家不仅需要了解数据分析，还需要精通计算机专业知识，而且还需在计算机科学、计算物理、生物学或社会科学等领域具有专业知识。这些需求使得数据科学家非常有价值，并且非常稀缺。

(3)大数据正在改变传统数据采集、存储和分析的处理流程。

传统的采样采集、阵列存储和关系数据库平台将无法跟上大数据时代的要求，需要推出新的产品支持大数据的庞大规模和管理。比如，Hadoop 能够管理各种大型数据源，其相关的数据采集方法、数据分析平台和数据分析算法都在不断进化发展。此外，基于云计算的数据平台非常适合大数据的分析处理，各大云服务供应商可以针对不同的需求提供按需定价的大数据服务。针对大数据采集问题，可以应用“虚拟数据集市”的方法，即将数据存放在它本来的位置，允许数据科学家共享这些数据且不需要复制它。

(4)大数据正在引领新的数据思维。

大数据时代的数据不仅是数据处理对象，更需要用全新的数据思维来应对。大数据时代正在从以计算机为中心转变成以数据为中心的时代。在这个时代，数据不再仅仅是需要获取的数据对象，而应当是一种基础资源，并以大数据为资源来协同解决其他领域的问题。这种全新的思维也将研究从原来的抽样、精确、因果关系转为全样本、非精确、关联关系。

比如，传统的数据分析中，一个重要的因素是因果关系的可靠性，在有限的样本下，利用假设检验，根据概率 P 值进行检验决策。P 值反映某一事件发生的可能性大小，一般认为 $P<0.5$ 位显著，从而确认两个变量之间可能存在因果关系。但是，大数据时代改变了这种普遍追求因果关系的检验。大数据从关联性着手，而不是因果关系，这从本质上改变了传统数据分析的方法。

大数据分析的最终目标，是从复杂的大数据集中发现新的关联规则，继而进行深度挖掘，以得到有效的新信息。

2.2.2　大数据来源

随着互联网技术的发展，人类产生数据的形式发生了翻天覆地的变化，数据形式变得越来越多样化，数据量也呈现爆炸式增长。数据的产生已经完全不受时间、地点的限制。从开始采用数据库作为数据管理被动的产生数据到社会网络的发展，用户主动产生数据再到物联网技术的崛起，大量传感器自动产生大量复杂的数据。这些被动、主动和自动的数据共同构成了大数据的数据来源。然而数据是广泛可用的，缺乏的是从中提取知识的能力。数据收集的根本目的是根据需求从数据中提取有用的知识，并将其应用到具体的领域之中。

根据麦肯锡全球研究所的分析，利用大数据能在各行各业产生显著的社会效益。美国健康护理利用大数据，每年产出 3000 多亿美元，年劳动生产率提高 0.7%。欧洲公共管理每年价值 2500 多亿欧元，年劳动生产率提高 0.5%。全球个人定位数据服务提供商，收益一千多亿美元，为终端用户提供高达 7000 多亿美元的价值。美国零售业净收益可增长 6%，年劳动生产率提高 1%，制造业可节省 50% 的产品开发和装配成本，营运资本下降 7%。图 2-8 给出了从 2011 年到 2026 年，全球大数据社会效益的发展趋势。

从图 2-8 中可以看出，2011 年全球大数据产业规模不到 100 亿美元；2013 年达到了 200 亿美元；2016 年达到了 300 亿美元；而未来大数据产业规模几乎是直线上涨。由此可见，大数据无所不在，已经对人们的工作、生活和学习产生了深远的影响，并将持续发展。

大数据的来源主要是通过各种数据采集器、企业数据库、社交网络、开源的数据发布、GPS 信息、网络痕迹(如购物搜索，历史等)、传感器等收集的结构化或者非结构化的数据。具体包括政府数据、各行业数据以及互联网数据等。

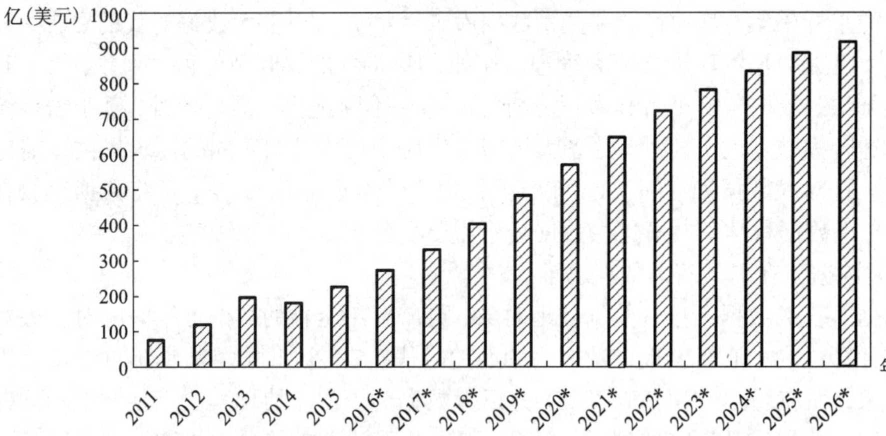

图 2－8　2018 年大数据白皮书数据

＊表示预测数据

1. 政府数据

政府机构为了便于管理社会而下设的各种部门，比如财政部门、税务部门、海关、审计、社会保障部门、发改委、工商、医疗部门等，几乎所有政府部门为了有效完成部门职能，都已经构建了其业务系统，这些业务系统产生的数据主要以特定的结构存储在相应的数据中心。这些数据内部蕴含着巨大的价值，能够为政府宏观政策的制定、国家安全防控、社会有效管理等提供有力的数据支撑。

政府数据往往具有较高的真实性、权威性、实时性以及数据对象描述指向性明确且具体等特点。因此，在进行大数据项目的建设过程中，通过某种渠道采集相关政府部门的数据，已经成为一个必然的趋势。不过政府数据的采集还存在很多的挑战和困难：首先，出于数据安全及涉密的考虑，以及制度的规定，政府数据往往具有很强的封闭性，这使得政府数据的获取成本往往极高；其次，根据不同的职能定位，不同政府部门运营和管理的数据往往仅与该部门独立职能相关，因此，每一个部门的政府数据都缺乏全局性，这就意味着采集更为全面的政府数据代价极大；最后，各级政府部门的信息基础设施建设不均衡，这使得相同类型的数据在不同级别的政府部门的服务器上表现形式会不完全一样，这也给数据的采集与整合带来极大的困难。

2. 企事业单位数据

大型企业和事业单位出于生产、销售等获益需求，会构建不同的目标应用系统，比如企业资源计划(enterprise resource planning，ERP)、在线办公、在线交易等，这些系统不仅有效的完成了单位的主营业务，而且还汇聚了大量相关数据，这些数据以本单位私有财产的形式存放在各自的服务器中。比如，制造业的数据主要包括产品设计数据、企业生产环节的业务数据和生产监控数据。其中产品设计数据以文件为主，企业生产环节的业务数据主要是数据库结构化数据，而生产监控数据则数据量非常大。这些数据在辅助实现各个业务系统的价值目标方面具有重要的意义。同时这些数据也为各个企事业单位的智能分析提供了重要的数据基础保障。

随着大数据时代的来临，各企事业单位在数据的收集和营运方面也随之发生了变化。其中一个重要的变化就是互联网的不断发展和对各个领域的渗透，使得各企事业单位开始有意识地将互联网作为一个工具、渠道或平台，将自己的目标应用系统从不同的层次和角度进行改善，然后利用互联网，实现更好的产品设计、制造和营销等。以互联网平台为核心，逐步淡化各个企事业单位自有内部数据和互联网数据的界限，也就是说单位内部的信息化应用环境在不断发生变化，互联网数据正从外部数据逐步被纳入本单位的内部数据管理。

如何有效将互联网的外部数据和企事业单位的内部数据进行有效的集成和汇聚，已经成为各企事业单位的共同需求，同时也是这些单位大数据项目建设的一个重要基础。然而对于企事业单位的数据采集也存在着很多的挑战和困难。首先，不同的企事业单位所拥有的数据在目标应用中的价值度是不一样的，往往数据仅反映了某一个维度的价值趋势，而如何选择更多的彼此互补的数据源本身就是一个难题，这涉及不同单位的数据评估问题，同时还受大数据项目建设的物理条件的约束；其次，在采集和整合不同单位的数据时，一个非技术因素的难题在于潜在合作单位是否愿意将数据共享；最后，不同单位的信息基础设施建设不均衡，这使得相同类型的数据在不同单位的服务器上的表现形式不完全一样，这给数据的采集与整合带来了极大的困难。

3. 物联网数据

物联网快速发展的同时也制造了海量数据，如何妥善处理及合理利用这些海量数据是物联网下一步发展的关键。物联网主要是通过传感器、条形码以及 RFID（radio frequency identification）等技术获取大量数据。

传感器技术的迅速发展和传感器网络的逐步完善为大数据的获取提供了有力的保障。传感器网络能够通过各类集成化的微型传感器相互协作地实时监测、感知和采集各种环境或监测对象的信息，通过嵌入式系统对信息进行处理，并通过随机自组织无线通信网络以多跳中继方式将所感知的信息传送到用户终端。从而真正实现"无处不在的计算"理念。

单跳与多跳

条形码技术给零售业带来了革命性的改变，通过内嵌 ID 等信息，条形码在被扫描之后，快速在数据库中进行 ID 匹配，很快就可获知该产品的价格、性能、厂商等具体信息。条形码被广泛应用于零售商店的收银以及车站售票等业务中，每天大量的商品销售记录（数据）通过扫描条形码而产生。近年来，智能手机应用的二维条形码（比如支付宝、微信等）也随处可见。

RFID 技术又称无线射频识别，是一种通信技术，可通过无线电信号识别特定目标并读写相关数据，而无须识别系统与特定目标之间建立机械或光学接触。射频标签是产品电子代码的物理载体，附着于可跟踪的物品上，可全球流通并对其进行识别和读写，RFID 作为构建物联网的关键技术近年来受到人们的关注。许多行业都运用了射频识别技术。RFID 与条形码相比，扩展了操作距离，且标签的使用比条形码更加容易，携带一个可移动的阅读器便可收集到标签的信息，被广泛应用于仓库管理和清单控制方面。RFID 读写器也分移动式和固定式。目前 RFID 技术应用很广，如图书馆、门禁系统、食品安全溯源等。

4. 互联网数据

随着 Web2.0 技术的出现，互联网上的每一个用户的身份由单纯的“读者”进化为“作者”以及“共同建设人员”，由被动地接收互联网信息向主动创造互联网信息转变。Web2.0 伴随着博客、百科全书以及社交网络等多种应用技术的发展，大量的网络搜索与交流促使海量数据的形成，给人类日常生活方式带来了极大的变革。具体来说，互联网数据的来源如下：

(1)门户网站出于其媒体属性所发布的新闻、评论、报道等。如新浪财经、搜狐新闻等，这些数据往往具有较强的实时性和专业性。

(2)政府部门出于信息公开的目的在互联网上公开的数据，如法院公告、工商缺陷产品召回信息、政府招标信息等，这些数据往往具有很高的权威性和可信性。

(3)社交网站出于其媒体属性和社会属性允许普通用户发表自媒体信息，在提供用户社交服务的同时，将用户的言论、生活轨迹等记录下来，这些数据往往具有一定的实时性和针对性。

(4)电商网站出于营销目的允许用户自由采购产品并查询、发布产品评论及销售量信息。这些数据往往具有一定的真实性和实时性。

(5)论坛往往是网民发表意见舆情的开放渠道和平台，用户在发表个人意见的同时，自己的价值倾向、事件评估等信息也被网站记录了下来，这些数据往往具有一定的实时性和针对性。

此外，移动互联网正逐渐渗透到人们生活、工作的各个领域，移动支付、手机游戏、视频应用、位置服务等丰富多彩的移动互联网应用的迅猛发展，正在深刻改变信息时代的社会生活。

互联网数据中沉淀着大量能反映用户偏好倾向、事件趋势等的相关信息。更重要的是，互联网数据均是以共享和开放的形式存放于互联网中的，这就意味着进行互联网数据采集的成本往往较低。因此，进行相关互联网数据的采集和整合几乎成为大数据项目建设的必然选择。互联网数据的采集也存在着很大的困难和挑战，具体包括：

(1)各个门户网站的建设水平不一样，以及出于不同的用户体验，各个网站的结构往往也不一样，这就意味着，通过统一的方法从互联网中采集数据几乎是不可能的。

(2)互联网数据一般结构复杂，通常是以文本、表格、图片、视频等非结构形式存在，这也给互联网数据的采集带来了挑战和困难。

(3)大型互联网公司，比如百度公司数据总量超过了千 PB 级，数据涵盖了中文网页、百度视频、百度日志等多个部分，并拥有超过 70% 以上的中文搜索市场。对于这类海量数据的采集需要研究分布式架构，满足其采集需求。

(4)对于需要从网页中获取的互联网数据，可以通过网络爬虫程序自动获取数据。但是不同的网站出于对爬虫程序的监管，往往会设置很多障碍，因而增加了互联网数据采集的难度。

由此可以看出，大数据来源广泛。为了便于研究，大数据可以按照产生数据的主体，数据来源的行业，数据来源的形式和数据存储的类型等形式进行划分。

1. 按产生数据的主体划分

(1)少量企业应用产生的数据：如关系型数据库中的数据和数据仓库中的数据等。

(2)大量人产生的数据：社会网络(Facebook、微信、QQ、电子商务在线交易日志等)产生的数据。

(3)大型服务器产生的数据，如服务器服务日志、各类传感器收集的数据，图像和视频监控数据，二维码和条形码扫描数据等。

2. 按数据来源的行业划分

(1)大型互联网公司产生的数据：比如百度、腾讯、阿里巴巴等互联网公司每年都会产生大量的数据。阿里巴巴公司保存的数据量超过了百PB级，拥有90%以上的电商数据，数据涵盖了用户浏览数据、交易数据、购物数据等。腾讯公司的数据经过压缩处理以后仍然超过了百PB级，数据包括大量社交、游戏等领域积累的文本、音频、视频和关系类数据。

(2)电信、金融、保险、电力、石化等大型国有企业数据：电信行业数据包括用户上网数据、通话信息、地理位置数据等，运营商拥有的数据量将近百PB级；金融与保险行业包括开户信息数据、银行网点数据、在线交易数据、自身运营的数据等金融系统，每年产生的数据超过数10 PB，保险系统的数据量也超过了PB级；电力领域，仅国家电网采集获得的数据总量就达到数10 PB，石油化工领域每年产生和保存下的数据量也将近百PB级。

(3)公共安全、医疗、交通领域等政府机构产生的数据：一个中大型城市一个月的交通卡口记录数可达到3亿条；整个医疗卫生行业，一年能够保存下来的数据，就可以达到数百PB级；铁路公司、各大航空公司以及水陆运输公司也会产生大量文本、音频、视频等数据。

(3)气象、地理、政务等国家公共领域产生的数据：中国气象局保存的数据将近有10 PB，并且每年还在以数百TB的速度增长；各种地图和地理位置信息，每年数据增长约数十PB；政务数据则涵盖了旅游、教育、交通、医疗等多个门类，且多为结构化数据。

(4)制造业和其他传统行业产生的生产数据：制造业的大数据主要包括产品设计数据、企业生产环节的业务数据和生产监控数据。其中产品设计数据以文件为主，企业生产环节的业务数据主要是数据库结构化数据，而生产监控数据则数据量非常大。

3. 按数据来源的形式

(1)海量交易数据：企业内部的营销信息主要包括联机交易数据和联机分析数据，这类数据通常是结构化的，通过关系数据库进行管理和访问。

(2)海量交互数据：主要源于各种网络和社交媒体的半结构化和非结构化数据，包括Web文本和点击流数据、GPS和地理定位映射数据，通过管理文件传输协议传送的海量图像文件、评价数据、科学信息、电子邮件等数据。

(3)海量传感器数据：主要源于各类传感器，如摄像头、可穿戴设备、智能家电、工业设备等。传感器数据包含多种环境信息，如人体运动记录、操作记录等。随着传感器技术的发展，这部分数据规模将更加庞大。

4. 按数据存储类型划分

大数据不仅数据量巨大，还体现在数据类型复杂。目前拥有的大数据中，仅有20%左右属于结构化数据，约80%的数据属于广泛存在于社交网络、物联网、电子商务等领域的非结构化数据。

(1)结构化数据就是数据库系统存储的数据，如企业ERP、财务系统、医疗HIS数据库、等各种信息系统。

(2)非结构化数据，包括所有格式的办公文档、文本、图片、xml、html、各类报表、图像和音频，视频信息等数据。

2.2.3 大数据采集技术

大数据的价值不在于存储数据本身，而在于如何挖掘数据，只要具备足够的数据源，才可挖掘出数据背后的价值。因此，大数据采集是非常重要的基础。针对如此庞大的数据量，在数据采集过程中，主要面临的挑战和困难如下：

(1)数据的分布性：文档数据分布在数以百万计的不同服务器上，没有预先定义的拓扑结构相连。

(2)数据的不稳定性：系统会定期或不定期地添加和删除数据。

(3)数据的无结构和冗余性：很多网络数据没有统一的结构，并存在着大量重复信息。

(4)数据的错误性：数据可能是错误的或无效的。错误来源有录入错误、语法错误、OCR错误等。

(5)数据结构复杂：既有存储在关系数据库中的结构化数据，也有文档、系统日志、图形图像、语音、视频等非结构化数据。

过去，通常使用传统的关系型数据库MYSQL和Oracle等来存储每一笔事务数据，因此，可以利用数据库进行数据采集。在大数据时代，快速的海量数据导致传统关系型数据库的存储效果和并发访问等存在诸多问题。传统的数据采集技术已经无法满足大数据的需求，如何部署大量的采集端数据库进行分布式采集，并保证数据库之间的负载均衡是值得思考的问题。

就大数据采集而言，大型互联网企业由于自身用户规模庞大，可以把自身用户产生的交易，社交搜索等数据充分挖掘，拥有稳定安全的数据资源。对于其他大数据公司和大数据研究机构而言，大数据采集常用方法包括系统日志采集、利用ETL工具采集以及网络爬虫等。

1. 系统日志文件采集

系统日志文件采集是一种广泛使用的数据收集方法，日志文件是由数据源系统自动生成的记录文件，为了后续的分析，须以指定的文件格式记录活动。日志文件通常用于几乎所有的计算机系统中。例如，Web服务器日志文件记录了Web服务器接受处理请求以及运行时错误等各种原始信息，以及Web网站的外来访问信息，包括各页面的点击数、点击率、网站用户的访问量和Web用户的财产记录等。

为获取用户在网站上的活动信息，Web服务器主要包括以下三种日志文件格式：公用日志文件格式、扩展日志格式和IIS日志格式。所有三种类型的日志文件都是ASCII文本格式。

除了文本文件外，数据库有时可能会被用来存储日志信息，从而提高海量日志存储的查询效率。还有基于数据收集的一些其他日志文件，包括金融应用中的股票指标以及网络监控和交通管理中的运行状态信息等。

对于系统日志文件采集，可以使用海量数据采集工具，如 Hadoop 的 Chukwa，Cloudera 的 Flume，Facebook 的 Scrible 以及 Apache kafka 等大数据采集框架。这些工具均采用分布式架构，能满足大数据的日志数据采集和传输需求。本书将在第 3 章详细讲解这些相关技术。

2. 利用 ETL 工具采集

在企事业单位内部，组织经营、管理和服务等业务流程中产生了大量的数据并被存储于数据中心或数据集市中。这些数据虽然都是由同一企业的内部业务所产生，但一般是由不同的系统产生并以不同的数据结构存储在不同的数据库中。如 ERP 系统产生的数据存储在 ERP 数库中，在线交易平台产生的数据存储在交易数据库中。

另一方面，在企业运营过程中可能会涉及其他合作企业的数据，这些由不同用户和企业内部不同部门提供的内部数据可能来自不同的途径，其数据内容数据格式和数据质量千差万别，有时甚至会遇到数据格式不能转换或转换数据格式后丢失信息等棘手问题，严重阻碍了各部门和各应用系统中数据的流动与共享。因此，能否对数据进行有效的整合将成为是否能够对内部数据进行有效利用的关键，ETL 是整合数据的一个重要。

ETL 即数据抽取(extract)、转换(transform)、加载(load)的过程。ETL 是将企业内部的各种形式和来源的数据经过抽取、清洗转换之后进行格式化的过程。ETL 的目的是整合企业中分散、零乱、标准不统一的数据，以便于后续的分析、处理和运用。一个简单的 ETL 体系结构如图 2 -9 所示。

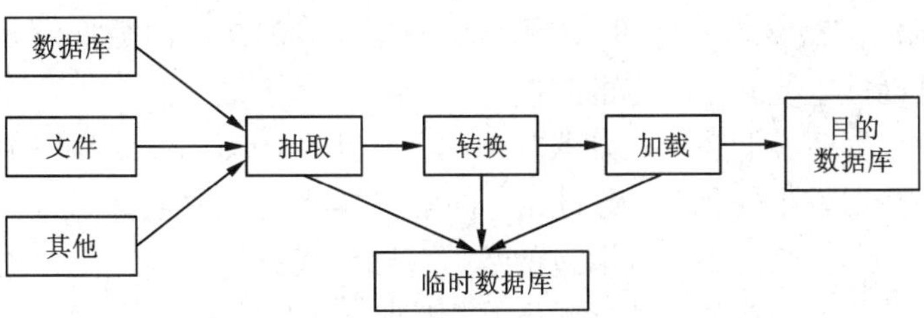

图 2 -9　ETL 体系结构

从图 2 -9 中可以看出，ETL 主要负责将分散的、异构数据源中的数据如关系数据、平面数据文件等抽取到临时中间层后，进行清洗、转换、集成，最后加载到数据仓库或数据集市中，成为联机分析处理、数据挖掘提供决策支持的数据。为了实现这些功能，ETL 相关工具一般会进行一些功能上的扩展，如工作流、调度引擎、规则引擎、脚本支持、统计信息等。

(1)数据抽取。

数据抽取实际上就是数据采集，也就是从数据源中抽取数据的过程。由于在大多数场景下，数据会存放在数据库里，数据抽取也就变成了从数据库中抽取数据的过程。从数据库中抽取数据一般分为两种方式：全量抽取和增量抽取。

①全量抽取。

全量抽取就是对整个数据库的所有数据进行抽取，它将数据源库中的所有数据原封不动地从数据库中抽取出来，然后转换成ETL工具可以识别的格式。由于全量抽取是对整个数据库的所有数据进行抽取，不需要进行其他复杂处理，因此抽取过程比较直观、简单。但是在实际运用中，很少会用到全量抽取，主要是因为数据是实时增加的，全量抽取在每次抽取的时候将会重复抽取上次已经抽取过的历史数据，这样在产生大量冗余数据的同时也降低了抽取的效率。于是增量抽取策略被广泛关注，并得到广泛应用。

②增量抽取。

增量抽取只抽取自上次抽取以来数据库中要抽取的表中新增或修改的数据。如何捕获变化的数据是增量抽取的关键。优秀的捕获方法应该能够做到以较高的准确率获得数据库中发生变化的数据，同时还不能对业务系统造成太大的压力以免影响现有的业务。在增量数据抽取的过程中，常用的捕获变化数据的方法有：日志比对、时间戳、触发器、全表比对等。

a. 日志比对：通过分析数据库自身的日志来判断发生变化的数据。例如，常用的Oracle数据库。Oracle数据库具有改变数据捕获（changed data capture，CDC）的特性。CDC能够帮助用户识别从上次抽取之后发生变化的数据。利用CDC在对源表进行Insert、update或delete等操作的同时就可以提取数据，并且将变化的数据保存在数据库的变化表中。这样就可以捕获发生变化的数据，然后利用数据库视图以一种可控的方式提供给目标系统。

b. 时间戳：通过增加一个时间戳字段，在更新修改表数据的同时修改时间戳字段的值。当进行数据抽取时，通过比较系统时间与时间戳字段的值来决定抽取哪些数据。对于只对时间戳自动更新的数据库来说，在数据库表其他字段的数据发生改变时，系统将自动更新时间戳字段的值。有的数据库不支持时间戳的自动更新，这就要求业务系统在更新业务数据的同时，手工更新时间戳字段。时间戳的方式性能比较好，数据抽取相对清楚简单，但对业务系统需要增加额外的时间截字段。另外，因为无法捕获对时间戳以前数据的delete和update操作，因此在数据准确性上受到了一定的限制。

c. 触发器：在数据源表上建立触发器。例如，可以建立Insert、update或delete三个触发器，每当源表中的数据发生变化时，通过相应的触发器将变化的数据写入一个临时表，抽取线程从时表中抽取数据，临时表中抽取过的数据被标记或删除。触发器方式的优点是数据抽取的性能较高；缺点是要求业务表建立触发器，对业务系统有一定的影响。

MD5

d. 全表比对：典型的全表比对的方式是采用MD5校验码。ETL工具事先为要抽取的表建立一个结构类似的MD5临时表，该临时表记录源表的主键及根据所有字段的数据计算出来的MD5校验码。每次进行数据抽取时，对源表和MD5临时表进行MD5校验码的比对，从而决定源表中的数据是新增、修改还是删除，同时更新MD5校验码。MD5方式的优点是对源系统的倾入性较小（仅需要建立一个MD5临时表）。与触发器和时间戳的主动通知不同，MD5方式是被动地进行全表数据的比对，性能较差。当表中没有主键或唯一列且含有重复记录时，MD5方式的准确性就较差。

ETL处理的数据源除了关系数据库外，也可以是文件，如txt文件、xml文件等。对文件数据的抽取一般是进行全量抽取，每次抽取前可保存文件的时间戳或计算文件的MD5校验码，下次抽取时进行比对，如果相同则可忽略本次抽取。

(2)数据转换和加工。

从数据源中抽取的数据不一定完全满足目的数据库的要求，如数据格式的不一致、数据输入错误、数据不完整等，因此有必要对抽取出来的数据进行数据转换和加工。数据的转换和加工可以在 ETL 引擎中进行，也可以在数据抽取的过程中利用关系数据库的特性同时进行。

在 ETL 引擎中一般以组件化的方式实现数据转换。常用的数据转换组件有字段映射、数据过滤、数据清洗、数据替换、数据计算、数据验证、数据加解密、数据合并、数据拆分等。这些组件如同一条流水线上的一道道工序，它们是可插拔的，且可以任意组装，各组件之间通过数据总线共享数据。

(3)数据加载。

将转换和加工后的数据加载到目的库中通常是 ETL 过程的最后步骤。加载数据的最佳方法取决于所执行操作的类型及需要装入的数据量。

在大数据项目建设过程中，数据采集是最关键的环节。利用 ETL 工具采集的数据源对象包括企事业单位的自有数据。这里隐含的一个问题是，除了本单位的自有数据以外，还应该采集那些相关的外部数据。因此，实际的数据采集还涉及如下的问题：

①在系统初始上线前，将既有数据导入新系统中，通常是不可或缺的步骤。如果数据是在企业自有系统中，则需要从既有自营系统中将数据导出并输入到新系统中。

②在实际操作中，往往还有一类既有数据，它是以历史文档的形式保存，甚至是以纸质(非电子存储)的方式存放在档案馆里。这类数据往往也是需要数据导入的范围。特别是对于非电子存储的数据，意味着首先需要数字化，然后进行数据导入。

③ETL 是在数据库层进行数据交换的一个工具。这意味着，需要对数据源的数据字典、数据组织与表结构有清晰的了解，否则极易出现数据获取不完整的情况。

④传统意义上，ETL 的流程是先抽取(从原始数据库中提取出数据)、再转换(转换成目标数据库的格式)、最后加载(将转换好的数据导人目标数据库)。在大数据场景下，出于对数据加载效率的考虑，一般将顺序更改为 ELT，即先抽取、再加载、最后转换，这样做的好处在于先将原始数据库的数据最大范围地导入当前数据库中。

⑤ETL 只是众多数据交换方式中的一种，非常适合于大批量的数据导入导出的场景(比如系统上线伊始)。事实上，还有一种利用 API 接口方式进行数据交换，即由原系统提供类似功能，新开发系统按照接口标准进行数据采集和交换。在实际应用中，API 接口方式非常适合于本单位与外单位进行数据交换的场合，这种数据交换往往是建立在一定的商务模式的基础上，双方达成数据交换的意向，数据源出于对数据库访问安全的控制，往往不会倾向于在数据库层进行 ETL，而 API 接口方式则是一种非常好的补充。

实际上，任何一个新开发的大数据系统平台，本身都应该兼具的一个隐含功能就是将本系统的数据以服务的形式提供给第三方。也就是说，在进行新系统研发的过程中，系统设计者应该有意识地设计与实现面向第三方数据访问的 API 接口方式，允许第三方获得当前系统的数据。

3. 互联网数据采集

随着互联网、物联网、云计算等技术的迅速发展，促使现代信息社会步入了大数据时代。

电子商务、互联网金融和社交网络等新型行业的兴起及飞速地发展，在极大地改变人们的生活、购物及交流方式的同时，也产生了大量的网络数据，如交易数据、博文图片信息、地理位置信息等。2015 年，全国两会期间，李克强总理在政府工作报告中提出了“互联网 +”战略，这不仅加快互联网与传统行业融合的同时，也进一步丰富了大数据的来源。互联网数据已经成为大数据的一个重要来源。

互联网大数据通常是指“人、机、物”三元世界在网络空间中彼此之间相互交互与融合所产生的大数据。互联网大数据不仅数据量级大，而且具有一些其他数据源所不具备的特性。

(1)多源异构性：互联网大数据通常由不同的用户、不同的网站所产生，数据形式也呈现出复杂的非结构化形式，如语音、视频、图片、文本等。

(2)交互性：不同于测量和传感器获取的大规模科学数据(如气象数据、卫星遥感等数据)，微博、微信、Facebook、Twitter 等社交网络的兴起导致大量互联网数据具有很强的交互性。

(3)时效性：在互联网和移动互联网平台上，每时每刻都有大量的新数据发布，互联网大数据内容不断发生变化，使得信息传播具有时序相关性。

(4)社会性：网络用户不仅可以根据需要发布信息，也可以根据自己的喜好回复或转发。互联网大数据直接反映了社会状态。

(5)突发性：有些信息在传播过程中会在短时间内引起大量新的网络数据的产生，并使相关的网络用户形成网络群体，体现出网络大数据及网络群体的突发特性。

(6)高噪声：互联网大数据来自于众多不同的网络用户，具有很高的噪声和不确定性。

总之，互联网大数据多以非结构化的形式存储在互联网中，包括 Web 网页、电子邮件、文本文档和实时社交媒体数据。互联网大数据蕴藏着巨大的价值，将其应用到生产生活中可以有效地帮助人们或企业通过信息做出比较准确的判断，以便采取适当的行动。例如，在电子商务领域，通过对用户的商品浏览记录和购物单进行分析，挖掘用户的购物偏好、推荐用户需要购买的商品；在互联融领域，通过分析行业新闻、法院公告、政府政策公告等大数据信息进行综合分析和预测，辅助银行对客户贷款风险进行预判，实现信贷风险的控制和管理；在社交网络领域，分析用户的博文信息和转发信息，挖掘用户的行为偏好，从而为企业竞争营销提供目标客户等。互联网大数据本身具有的特点决定了其本身隐藏的与众不同的商业价值，对互联网大数据进行有效的收集以及充分挖掘将成为许多行业扩展业务与市场的新兴突破点。

对互联网大数据的收集，通常是通过网络爬虫技术进行的。网络爬虫也叫网页蜘蛛，是一种“自动化浏览网络”的程序，或者说是一种网络机器人。通俗来说，网络爬虫从指定的链接入口，按照某种策略从互联网中自动获取有用信息。

目前，网络爬虫广泛应用于互联网搜索引擎或其他类似网站中，以获取或更新这些网站的网页内容和检索方式。它们可以自动采集能够访问到的所有页面内容，以供搜索引擎做进一步处理(分拣、整理、索引下载到的页面)，使得用户能更快地检索到需要的信息。

从网络爬虫的定义可知，网络爬虫开始于一张被称作种子的统一资源地址列表(也称 URL 池或 UBL 队列)，将其作为抓取的链接入口。当网络爬虫访问这些网页时，识别出页面上所有的所需网页链接，并将它们加入“待爬队列”中。此后从“待爬队列”中取出网页链接按照一套策略循环访问，这样一直循环，直到“待爬队列”为空时爬虫程序停止运行。

图 2－10 描述的就是一个通用的爬虫框架流程，由种子 URL 队列、待抓取 URL 队列、已抓取 URL 队列、下载网页库等构成。首先指定入口 URL，将其加入种子 URL 队列中；然后将种子 URL 加入待抓取 URL 队列中，并从待抓取 URL 队列依次读取 URL，从互联网中下载 URL 所链接的网页；接着将网页的 UHRL 保存到已抓取 URL 队列中，将网页信息保存到下载网页库中，从网页中抽取出需要抓取的新 URL 并加入待抓取 URL 队列中；最后重复这个过程，直到待抓取 URL 队列为空。

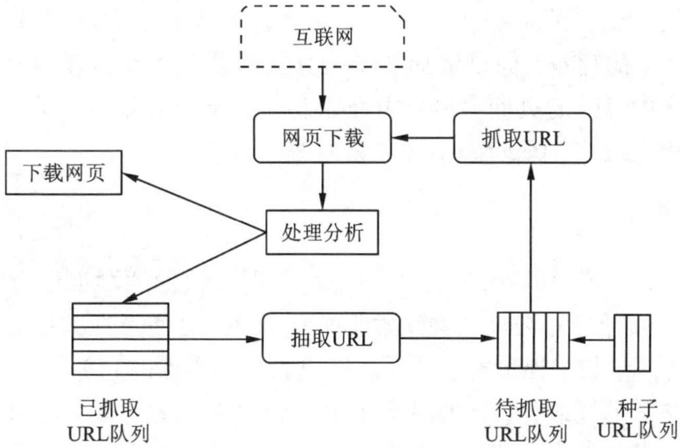

图 2－10　网络爬虫流程图

按照系统结构和实现技术，互联网爬虫可以分为通用网络爬虫、聚焦网络爬虫、增量式网络爬虫和分布式网络爬虫。

1. 通用网络爬虫

通用网络爬虫又称全网爬虫，搜索引擎背后的数据采集工作大多是由通用爬虫来做的。这种爬虫追求大的爬行覆盖范围，对于在网页中提取到的超链接会“照单全收”，能够爬取到尽可能多的网站，获取到各式各样的信息。这类网络爬虫的爬行范围和数量巨大，对于爬行速度和存储空间要求较高，对于爬行页面的顺序要求相对较低，同时由于待刷新的页面太多，通常采用并行工作方式，但需要较长时间才能刷新一次页面。虽然存在一定缺陷，通用网络爬虫适用于为搜索引擎搜索广泛的主题，有较强的应用价值。为提高工作效率，通用网络爬虫会采取一定的爬行策略。常用的爬行策略有：深度优先策略、广度优先策略。

2. 聚焦网络爬虫

聚焦网络爬虫，又称主题网络爬虫，是指选择性地爬行那些与预先定义好的主题相关页面的网络爬虫。和通用网络爬虫相比，聚焦爬虫只需要爬行与主题相关的页面，极大地节省了硬件和网络资源，保存的页面也由于数量少而更新快，还可以很好地满足一些特定人群对特定领域信息的需求。

聚焦网络爬虫和通用网络爬虫相比，增加了链接评价模块以及内容评价模块。聚焦爬虫爬行策略实现的关键是评价页面内容和链接的重要性，不同的方法计算出的重要性不同，由此导致链接的访问顺序也不同，常用算法包括基于内容评价的爬行策略、基于链接结构评价的爬行策略、基于增强学习的爬行策略以及基于语境图的爬行策略等算法。

3. 增量式网络爬虫

增量式网络爬虫是指对已下载网页采取增量式更新，并只爬行新产生的或者已经发生变化网页的爬虫，它能够在一定程度上保证所爬行的页面是尽可能新的页面。与周期性爬行以及刷新页面的网络爬虫相比，增量式爬虫只会在需要的时候爬行新产生或发生更新的页面，并不重新下载没有发生变化的页面，可有效减少数据下载量。虽然可及时更新已爬行的网页，减小时间和空间上的耗费，但是增加了爬行算法的复杂度和实现难度。增量式爬虫的目标是保持本地页面集中存储的页面为最新页面以及提高集中页面的质量。增量式爬虫的网页排序策略包括广度优先策略、PageRank 优先策略等。

4. 分布式网络爬虫

根据上述介绍，对于不同的网络爬虫方法，由于网页数量的增加以及网页中数据更新会直接影响到网络爬虫的计算复杂度和网络数据抓取效率。因此，在大数据应用场景下，使用分布式计算技术，将网络数据抓取并行化，已经成为一个必然的趋势。

所谓分布式网络数据抓取，就是通过多个单机爬虫系统的有效协作和配合，实现互联网大数据的数据抓取。显然，分布式网络数据抓取至少涉及网络爬虫本身和分布式计算相关技术。

总之，大数据时代互联网数据的采集是进行大数据分析和处理的前提，采集到的数据类型和质量对后续大数据的价值至关重要。网络大数据通常采用网络爬虫采集，因此开发网络爬虫来采集网络大数据显得尤为重要。目前已经有很多开源的网络爬虫技术，如 Nutch、Scrapy、JSpider 等。

2.3 小结

从数据中发现知识是人类文明进程中亘古不变的活动。从数据中发现知识的一个基础条件是必须有数据。在大数据应用中，用于分析的数据散布于不同的数据中心，但是由于各种因素，没有任何一家单位能够采集全人类的所有数据。因此数据的获取是摆在大数据应用中第一个难题。

大数据的来源包括政府数据、企事业单位的数据、物联网数据以及互联网数据等。单纯就技术层面而言，政府数据和企事业单位的数据可以通过 ETL 进行汇聚；互联网数据可以通过网络爬虫来获得；大型互联网公式可以利用日志系统进行数据采集。

在实际操作中，数据的采集与整合远没有前面讲述的那样简单。首先，以政府数据为例，政府数据归属于不同的部门，从数据采集的角度而言，自然是希望能够采集不同部门的数据，但是各个部门从涉密、安全及部门的局部利益出发，未必有意愿和能力把自己所掌握的数据共享出来。其次，互联网数据的获取也并不容易。任何一个网站出于负载均衡及相关利益的目的，并不是特别欢迎机器爬虫前往它的网站自动获取数据，因而会设置类似校验码这样的障碍；此外，随着移动互联网的迅猛发展，从移动终端获得用户的数据也是大数据采集过程中的一个重要难题。这方面的数据获取往往需要在一个良好的商业模式及很多资源的共同支撑下才能得以实现。比如很多公司开发了很多的APP并以免费的方式提供给用户，用户在享用免费服务的同时将数据免费地提交了上来。最后，虽然数据源的获取渠道很多，但是并不是所有方法都有效。因此，目前市场上出现了专门的数据服务公司，他们利用自己的技术手段，或者垄断的渠道入口来采集相关的数据，在进行大数据采集的时候，与这样的公司展开合作也是一个行之有效的渠道。

在大数据时代，数据是最坚实的基础，正所谓"得数据者得天下"，而大数据价值的实现将从数据采集开始。

习　题

1. 传统数据采集的定义是什么？
2. 请描述传统数据采集的体系结构。
3. 传统数据采集有哪些采样方法？
4. 传统数据采集有哪些编码方法？
5. 大数据与传统数据主要有哪些区别？
6. 如何对大数据源进行分类？
7. 互联网数据的来源有哪些？
8. 大数据采集面临的挑战有哪些？
9. 数据抽取有哪些常用的方法？
10. 互联网大数据的主要特点是什么？
11. 什么是网络爬虫？
12. 请分析大数据时代的新的数据思维。

第 3 章　大数据采集架构

大数据的价值不在于存储数据本身，而在于如何挖掘数据，只要具备足够的数据源，才可挖掘出数据背后的价值。因此，获取大数据是非常重要的基础。获取大数据的方式，要么是系统采集和聚集数据，要么是获取别人采集聚集整理之后的数据。金融行业、大型互联网企业本身具备从事大数据分析的资源和条件，因为它们通过业务系统积累了大量的业务数据和用户行为数据。而普通的公司并不具备这样的条件，现在为了实现精准营销，很多公司已经从大型互联网公司购买客户数据、行为数据，以精准的发现新客户。

数据聚集的方式各种各样，有些数据是通过业务系统或互联网端的服务器自动聚集起来的，如业务数据、点击流数据、用户行为数据，而有些数据是通过卫星摄像机和传感器等硬件设备自动聚集的，如遥感数据、交通数据、人流数据，还有一些数据是通过半自动整理聚集的，如商业景气数据、税务数据、人口普查数据、政府统计数据。

本章将介绍大数据采集架构以及常用的大数据采集工具。

3.1　概述

随着互联网技术的发展，各个行业的相关部门、公司等都在不断地产生大量的信息，这些信息需要以简单、及时的方式进行处理，以满足各种应用需求。这给大数据技术带来了许多挑战，第一个挑战就是在大量的数据中搜集需要的数据，很多大型的互联网公司、金融行业、零售行业、医疗行业等都有自己的业务平台，在此平台上，每天都会产生大量的系统日志数据。这些日志数据包括了用户的交易数据、社交数据、搜索数据等，并拥有稳定、安全的数据资源。通过采集系统日志数据，可以获得大量数据。

目前，现在越来越多的企业通过架设日志采集系统来保存这些数据，希望通过这些数据获取其商业或社会价值。如 Hadoop 的 Chukwa、Cloudera 的 Flume、Facebook 的 Scrible 以及 Apache Kafka 等大数据采集框架。这些工具大多采用分布式架构来满足大规模日志采集的需求。

Chukwa 是一个开源的用于监控大型分布式系统的数据收集系统。这是构建在 Hadoop 的 HDFS 和 Map/Reduce 框架之上的，继承了 Hadoop 的可伸缩性和鲁棒性。

Flume 是 Cloudera 提供的一个高可用的、高可靠的、分布式的海量日志采集、聚合和传输的系统。Flume 支持在日志系统中定制各类数据发送方，用于收集数据；同时 Flume 提供对数据进行简单处理，并写到各种数据接受方(可定制)的能力。

Apache Kafka 是由 Apache 开发的一个开源消息系统项目。它是一个分布式的、分区的、多复本的日志提交服务。

Scribe 是 Facebook 开源的日志收集系统，在 Facebook 内部已经得到大量的应用。

Flume 是 Cloudera 提供的日志收集系统，Flume 支持在日志系统中定制各类数据发送方，用于收集数据；同时，Flume 提供对数据进行简单处理，并写到各种数据接受方(可定制)的能力。表 3 – 1 分析了这四种常用的大数据采集框架的特点。

表 3 – 1 Scribe、Chukwa、Kafka、Flume 大数据采集框架比较

	Scribe	Chukwa	Kafka	Flume
实现语言	C/C ++	Java	Scala	Java
框架	push/push	push/push	push/pull	push/push
容错性	Collecto 和 Store 之间有容错机制，Agent 和 Collector 之间的容错用户自己定义	Agent 定期记录已发送给 Collector 的数据偏移量，一旦出错，根据记录的偏移量继续获取数据	Agent 通过 Collector 自动识别并获取可用的 Collector。Store 保存已经获取的数据偏移量，一旦 Collector 出现故障，根据记录的偏移量继续获取数据	Agent 和 Collector 以及 Collector 和 Store 之间均有容错机制，且提供了三种级别的可靠性保证
负载均衡	无	无	使用 ZooKeeper	使用 ZooKeeper
Agent	ThriftClient	获取 Hadoop logs 的 Agent	需根据 Kafka 提供的 low-level 和 high-level API 自己定义	提供丰富的 Agent
Collector	ThriftServer	系统提供 Collector	使用 Sendfile、Zero-copy 等	系统提供 Collector
Store	直接支持 HDFS	直接支持 HDFS	直接支持 HDFS	直接支持 HDFS

从表 3 – 1 可以看出，Chukwa 和 Flume 采用 Java 语言，而 Kafka 采用 Scala，Scribe 采用了 C/C ++；Scribe、Chukwa 和 Flume 都采用 push/push 机制，而 Kafka 采用 push/pull 机制；在容错性方面，Flume 提供了三种级别的可靠性保证；Kafka 和 Flume 都采用了 ZooKeepe 保证负载均衡，Scribe 和 Chukwa 没有负载均衡的策略。

总之，Scribe 设计简单，易于使用，但是容错机制和负载均衡机制不够完善。Chukwa 属于 Hadoop 系列产品，直接支持 Hadoop，版本升级很快。Kafka 的框架(push/pull)新颖，适合集群架构，但稳定性有待验证。Flume 框架、容错机制以及负载均衡等都非常完善。

3.2 Chukwa 数据采集

Chukwa 是一个针对大型分布式系统的数据采集系统，其构建于 Hapoop 之上。Chukwa 使用 HDFS 作为其存储，最初的设计是用于收集和分析 Hadoop 系统的日志，Chukwa 继承了 Hadoop 的伸缩性和鲁棒性。Chukwa 也内置了一个功能强大的工具箱，用于显示系统监控和分析结果，使得通过 Chukwa 搜集的数据，发挥最大的用处。

Chukwa 旨在为分布式数据收集和大数据处理提供一个灵活、强大的平台，这个平台不仅现时可用，而且能够与时俱进地利用更新的存储技术（如 HDFS、HBase 等）。为了保持这种灵活性，Chukwa 被设计成收集和处理层级的管道线，在各个层级之间有非常明确和狭窄的界面，Chukwa 架构如图 3－1 所示。

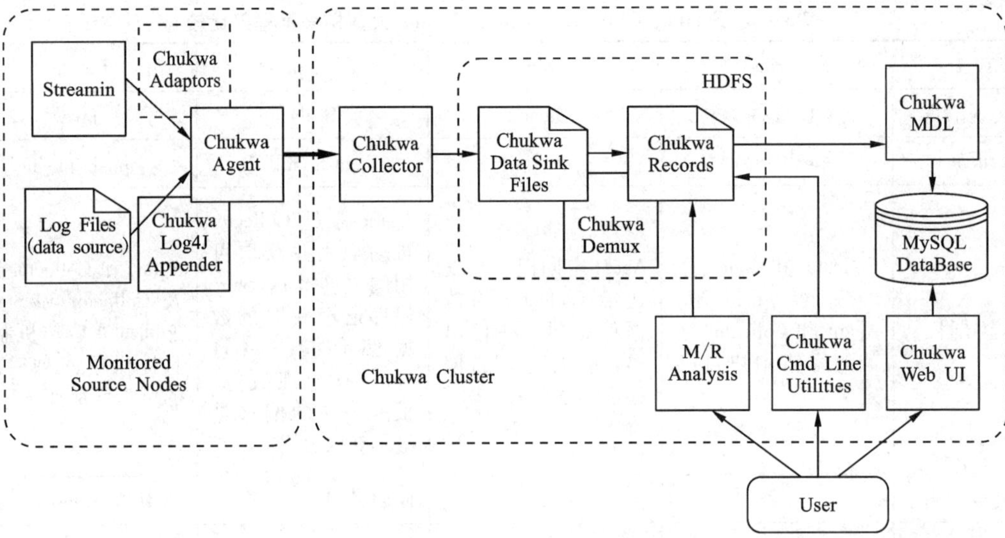

图 3－1　Chukwa 架构图

从图 3－1 中可以看出，Chukwa 由 Agents、Adaptor、Collectors、Map/Reduce Jobs 以及 HICC 等组件组成。

1. Adaptors 和 Agents

在每个数据的产生端（基本上是集群中每一个节点上），Chukwa 使用一个 Agent 来采集它感兴趣的数据，每一类数据通过一个 Adaptor 来实现，数据的类型在相应的配置中指定，Chukwa 对常见的数据来源提供相应的 Adaptor，具体包括命令行输出、log 文件和 Http Sender 等。这些 Adaptor 会定期运行（如每分钟读一次数据文件的结果）或事件驱动地执行（如 Kernel 的一条错误日志）。如果这些 Adaptor 还不够用，用户也可以方便地自己实现一个 Adaptor 来满足需求。为防止数据采集端的 Agent 出现故障，Chukwa 的 Agent 采用了所谓的“watchdog”机制，会自动重启终止的数据采集进程，防止原始数据的丢失。另一方面，对于重复采集的数据，在 Chukwa 的数据处理过程中，会自动对它们进行去重。这样，就可以对于关键的数据在多台机器上部署相同的 Agent，从而实现容错的功能。

2. Collectors

Agents 采集到的数据存储到 Hadoop 集群上。Hadoop 集群擅长处理少量大文件，而对于大量小文件的处理则不是它的强项。针对这一点，Chukwa 设计了 Collector 这个角色，用于把数据先进行部分合并，再写入集群，防止大量小文件的写入。另一方面，为防止 Collector 成为性能瓶颈或成为单点产生故障，Chukwa 允许和鼓励设置多个 Collector，从而 Agents 随机地从 Collectors 列表中选择一个 Collector 传输数据，如果一个 Collector 失败或繁忙，就换下一个 Collector，从而可以实现负载的均衡。实践证明，多个 Collector 的负载几乎可以达到平均。

3. Demux 和 Archive

Chukwa 架构中放在集群上的数据是通过 MapReduce 作业来实现数据分析的。在 MapReduce 阶段，Chukwa 提供了 Demux 和 Archive 任务两种内置的作业类型。

Demux 作业负责对数据的分类、排序和去重。由 Collector 写入集群中的数据，都有自己的类型。Demux 作业在执行过程中，通过数据类型和配置文件中指定的数据处理类，执行相应的数据分析工作，一般是把非结构化的数据结构化，抽取中其中的数据属性。由于 Demux 的本质是一个 MapReduce 作业，所以可以根据自己的需求制定自己的 Demux 作业，进行各种复杂的逻辑分析。Chukwa 提供的 Demux interface 可以用 Java 语言来方便地扩展。而 Archive 作业则负责把同类型的数据文件合并，一方面保证了同一类的数据都在一起，便于进一步分析，另一方面减少文件数量，减轻 Hadoop 集群的存储压力。

4. dbadmin

存储于集群上的数据，虽然可以满足数据的长期存储和大数据量计算需求，但是不便于展示。为此，Chukwa 使用 mdl 语言，把集群上的数据抽取到 mysql 数据库中，对近一周的数据，完整保存；超过一周的数据，按数据离当前时间长短作稀释，离当前越久的数据，所保存的时间间隔越长。通过 Mysql 来作数据源，展示数据。同时使用 Hbase 或类似的技术，直接把索引化的数据在存储在集群上。

5. HICC

HICC 是 Chukwa 提供的数据展示端。在展示端，Chukwa 提供了一些默认的数据展示 widget，可以使用"列表""曲线图""多曲线图""柱状图""面积图"等给用户直观地展示一类或多类数据的趋势。而且在 HICC 展示端，对不断生成的新数据和历史数据，采用 Robin 策略，防止数据的不断增长而增大服务器压力，并对数据在时间轴上"稀释"，可以提供长时间段的数据展示。

从本质上，HICC 是用 Jetty 来实现的一个 Web 服务端，内部用的是 Jsp 技术和 Java Script 技术。各种需要展示的数据类型和页面的局都可以通过拖拽方式来实现，更复杂的数据展示方式，可以使用 Sql 语言组合出各种需要的数据。如果这样还不能满足需求，可以手动修改 Jsp 代码。

此外，Chukwa 还提供了命令行的接口，可以直接访问到集群上数据。总之，Chukwa 从数据的产生、收集、存储、分析到展示的整个生命周期都提供了全面的支持。

3.3 Flume 数据采集

Flume 是一个可以收集日志、事件等数据资源的数据采集系统，它将这些数量庞大的数据从各项数据资源中集中或者存储。Flume 具有高可用性分布式的特性，作为配置工具，其设计的原理也是基于将数据流，如日志数据从各种网站服务器上汇集起来存储到 HDFS、HBase 等集中存储器中。

Flume 是分布式的日志收集系统，它将各个服务器中的数据收集起来并送到指定的地方，比如 HDFS。图 3-2 给出了 Flume 的总体结构。

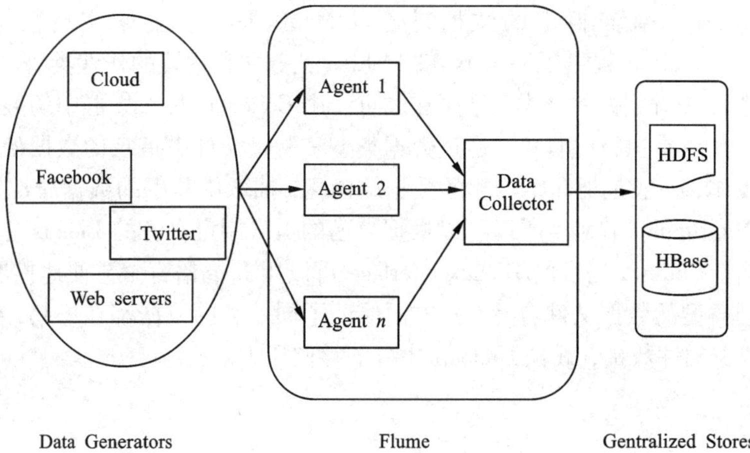

图 3-2 Flume 的总体结构

从图 3-2 中可以看出，数据发生器（如 Facebook、Twitter 等）产生的数据被单个运行在 Flume 所在服务器上的 Agent 所收集，然后数据收容器（data collector）从各个 Agent 上汇集数据并将采集到的数据存入到 HDFS 或者 HBase 中。

在整个数据的传输的过程中，流动的是事件（event）。事件是 Flume 内部数据传输的最基本单元。它是由一个可选头部和一个负载数据的字节数组（该数据组是从数据源接入点传入，并传输给传输器，也就是 HDFS/HBase）构成。如图 3-3 所示。

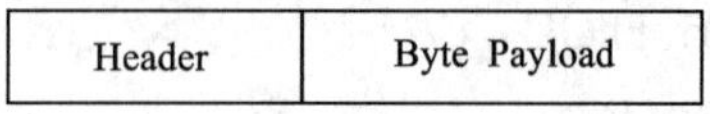

图 3-3 Flume Event 结构

Flume 系统首先将 event 封装，然后利用 Agent 进行其解析，并依据规则传输给 HBase 或者 HDFS。

1. Flume 体系结构

Flume 实际上是一种分布式的管道架构，可以看作在数据源和目的地之间有一个 Agent 的网络，并支持数据路由。Flume 架构如图 3-4 所示。

从图 3-4 中可以看出，Flume Agent 由 Source、Channel 和 Sink 组成。

Source 负责接收数据，并将接收的数据以 Flume 的 event 格式进行封装，然后将其传递给一个或者多个通道（channal）。Flume 的 Source 支持 HTTP、JMS、RPC、NetCat、Exec、Spooling、Directory。其中 Spooling 支持监视一个目录或者文件，解析新生成的事件。

Channal 是一种暂时的存储容器，它将从 Source 处接收到的 event 格式的数据缓存起来，它在 Source 和 Sink 间起着一共桥梁的作用。Channal 是一个完整的事务，这一点保证了数据在收发时的一致性，并且它可以和任意数量的 Source 和 Sink 链接。支持的类型包括 JDBC

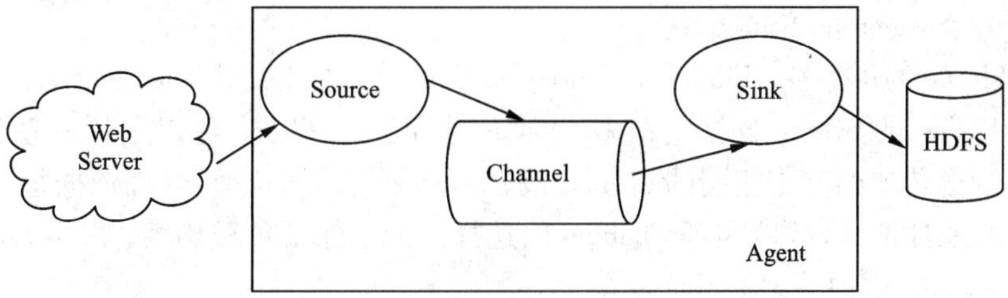

图3－4　Flume 架构

Channel、File System Channel、Memort Channel 等。

Sink 负责从管道中读出数据并发给下一个 Agent 或者最终的目的地。Sink 支持的不同目的地种类包括 HDFS、HBASE、Solr、Elastic Search、File、Logger 或者其他的 Flume Agent。

2. Flume 的运行机制

Flume 的核心是 Agent。Agent 对外有两个进行交互的地方，一个是接受数据的输入 Source，另一个是数据的输出 Sink。Source 接收到数据之后，将数据发送给 Channel，Chanel 作为一个数据缓冲区会临时存放这些数据，随后 Sink 会将 Channel 中的数据发送到指定的地方，如 HDFS 等。只有在 Sink 将 Channel 中的数据成功发送出去之后，Channel 才会将临时数据进行删除，这种机制保证了数据传输的可靠性与安全性。

此外，Flume 可以支持多级 Flume 的 Agent。例如，Sink 可以将数据写到下一个 Agent 的 Source 中，这样的话就可以连成串了。Flume 还支持扇入(fan in)、扇出(fan out)。所谓扇入就是 Source 可以接受多个输入，所谓扇出就是 Sink 可以将数据输出多个目的地，如图 3－5 所示。

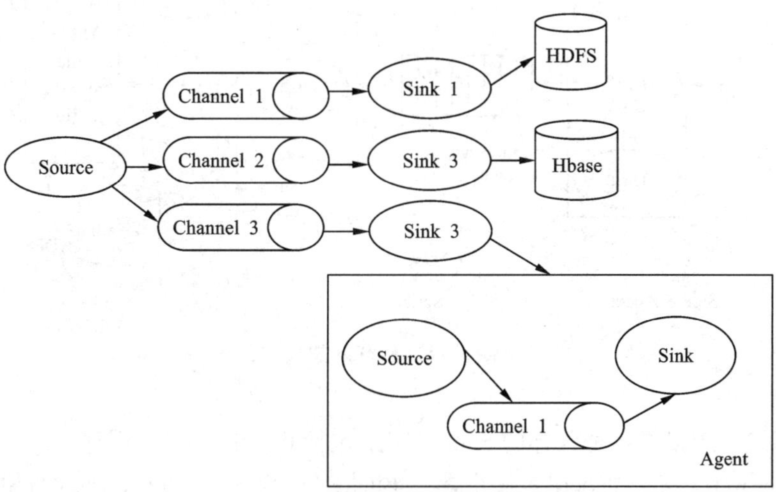

图3－5　多级 Flume 架构

从图 3 - 5 中可以看出，Flume 的 Sink 1、Sink 2 和 Sink 3 分别将数据输出到 HDFS、HBASE 和下一个 Agent 的 Source 中。

为保证 Flume 的可靠性，Flume 在 Source 和 Channel 之间采用 Interceptors 拦截器用来更改或者检查 Flume 的 events 数据。在多 Channel 情况下，Flume 可以采用默认管道选择器（即，每一个管道传递的都是相同的 events）或者多路复用通道选择器（即依据每一个 event 的头部 Header 的地址选择管道）实现 Channel 的选择。为了保证负载均衡，采用 Sink 线程用于激活被选择的 Sinks 群中特定的 Sink。

3.4 Scribe 数据采集

Thrift

Scribe 能够从各种日志源上收集日志，存储到一个中央存储系统（NFS 或分布式文件系统等），以便于进行集中统计分析处理。它为日志的"分布式收集，统一处理"提供了一个可扩展的，高容错的方案。

Scribe 是 Facebook 开发的分布式日志系统，它使用 Thrift 传输日志数据。Scribe 由 Scribe Agent、Scribe 和存储系统三部分组成。其系统架构如图 3 - 6 所示。

Scribe Agent 实际上是一个 ThriftClient。各个数据源须通过 Thrift 向 Scribe 传输数据，每条数据记录包含一个 Category 和一个 Message，可以在 Scribe 配置中指定 Thrift 线程数，默认是 3。

Scribe 接收到 ThriftClient 发送过来的数据，放到一个共享队列 MessageQueue，然后根据配置文件，Scribe 可以将不同 Category 的数据存放到不同目录中并 Push 给后端不同的存储对象。

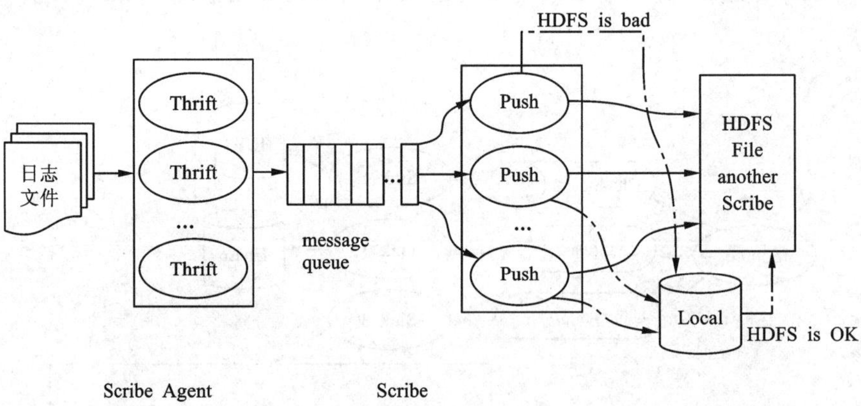

图 3 - 6 Scribe 架构

后端的存储系统提供各种各样的 Store 方式，包括 file、buffer（双层存储，一个主存储，一个副存储）、Network（另一个 Scribe 服务器）、Bucket（包含多个 Store，通过 Hash 将数据存到不同 Store 中）、Null（忽略数据）、Thrift File（写到一个 Thrift Tfile Transport 文件中）和 Multi（把数据同时存放到不同 store 中）。

存储系统实际上就是 Scribe 中的存储系统，当前 Scribe 支持非常多的存储方式，具体

包括:

(1)File:将日志写到文件或者 NFS 中。支持两种文件格式,即 Std 和 Hdfs,分别表示普通文本文件和 HDFS。

(2) Buffer:该 Store 中包含两个子 Store,其中一个是 PrimaryStore,另一个是 SecondaryStore。日志会优先写到 PrimaryStore 中,如果 PrimaryStore 出现故障,则 Scribe 会将日志暂存到 SecondaryStore 中,待 PrimaryStore 恢复性能后,再将 SecondaryStore 中的数据拷贝到 PrimaryStore 中。其中,SecondaryStore 仅支持两种 Store,一个是 File,另一个是 Hdfs。

(3) null:用户可以在配置文件中配置一种叫 Default 的 Category,如果数据所属的 Category 没有在配置文件中设置相应的存储方式,则该数据会被当做 Default。如果用户想忽略这样的数据,可以将它放入 null Store 中。

(4)Bucket:包含多个 Store,通过 Hash 函数,将数据存到不同 Store 中。

(5)Multi:把数据同时存放到不同 Store 中。

(6)Scribe 具有非常好的容错性。比如当存储系统崩溃时,Scribe 会将数据写到本地磁盘上;当存储系统恢复正常后,Scribe 将日志重新加载到存储系统中。

3.5 Kafka 数据采集

Kafka 是一种分布式发布—订阅消息系统。它最初由 Linked In 公司开发,之后成为 Apache 项目的一部分。Kafka 被设计为能够高效地处理大量实时数据,具有快速、可扩展、分布式、分区和多副本等特点。Kafka 使用由 Scala 语言编写,虽然置身于 Java 阵营,但其并不遵循 JMS 规范。

Kafka 架构不仅具有高可扩展性、容错性和高并发性,而且相比较其他消息系统(如 ActiveMQ, RabbitMQ 等)具有高得多的吞吐量。因为 Kafka 为发布消息提供了一套存储系统,因此其不仅用于发布—订阅消息,还可以用于日志收集。Kafka 架构如图 3-7 所示。

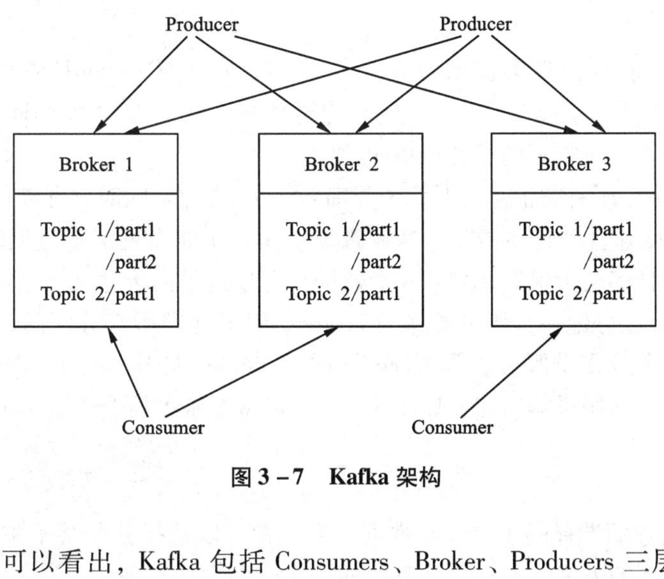

图 3-7 Kafka 架构

从图 3-7 中可以看出,Kafka 包括 Consumers、Broker、Producers 三层架构。Consumers

即消息接收者，可以订阅一个或多个话题，接收 Broke 发送的数据；Broker 即服务代理，组成 Kafka 集群，并保存已发布的消息；Producers 即消息发布者，能够发布消息到 Topics 进程；Topics 是指消息的分类名。

Kafka 机构的基本流程就是 Producers 将消息发送给 Broker，并以 Topics 名称分类；Broker 又服务于 Consumers，将指定 Topics 分类的消息传递给 Consumers。

1. Topics

Topics 是消息的分类名(或 Feed 的名称)。Kafka 集群或 Broker 为每一个 Topic 都会维护一个分区日志。每一个分区日志是有序的消息序列，消息是连续追加到分区日志上，并且这些消息是不可更改的。分区中的每条消息都会被分配顺序 ID 号，也称为偏移量，是其在该分区中的唯一标识。Kafka 集群保留了所有发布的消息，直到该消息过期。

一个 topics 可以有多个分区，这些分区可以作为并行处理单元，从而使 Kafka 有能力高效地处理大量数据。这些分区日志被分配到 Kafka 集群中的多个服务器上进行处理，每个分区也会备份到 Kafka 集群的多个服务器上。图 3-8 所示为 Topics 与日志分区。

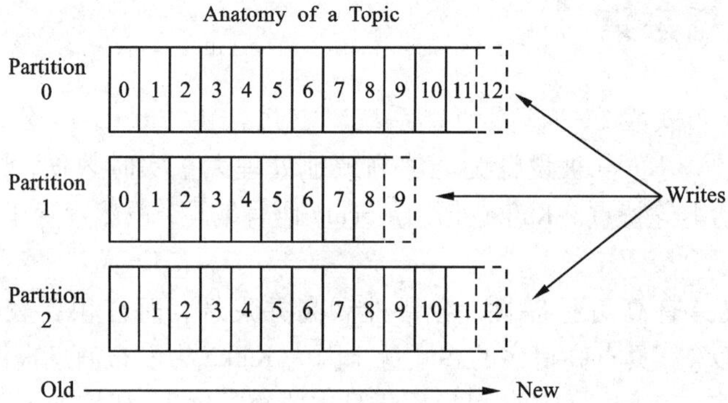

图 3-8 Topics 与日志分区

图 3-8 中的 Topics 消息会被均匀的分布到 Partition0、Partition1 和 Partition2 分区日志中，每个 Partition 中的消息都是有序的，生产的消息被不断追加到 PartitionLog 上，其中的每一个消息都被赋予了一个唯一的偏移(offset)值。

Kafka 集群会保存所有的消息，不管消息有没有被消费。同时，可以设定消息的过期时间，只有过期的数据才会被自动清除以释放磁盘空间。比如设置消息过期时间为 2 天，那么这 2 天内的所有消息都会被保存到集群中，数据只有超过了两天才会被清除。

Kafka 为每个分区分配一台服务器作为 Leader，用于处理所有分区的读和写请求。Kafka 为每个分区分配零个或多个服务器充当 Follower，Follower 服务器对 Leader 服务器中的分区进行备份，一旦 Leader 服务器宕机，其他的某个 Follower 服务器会被选为 Leader。

2. Producers

Producers 是向它们选择的主题发布数据。生产者可以选择分配某个主题到哪个分区上。这可以通过使用循环的方式或通过任何其他的语义分函数来实现。

Producers 直接发送消息到 Broker 上的 Leader Partition，不需要经过任何中介一系列的路由转发。为了实现这个特性，Kafka 集群中的每个 Broker 都可以响应 Producer 的请求，并返回 Topic 的一些信息。

Producer 客户端自己控制着消息被推送到哪些 Partition。实现的方式可以是随机分配、实现一类随机负载均衡算法或者指定一些分区算法。Kafka 提供了接口供用户实现自定义的分区，用户可以为每个消息指定一个 Partition Key，通过这个 Key 来实现一些 Hash 分区算法。比如，把 Userid 作为 Partitionkey 的话，相同 userID 的消息将会被推送到同一个分区。

以 Batch 的方式推送数据可以极大地提高处理效率，Kafka Producer 可以将消息在内存中累计到一定数量后作为一个 Batch 发送请求。Batch 的数量大小可以通过 Producer 的参数控制，参数值可以设置为累计的消息的数量(如500 条)、累计的时间间隔(如100 ms)或者累计的数据大小(64 kB)。通过增加 Batch 的大小，可以减少网络请求和磁盘I/O 的次数，当然具体参数设置需要在效率和时效性方面做一个权衡。

Producers 可以异步、并行的向 Kafka 发送消息，但是通常 Producer 在发送完消息之后会得到一个 Future 响应，返回的是 Offset 值或者发送过程中遇到的错误。这其中有个非常重要的参数"Acks"，这个参数决定了 Producer 要求 Leader Partition 收到确认的副本个数，如果 Acks 设置数量为 0，表示 Producer 不会等待 Broker 的响应，所以，Producer 无法知道消息是否发送成功，这样有可能会导致数据丢失，但同时，Acks 值为 0 会得到最大的系统吞吐量。

若 Acks 设置为 1，表示 Producer 会在 Leader Partition 收到消息时得到 Broker 的一个确认，这样会有更好的可靠性，因为客户端会等待直到 Broker 确认收到消息。若设置为 -1，Producer 会在所有备份的 Partition 收到消息时得到 Broker 的确认，这个设置可以得到最高的可靠性保证。

3. Consumers

Kafka 提供一种单独的消费者抽象，此抽象具有两种模式的特征消费组：Queuing 和 Publish-SubScribe。消费者使用相同的消费组名字来标识，每个主题的每条消息都会发送到某个 consumers 实例，这些实例所在的消费者需要提出订阅才能获得消息。

Kafka 支持以组的形式消费 Topic，如果 Consumers 有同一个组名，那么 Kafka 就相当于一个队列消息服务，而各个 Consumer 均衡的消费相应 Partition 中的数据。若 Consumers 有不同的组名，那么 Kafka 就相当于一个广播服务，它会把 Topic 中的所有消息广播到每个 Consumer。其工作原理如图 3 - 9 所示。

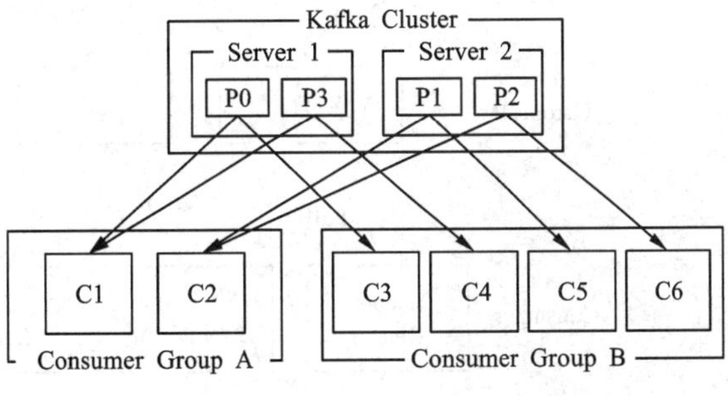

图 3 - 9 以组形式的 Consumers 工作原理

图 3 -9 中 C1 和 C2 属于同一个组 Consumer Group A，它们分别获取 Servel 和 Server2 的消息；而 C1 和 C3 分别属于 Consumer Group A 和 Consumer Group B 两个组，它们会获取服务器 Sever1 广播的消息 P0。

4. push and pull

Kafka 的发布和订阅消息过程中，Producer 到 Broker 的过程是 Push，也就是有数据就推送到 Broker；而 Consumer 到 Broker 的过程是 pull，它是通过 Consumer 主动取数据的，而不是 Broker 把数据主动发送到 Consumer 端的。如图 3 - 10 所示。

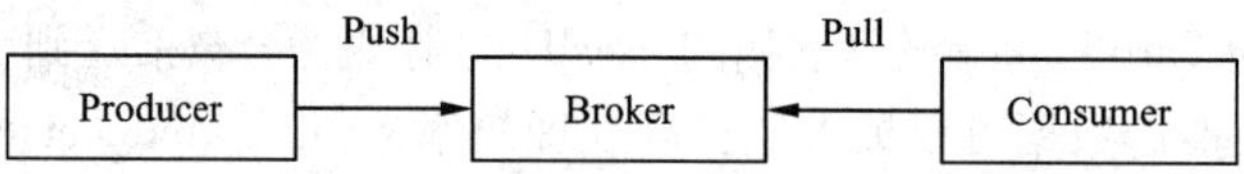

图 3 - 10　push-and-pull 消息传输机制

从 3 - 10 可以看出，Kafka 采用了 push-and-pull 消息传输机制。这种机制中，Broker 决定了消息推送的速率，而 Consumer 可以自主决定是否批量的从 Broker 接受数据。

5. Apache ZooKeeper

Apache ZooKeeper 是 Apache Hadoop 的一个子项目，作为一种分布式服务框架，提供协调和同步分布式系统各节点的资源配置等服务，是分布式系统一致性服务的软件。Apache Kafka 主要是利用 ZooKeeper 解决分布式应用中遇到的数据管理问题，如名称服务、状态同步服务、集群管理、分布式应用配置项的管理等。ZooKeeper 的数据管理工作过程如图 3 - 11 所示。

图 3 - 11 中，多个 Broker 协同合作、Producer 和 Consumer 部署在各个业务逻辑中被频繁的调用都是通过 ZooKeeper 管理协调请求和转发。通过 ZooKeeper 管理实现了高性能的分布式消息发布订阅系统。

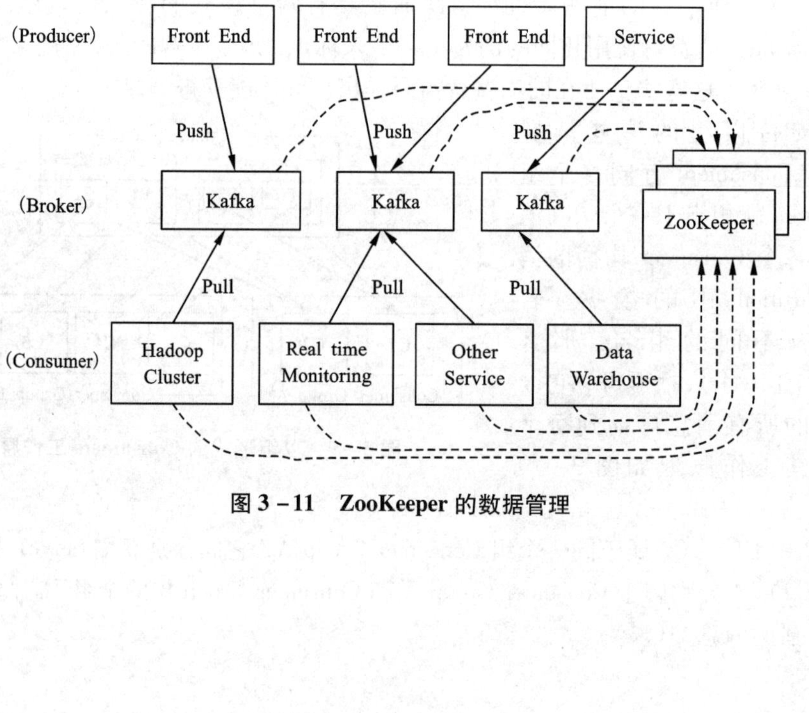

图 3 - 11　ZooKeeper 的数据管理

6. Kafka 架构核心特性

(1)压缩功能。

Kafka 支持对消息进行压缩，Producer 端可以通过 GZIP 或 Snappy 格式对消息进行压缩。Producer 端进行压缩之后，在 Consumer 端须进行解压。压缩的好处就是减少传输的数据量，减轻对网络传输的压力。

为了区分消息是压缩的还是未压缩的，Kafka 在消息头部添加了一个描述压缩属性字节，这个字节的后两位表示消息的压缩采用的编码，如果后两位为 0，则表示消息未被压缩。

(2)消息可靠性。

在消息系统中，保证消息在生产和消费过程中的可靠性是十分重要的，在实际消息传递过程中，可能会出现如下三种情况：

(1)一个消息发送失败。

(2)一个消息被发送多次。

(3)一个消息发送成功且仅发送了一次。

为保证信息传输成功，当一个消息被发送后，Producer 会等待 Broker 成功接收到消息的反馈(可通过参数控制等待时间)，如果消息在途中丢失或是其中一个 Broker 挂掉，Producer 会重新发送；此外，Broker 记录了 Partition 中的一个 Offset 值，这个值指向 Consumer 下一个即将消费 Message。当 Consumer 收到了消息，但却在处理过程中挂掉，此时 Consumer 可以通过这个 Offset 值重新找到上一个消息再进行处理。

(3)备份机制。

备份机制是 Kafka0.8 版本的新特性。备份机制的出现大大提高了 Kafka 集群的可靠性、稳定性。有了备份机制后，Kafka 允许集群中的节点挂掉后而不影响整个集群工作。

一个备份数量为 n 的集群允许 $n-1$ 个节点失败。在所有备份节点中，有一个节点作为 Lead 节点，这个节点保存了其他备份节点列表，并维持各个备份间的状态同步。

总之，Kafka 的核心特征保证 Kafka 能确保其高可靠性、容错性、可扩展性以及并发性的处理消息。

3.6 小结

本章主要讲述了 Hadoop 的 Chukwa、Cloudera 的 Flume、Facebook 的 Scribe 及 Apache Kafka 大数据采集框架，这些框架基本都能提供高可靠和高扩展的数据采集方法。它们的框架都抽象出了输入、输出和中间的缓冲的架构，并且利用分布式技术能实现一定程度的扩展性和高可靠性。

除了这四种常见的大数据采集框架之外，Fluentd、Splunk Forwarder 等也是经常使用的大数据采集框架。此外，像阿里巴巴、美团、携程等国内的大型互联网公司一般都基于上述大数据采集框架构建了相应的框架。

习 题

1. 对 Chukwa、Flume、Kafka、Flume 大数据采集框架比较分析。
2. Chukwa 主要包括哪些组件？它们的作用是什么？
3. 简述多级 Flume 架构。
4. Scribe 支持非常多的存储方式，具体有哪些形式？
5. 如何理解 Scribe 架构中的 Thrift？
6. 简述 Kafka 数据采集架构。
7. Topic 可以分很多区，这些分区有什么作用？
8. 在 Kafka 架构中，ZooKeeper 如何实现数据管理？

第 4 章　大数据迁移技术

随着信息科技的发展，特别是互联网、社会网络和物联网技术的发展，数据呈现爆炸式增长。很多企业的大数据来自于多种业务数据源，这些数据源可能处于不同硬件平台上，使用不同的操作系统，数据模型也相差很远，因而，数据以不同的方式存在于不同的数据库中。如何采集并获取这些数据量大、种类多的数据，已成为企业进行大数据分析所面临的一个关键问题。

针对这种来源复杂、数据量大的企业数据，可以采用数据迁移的方法采集并获取数据，以便进行大数据分析，为企业发展提供辅助决策支持。

数据迁移的方法比较多，如基于 Hadoop 的 Flume 工具的网络传输方法、备份还原方法、ETL 工具的历史数据迁移方法、数据库工具方法以及直接拷贝法等，然而在不同的应用中，其考虑的因素也不一样，采用的方法也不一样。以大数据和云计算为背景，基于 Hadoop 云平台的数据迁移也应运而生。

实际应用中，存在诸多因素影响数据迁移工作，如云环境平台的网络状况、迁移数据量的选取、数据冗余性的影响、迁移工具和方法的选择等因素都可能影响着数据迁移的性能和效率。针对数据迁移方面的研究，已经提出了很多数据迁移处理方案，并且从不同因素考虑对数据迁移的性能进行优化，如硬件选择、JVM 参数调优、操作系统参数调优、Hadoop 参数调优、Hadoop 任务调度调优等。

4.1　数据迁移概念

数据迁移(hierarchical storage management, HSM)又称分级存储管理，是一种将离线存储与在线存储融合的技术。它将高速、高容量的非在线存储设备作为磁盘设备的下一级设备，然后将磁盘中常用的数据按指定的策略自动迁移到磁带库(简称带库)等二级大容量存储设备上。当需要使用这些数据时，分级存储系统会自动将这些数据从下一级存储设备调回到上一级磁盘上。对于用户来说，数据迁移操作完全是透明的，只是在访问磁盘的速度上略有怠慢，而在逻辑磁盘的容量上明显感觉大大提高了。

数据迁移是将很少使用或不用的文件移到辅助存储系统(如磁带或光盘)的存档过程。这些文件通常是在未来任何时间可进行方便访问的图像文档或历史信息。迁移工作与备份策略相结合，并且仍要求定期备份。还包括电脑数据迁移，迁移旧电脑(旧系统)中的数据、应用程序、个性化设置等到新电脑(新系统)，在系统升级后很有必要。

数据迁移的实现可以分为三个阶段，包括数据迁移前的准备、数据迁移的实施和数据迁移后的校验。由于数据迁移的特点，大量的工作都需要在准备阶段完成，充分而周到的准备工作是完成数据迁移的主要基础。具体而言，要进行待迁移数据源的详细说明(包括数据的存储方式、数据量、数据的时间跨度)；建立新旧系统数据库的数据字典；对旧系统的历史数据进行质量分析，新旧系统数据结构的差异分析；新旧系统代码数据的差异分析；建立新老系统数据库表的映射关系，对无法映射字段的处理方法；开发、部属 ETL 工具，编写数据转换的测试计划和校验程序；制定数据转换的应急措施。

其中，数据迁移的实施是实现数据迁移的三个阶段中最重要的环节。它要求制定数据转换的详细实施步骤流程(包括准备数据迁移环境、业务准备、对数据迁移涉及的技术进行测试)后，才可实施数据迁移。

数据迁移后的校验是对迁移工作的检查，数据校验的结果是判断新系统能否正式启用的重要依据。可以通过质量检查工具或编写检查程序进行数据校验，通过试运行新系统的功能模块，特别是查询、报表功能，检查数据的准确性。

4.2　数据迁移相关技术

信息系统数据随着业务的发展变得越来越庞大，尤其是在目前大数据应用高速发展的情况下，数据迁移已成为大数据分析的重要内容。根据业务类别、数据量大小及系统构架的不同，数据迁移的难易程度和所采用的迁移技术也不同，数据迁移的技术一般包括基于存储的数据迁移、基于主机逻辑卷的迁移、基于数据库的迁移和服务器虚拟化数据迁移等。本节将对数据迁移技术进行深入探讨。

4.2.1　基于主机的迁移方式

1. 直接拷贝方法

利用操作系统命令直接拷贝 UNIX 系统一般可以使用 cp、dd、tar、savevg 等命令。在 Windows 系统，一般使用图形界面工具或 copy 命令。此方法简单灵活，可以方便的决定哪些数据需要迁移，但其缺点也很明显，由于从主机端发起，对主机的负载压力和应用的冲击较大。

2. 逻辑卷数据镜像技术

对于已经采用逻辑卷管理器的服务器操作系统，可以直接利用逻辑卷管理器的管理功能完成原有数据到新存储的迁移。此方法支持任意存储系统之间的迁移，且成功率较高，支持联机迁移。但在镜像同步的时候，仍会对主机造成一定影响，因此，此方法适合主机存储的非经常性迁移。

4.2.2　基于存储的迁移方式

基于存储的数据迁移，主要分为同构存储和异构存储的数据迁移。同构存储的数据迁移是利用其自身复制技术，实现磁盘或卷 LUN 的复制。同构存储的复制技术又分为同步复制和异步复制，同步复制是主机 I/O 须写入主存储和从存储后才可继续下一个 I/O 写入；异步复制为主机的 I/O 写入主存储后便可继续写入操

LUN

作而无须等待 I/O 写入从存储。异构存储的数据迁移是通过存储自身的虚拟化管理技术，实现对不同品牌存储的统一管理及内部复制，从而实现数据迁移。基于存储的数据迁移主要应用于机房相隔距离较远、海量数据、关键业务不能长时间中断等情景，如机房搬迁、存储更换、数据灾难备份建设等方面。目前，电信、金融等企业容灾中心大都基于此技术。基于存储的数据迁移，其优点是能够在非常短的时间内实现数据的迁移与业务的恢复，缩短对业务的影响时间，尤其适用于数据仓储等大数据的数据迁移。其不足之处在于：

（1）会对存储的性能造成一定影响，尤其基于存储的同步复制技术会占用较高的存储缓存，且写入速度取决于性能较低的存储。

（2）需要额外支付较高的软件许可费用。

（3）一般基于同操作系统平台的数据迁移。

1. 基于同构存储的数据迁移

基于同构存储的数据迁移使用了存储的同步复制迁移技术，实现了不同机房之间的数据迁移工作，以日立 HDS Truecopy、Symantec SF(storage foundation)磁盘管理为例，实施步骤如图 4-1 所示。

从图 4-1 中可以看出，基于同构存储的数据迁移首先需要在新机房环境中为目标主机建立必须的用户以及配置系统参数，然后在源存储与目标存储上实现卷 LUN 的对应关系，进行数据复制同步完成后，停止旧机房主机的数据库及业务应用，确保数据完全一致。最后，断开两机房存储之间的 Truecopy 复制。

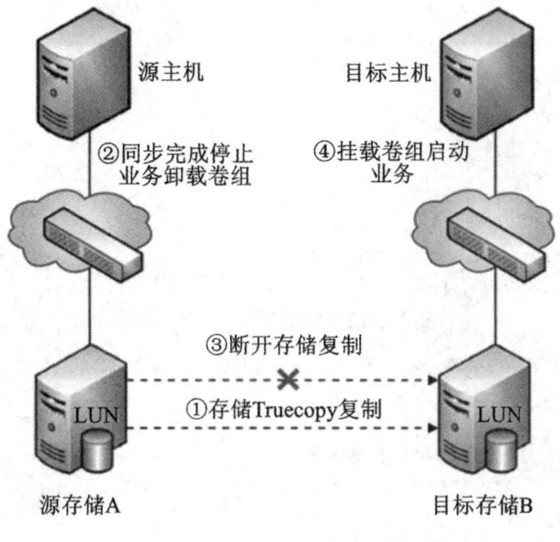

图 4-1　基于同构存储的数据迁移实施步骤

在新机房目标主机执行操作如下：

主机上识别新存储磁盘，命令为：

```
#vxdisk scandisks;
```

导入复制克隆磁盘组，命令为：

```
#vxdg -C -n sybasebak -o useclonedev=on import sybasevg
```

挂载文件系统，命令为：

mount -Vvxfs /dev/vx/dsk/sybasedg/lv sybase / sybase

检查卷的状态，命令为：

#vxprint|more;

最后，修改主机及数据库 IP 等，启动数据库并检测。

2. 基于异构存储的数据迁移

基于易购存储的数据迁移使用存储的虚拟化技术将目标存储作为一台主机，接管既有的原存储，再通过存储的内部复制技术实现数据的接管，通过主机访问新存储而实现数据的迁移。此数据迁移技术一般用于海量数据异构存储的更换，存储虚拟化技术可在较短的时间内完成数据迁移。

假若既有主机连接于存储 A，新存储 B 与原存储 A 为不同品牌，要实现数据迁移至新存储，以日立 HDS UVM(universal volume manager)存储虚拟化技术为例，其数据迁移步骤为：

(1)使用目标存储 B 的虚拟化管理软件识别存储 A 的 LUN1，建立映射关系。

(2)断开既有主机与存储 A 之间的 I/O 链路。

(3)在主机上识别目标存储 B 虚拟化管理的 LUN2，以间接使用存储 A，启动业务检测。

(4)存储内部复制技术实现虚拟化管理的映射卷 LUN2(主卷)至存储 B(从卷)LUN3 复制。

(5)存储内部复制完成后，断开主机与存储 B 虚拟化管理 LUN2 的 I/O 链路，连接主机至存储 B 的 LUN3，改变主卷属性并删除复制关系，具体如图 4-2 所示。

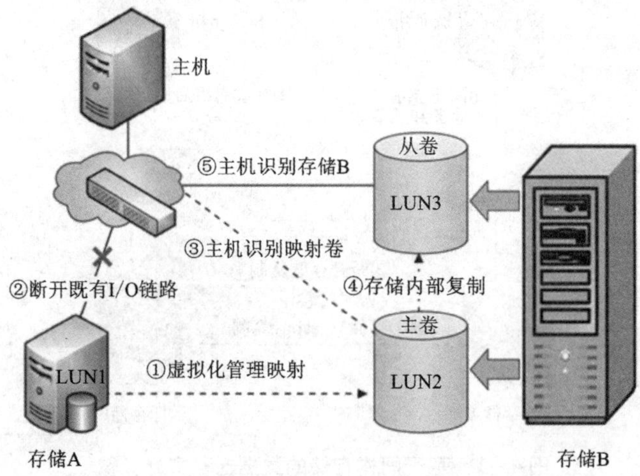

图 4-2 基于异构存储的数据迁移实施步骤

4.2.3 备份恢复的方式

利用备份管理软件将数据备份到磁带(或其他虚拟设备)，然后恢复到新的存储设备中，对于联机要求高的环境，可以结合在线备份的方法，然后恢复到目的地。该方法可以有效缩短停机时间窗口，一旦备份完成，其数据的迁移过程完全不会影响生产系统。但备份时间点至切换时间点，源数据因联机操作所造成的数据变化，需要通过手工方式进行同步。

4.2.4 基于主机逻辑卷的数据迁移

Unix、Linux 操作系统具有稳定性好、不易感染病毒等优点，通常作为数据库服务器操作系统使用，且一般均使用逻辑卷管理磁盘。主机的逻辑卷管理使卷组(VG)的信息保存于磁盘，只要操作系统平台一致，其卷组信息在新主机上能够识别，即可对卷组直接挂载使用，实现更换主机。基于主机的逻辑卷镜像数据迁移主要是为既有逻辑卷添加一个物理卷(PV)映射，通过数据的初始化同步使新加入的 PV 与既有 PV 数据完全一致，再删除位于原存储上的 PV，实现数据在不同存储之间数据的迁移。逻辑卷的数据迁移一般适用于存储、主机更换等情景。

使用基于主机逻辑卷的数据迁移的优点如下：

(1)使用逻辑卷迁移时，影响较小。

(2)不需要任何费用。

(3)步骤简单、容易操作且速度较快。

(4)支持任意品牌存储之间的数据迁移。

但是，使用基于主机逻辑卷进行数据迁移时，逻辑卷镜像同步时会消耗主机资源，所以尽可能在业务不繁忙时操作；另外基于主机逻辑卷的数据迁移一般不用于远距离数据迁移及特大数据量迁移，通常用于同机房基于存储区域网络(SAN)数据的迁移。

1. 使用逻辑卷更换主机

如果新主机操作系统与旧主机一致，且采用了逻辑卷管理存储，仅须主机识别存储和导入卷组就可以实现数据迁移。假如在实际中更换操作系统为 Suse Linux 系统的主机时，具体步骤如下：

(1)原主机卸载文件系统：#umount/sybase。

(2)原主机设置卷组为不激活状态：#vgchang -an vgdata。

(3)原主机导出卷组：#vgexport vgdata。

(4)光纤交换机 ZONE 设置好后新主机识别存储。

(5)卷组导入：#vgimport vgdata。

(6)激活卷组：#vgchang – a y vgdata。

(7)挂载文件系统：#mount/sybase，启动数据库。

建议在规划系统时，尽可能地使用逻辑卷管理，这样不仅方便存储空间的动态调整，也方便主机更换。如果没有使用逻辑卷，需要重新划分空间，调整系统参数，安装数据库及导出、导入数据库数据，不仅耗时，还会影响系统稳定性。

2. 使用主机逻辑卷镜像更换存储

使用主机逻辑卷镜像更换存储仅须将新存储添加至当前系统卷组，同时逻辑卷镜像写入两份数据，然后对旧存储删除就可以实现数据迁移，如图 4 – 3 所示。

以 Symantec SF 逻辑卷镜像更换存储为例，具体实施步骤如下：

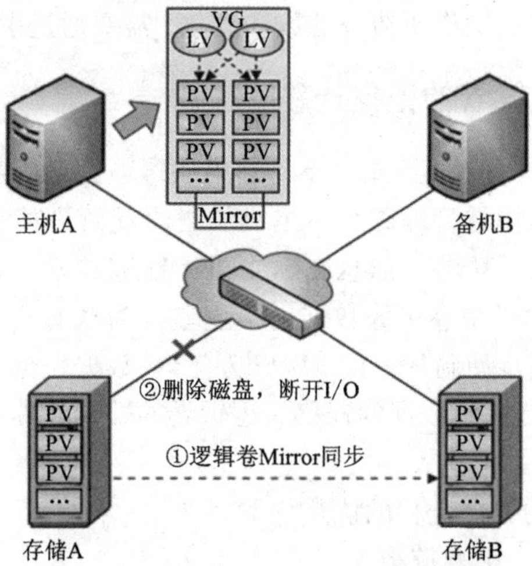

图 4-3 使用主机逻辑卷镜像更换存储

(1)识别磁盘：#vxdisk scandisks。

(2)初始化磁盘：#/opt/VRTS/bin/vxdisksetup -i tagmastoreusp1 0001。

(3)添加磁盘到磁盘组：#vxdg -g sybase15 adddisk tagmastore - usp1 0001。

(4)为卷做镜像，并可将镜像做到指定硬盘方便以后维护：#vxassist -b -g sybase15 mirror lv data dev layout = nostripe alloc = tagmastore - usp1 0001。

(5)拆除指定的卷镜像：#/usr/sbin/vxplex -g sybase15 -o rm dis lv data dev -01。

(6)从磁盘组中删除磁盘：#/usr/sbin/vxdg -g sybase15 rmdisk tagmastoreusp0 0000。

(7)磁盘反初始化：#/usr/sbin/vxdiskunsetup tagmastore - usp0 0000。

(8)删除盘符管道：#/usr/sbin/vxdisk rm tagmastore - usp0 0000。

使用 Unix、Linux 逻辑卷镜像时仅是使用命令的语法不同，如使用 HP Unix 实施时，需要改变 LV 为严格的 PVG - strict，防止意外覆盖数据或没有实现两台存储的镜像

4.2.5 基于数据库的迁移技术

1. 同构数据库数据迁移

同构数据库的数据迁移技术，通常是利用数据库自身的备份和恢复功能来实现数据的迁移，可以是整个库或是单表。大型数据库都有专门的数据复制技术，可以用于数据迁移，如 Sybase 的 ReplicationServer、Oracle 的 DataGuard 等。数据量不大时，一般为原数据库主机导出数据再通过网络通道将数据传输至目标数据库主机并导入，例如，Oracle 的 export/import、Sybase 的 dump/load 等。

同构数据库的数据迁移较为简单、不限操作系统平台，但是这种方法的缺点在对业务影响时间较长，数据迁移的速度取决于主机的读写速度以及网络传输速度。

2. 异构数据库的数据迁移

异构数据库的数据迁移一般使用第三方软件实现数据库的数据迁移，这种方法适用于纯数据迁移，并且不需要关注存储过程。第三方软件提供了不同数据库转换的解决方案，无论哪种解决方案均须对数据库迁移后的各种数据进行测试。以使用第三方软件 Navicat 把 Access 向 Mysql 进行数据迁移为例，数据迁移时存在以下问题：

(1)字段类型的长度发生了变化，如字符型的长度均变为了255。

(2)自增序列不一致等问题，数据转换后需要重新定义。

(3)程序不完全兼容，如在分页时需要设置记录集为客户端游标。

(4)主键、索引丢失，需要重新建立。针对业务模型很复杂的应用或大量使用存储过程的应用，就需要编写程序通过筛选、抽调等一系列过程实现数据迁移与业务应用。

异构数据库的迁移不限操作系统、数据库平台，但是需要花费一定的时间及费用，特别是专门的定制开发，时间可能会很长且代价较高，在数据迁移后应用须一定时间才能趋于稳定。

4.2.6　服务器虚拟化的迁移

服务器虚拟化可以提高设备资源的利用率，尤其是可以使 CPU、内存、存储空间得到充分的使用，可实现服务器整合，也符合目前的云计算需求。由于服务器虚拟化有诸多优势，目前除核心数据库或明确不能运行于虚拟机的应用外，越来越多的企业将应用程序部署于虚拟平台，比如部分铁路局的铁路旅客服务信息系统使用的是 Microsoft Hyper－V 虚拟化产品，客运管理、审计系统等业务使用的是 VMware 虚拟化产品，铁路局也正在使用虚拟化整合设备资源。实现虚拟机在线迁移已是各厂商必备功能，目前较为成熟、应用广泛的产品有 VMware vSphere、Microsoft Hyper－V、RedHat KVM 等，此处以 VMware 为例介绍服务器虚拟化的数据迁移。

1. 物理机向虚拟机迁移

物理机向虚拟机迁移是指将包含应用配置的物理服务器迁移到虚拟机，而不需要重新安装操作系统和应用软件，也称之为 P2V(physical to virtual)，其简化了数据迁移的复杂性。每个虚拟化厂商均有自己的迁移组件工具，VMware 使用 vSphere Convertor，其迁移时在需要迁移的物理机上安装一个 Agent，通过 Convertor 服务器操作，最后把这个物理机变成一个虚拟机文件，导入到 vCenter 即可。

迁移时仅须在 Convertor 图形界面上设置源和目标主机地址、选择目标虚拟机和存放位置便可开始转换。迁移时需要注意以下问题：①在迁移的过程中要充分考虑每个物理机上应用所需要的 CPU、内存及空间资源，避免迁移后无法使用；②迁移前将物理机的临时文件或者无用文件删除；③建议在业务量较小的时间执行，减小对平台影响，并能够快速迁移。

2. 虚拟机的迁移

虚拟化平台的强大功能，可以很方便地实现数据的迁移，VMware 已实现了使用迁移技术建立数据中心。虚拟机的迁移主要是将虚拟机从运行的主机或存放数据的存储迁移至另外的主机或存储，其可用于处理主机或存储故障，同时也方便更换主机或存储。虚拟机的迁移通常分为冷迁移和热迁移，冷迁移是将已经关停的虚拟机在不同的主机上启动或将相关虚拟机文件静态拷贝至目标存储，热迁移指的是在不影响虚拟机可用性的情况下将虚拟机迁移至目的地，在 VMware 中主要有 vmotion 和 storage vmotion 的两种迁移方法。

VMware 现已支持跨虚拟数据中心远距离在线迁移，其 vmotion 提供虚拟机的在线迁移功能，无论有无共享存储，都可以在不中断业务的情况下在服务器之间实时迁移虚拟机，其主要用于服务器硬件维修、没有停机计划的情况。vmotion 迁移虚拟机时仅在物理机间复制虚拟机所占内存，其虚拟化迁移步骤如下：

(1) vmotion 将虚拟机的内存从源主机复制到目标主机，此时虚拟机仍可正常使用，在源主机上会使用内存地址段记录内存的变化。vmotion 网络在将虚拟机的大部分内存从源主机复制到目标主机后，会将虚拟机置于静止状态。

(2) 在源物理机上虚拟机处于短暂静止状态时，剩余内存和变化内存会被拷贝至目标主机，此时目标虚拟机的内存与源主机的内存一致后，基本已完成了迁移，同时虚拟机 IP、MAC 被完整复制至目标主机。

(3) 目标主机的虚拟机会告知网络设备可以访问，同时源主机释放虚拟机内存。

vmotion 迁移时需要注意的是，在线迁移时，物理机之间的 CPU 要兼容。

storage vmotion 可以实现虚拟机在不停机的情况下将虚拟机存储位置迁往不同的存储设备，而前提仅须物理主机能够访问源数据存储和目标数据存储。在迁移过程中，系统会检测存储是否支持 VAAI(vstorage APIs array integrate)，如果支持，复制 VM 目录时则会在存储之间直接拷贝，如果不支持则会使用经 VMkernel 拷贝。其迁移原理及步骤如图 4-4 所示。

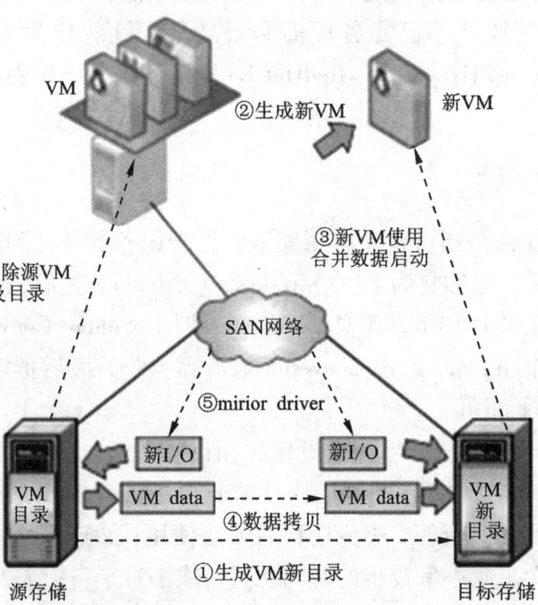

图 4-4 storage vmotion 迁移过程

从图 4-4 可以看出，storage vmotion 迁移的步骤如下：

(1) 在迁移开始时，先将源存储的 VM 目录拷贝至目标存储。

(2)在目标存储上使用新拷贝的VM目录生成一个新VM，其处于静止状态。

(3)通过镜像驱动程序(mirror driver)向源存储和目标存储同时写入数据I/O。

(4)通过系统VMkernel或VAAI将源VM数据拷贝到目标存储上。

(5)源VM数据拷贝完成后，将mirror driver新写入的数据与目标存储上的VM数据合并，并暂停源VM。

(6)新VM使用合并后的数据启动，并删除源VM及其目录数据。

vmotion迁移的是虚拟机内存，并不会迁移虚拟机作为文件存储的位置，而storage vmotion迁移的是虚拟机作为文件存储的位置。两种迁移在操作上都可以利用图形界面完成，在vCenter里选中要迁移的虚拟机，点右键，选择“迁移”，会有“更改主机”“更改数据存储”“更改主机和数据存储”3种选项，按需选择即可迁移。使用在线迁移最大的优点就是无须中断系统运行，不影响业务，迁移过程中尽可能在业务不繁忙的时间进行，减小对既有运行项目影响，并可加快迁移速度。

4.2.7 其他数据迁移技术

1.备份恢复方法

先使用备份管理的软件将数据备份到其他存储设置，然后在目的地重新恢复数据，这样就实现了数据的有效迁移。现有工具如IBM TSM、EMC Legato、NetWorker等都采用了这种方法。

2.数据库工具方法

对于数据库的数据可以采用数据库自带的工具，比如Oracle的数据工具Data Guard，MySQL dump工具。采用传输日志的方法进行数据的迁移，将SQL语句执行写成归档日志，在目的端将SQL语句重新执行，即可恢复数据。数据的迁移要考虑数据是否还具有高可用性，迁移是有一定风险的，要确保数据在迁移之后不丢失，可以完全恢复。

3.存储虚拟化方法

存储虚拟化是分别在远端和目的端增加虚拟存储设备，然后通过网络将数据从源端传送到目的端完成数据的迁移。现有的工具包含了EMC的Invista，IBM的SVC等。

4.历史数据迁移方法

采用ETL工具将旧系统的历史数据抽取、转换装载到新系统中。ETL原本是构建数据仓库的一个环节，现在更多的是用于一般的信息系统的迁移、同步。现在主要的ETL工具主要包含Oracle的WareHouse Builder、Oracle Data Integrator等。

5.网络数据传输

通过网络进行数据传输，直接将数据从源端传送到目的端，例如，Hadoop中Flume工具等。Flume是Cloudera提供的高可靠、高可用的系统，可以进行分布式海量日志采集、聚合和传输。Flume采用分层式架构，分为代理(agent)、采集器(collector)和存储器(storage)。其中代理和采集器又分别由数据源(source)和数据流向(sink)两部分组成。所有这些代理和采集器都由主节点(master)进行统一的管理，主节点可以由多个机器组成，这样可以避免单点故障。主节点负责系统的监管和维护。Flume 提供了很多直接可用的数据源，如 text，tail(监听文件数据的产生将其发送出去)，fsyslogTCP(监听 TCP 端口产生的数据，发送到目的端口)等。Flume 的目标保存方式也具有多样性，如 HDFS、Hive、HBase 等。只需要对所监听的文件或者端口写入静态的配置文件，系统就会自动进行监控。

结构化数据的数据挖掘和数据迁移技术已经发展的很成熟，但是对于大数据平台下的数据挖掘和数据迁移技术还在发展中，并且需要根据具体的系统采用相应的方法。

4.3 数据迁移工具

4.3.1 Apache Sqoop

Apache Sqoop 是一种用于 Apache Hadoop 与关系型数据库之间结构化、非结构化数据转换的工具，它是 Java 语言编写的数据迁移开源工具。我们可以通过 Sqoop 这个工具实现传统的关系型数据库(RDBMS)与 Hadoop 云环境平台的数据迁移，即一方面，通过 Sqoop 工具可以从传统关系型数据库将数据导入到 Hadoop 云环境平台中，其中导入的数据可以供 MapReduce CMR)程序使用，也可以是其他 Hadoop 组件(HBase、Hive 等)使用；另一方面，通过在 Hadoop 云环境平台中对数据进行分析后可再次通过 Sqoop 工具将分析结果导回到关系型数据库中。Sqoop 工具专为大数据迁移到云环境进行设计，其工作模式通过划分数据集并创建 Hadoop 任务进行数据迁移。目前，任何一个支持 JDBC 规范的传统关系型数据库都可以使用 Sqoop 工具进行数据迁移，如 Oracle、Mysql、SQL Server、DB2 等数据库。同时 Sqoop 具有容错性，是 Hadoop 生态系统中不可分割的一部分，有助于 Hadoop 云环境平台与传统关系型数据库之间传输数据。

1. 数据导入

数据导入是指将数据从传统关系型数据库中导入到 Hadoop 云环境平台的数据存储区域，如分布式文件系统 HDFS、HBase 或者 Hive 等。其中通过 SqoopImport 数据导入的形式比较便捷，可直接作为传统关系型数据库与 Hadoop 云环境平台之间的连接口。Sqoop 导入工具通过一个或若干个 MapReduce 作业从传统关系型数据库中导入一张表或者若干张表的数据，作业从表中抽取一行行数据记录，然后将记录写入 HBase 或分布式文件系统 HDFS 中。图 4 – 5 给出了利用 Sqoop 从传统关系型数据库的数据表中将数据导入到分布式文件系统 HDFS 或 HBase 的流程图。只要是通过 Sqoop 的 Import 工具就可以进行导入过程，而该工具主要是运行一个 MapReduce 程序。

以传统关系型数据库数据导入分布式文件系统 HDFS 为例，具体导入过程代码如下：

```
sqoop import\
—connect jdbc：mysql：//localhost：3306/sqoop\
—username sqoop\
—password sqoop\
—table teachers  – m 1\
```

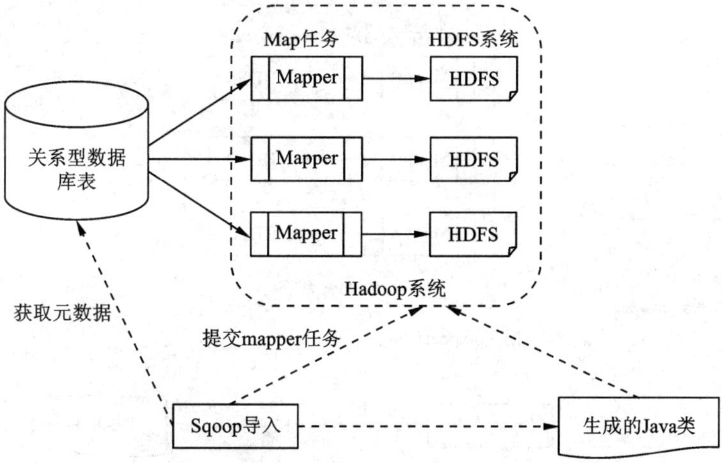

图 4 - 5　Sqoop 的数据导入流程图

Sqoopimport 是一条简单的 import 导入命令，表示将一个已经创建好的 Sqoop 数据库上的 teachers 表导入到分布式文件系统 HDFS 中，并生成一个同名的 Java 类，该导入过程 JDBC 驱动指定为 Mysql 类型，其中，username 和 password 分别为登录数据库的用户名和密码，m 1 表示数据导入过程只启用了一个 Map 任务，并将其结果保存在 HDFS 中。具体导入过程为：

(1) 首先读取要进行数据迁移的表结构，生成运行类(默认为 QueryResult)并打成对应的 jar 包，再提交给 Hadoop。

(2) 设置好 Job，主要参数的设置，如 - m 1(使用一个 Map 执行任务)。

(3) Hadoop 通过执行 MapReduce 作业执行 import 命令，包括对数据进行数据划分、数据划分后写入各 Split 的数据上下边界范围并读取该范围、创建 RecordReader 并从数据库中读取数据、创建 Map 并根据 RecordReader 从传统关系型数据库中读取的数据，设置好 Map 的键值对，最后运行 Map 任务。

2. 数据导出

数据导出是指将经过 Hadoop 云环境平台处理分析后的数据导入到传统关系型数据库的数据表中。其导出功能的架构与其导入功能的架构非常类似，如图 4 - 6 所示。SqoopExport 根据目标表的定义生成一个 Java 类，然后通过创建 MapReduce 作业把从分布式文件系统中读取的需要导出的数据文件所使用生成的类解析为数据记录，执行选定的导出方法，一般选定 JDBC 的导出方法。

以数据从分布式文件系统 HDFS 导出到传统关系型数据库的数据表为例，其导出过程的代码如下：

```
sqoop export\
—connectjdbc：mysql：//localhost：3306/sqoop\
—usernamesqoop\
—passwordsqoop\
```

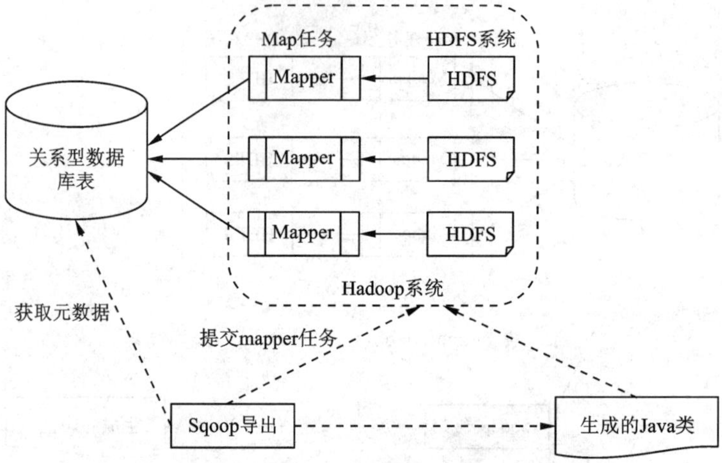

图 4－6 Sqoop 的数据导出流程图

—table teachers\

—export-dir /user/hmf/teachers/part－m－00000\

—m 1

sqoop export 是一条 Sqoop 数据导出命令，将分布式文件系统 HDFS 中的//user/hmf/teachers 数据导入到传统关系型数据库的 teachers 表中，该方式基于 JDBC 的导出方法会产生一批插入语句，每条语句会向目标表中插入多条记录。

4.3.2 ETL

ETL(extract transform load)是一个数据迁移工具，描述了数据从开始端经过抽取、转换和加载到目的端的过程，ETL 的系统流程图如图 4－7 所示。ETL 是构建数据仓库的关键部分，具体可以划分为数据抽取、数据转换、数据清洗和数据转载四个部分，将分散凌乱、标准不一的数据通过数据的抽取、数据的清洗和数据的转换后加载到数据仓库中。

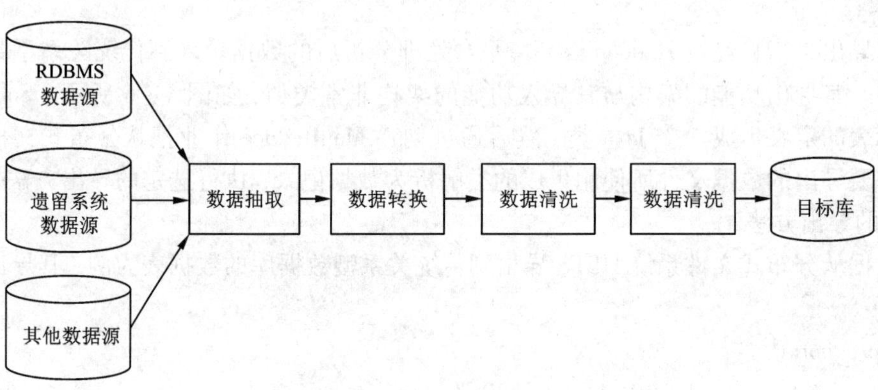

图 4－7 ETL 处理流程

数据抽取是从不同的数据源(不同物理环境和背景以及多样化的数据)中通过采用不同的方法抽取数据的一个过程。此外，可以通过使用机器学习方法对网页内容中半结构化的数据进行抽取。而对于非结构化数据，可通过一种模拟线性模型的模糊匹配方法进行处理；在实际的应用中，数据源通常为传统关系型数据库，数据抽取的方式大概包括全量抽取(数据迁移)、增量抽取(只抽取自上次抽取后传统关系型数据库的数据表中有变化的数据)。

数据转换是从数据源中抽取获得的数据格式与目标数据格式可能存在不一致的情况，所以需要对抽取后的数据进行数据转换以及加工的处理，包括数据的合并、汇总、过滤和转换，重新对数据进行格式化等过程。

数据清洗是指数据在加载到数据仓库之前，可能会存在一些问题数据，即“脏数据”，如不完整数据、错误数据和重复数据等，须进行数据清洗，这是一个不断反复的过程。对于数据清洗的研究，已经有比较丰富的数据清洗算法可供参考使用，相似重复数据检测与消除算法、DBMS 的集成数据清理算法和增量数据清洗算法等层出不穷。

数据加载是将经过数据转换和数据清洗后的数据依照实际数据模型定义的表结构装载到目标库中。通常包含两种方式装载，一种是通过 SQL 语句进行直接的插入(insert)、删除(delete)和更新(update)操作，另一种是采用批量装载方法，如 bcp，bulk 等。

数据的迅猛发展，传统的 OLTP 模式的数据处理方式在面对海量数据的处理分析时遇到了障碍，而 ETL 作为一种新型的技术手段，采用元数据的方法对数据进行集中管理，其数据格式、接口以及传输都有严格的规范，就 ETL 工具的发展状况来看，现在 ETL 工具主要有 Informatica 公司提供的 Informatica、Datastage，Oracle 公司的 Oracle WarehouseBuilder COWB、微软公司的 Data Transformation Services CDTS，以及开源的 Kettle、Octopus 等。

4.4 Kettle 数据迁移实例

Kettle 是 Pentaho 中的 ETL 工具，Pentaho 是一套开源 BI 解决方案。Kettle 是一款国外优秀的开源 ETL 工具，由纯 Java 语言编写，可以在 Windows、Linux、UNIX 上运行，无须安装，数据抽取高效稳定。

Kettle 允许用户管理来自不同数据库的数据，它包括 Transformation 和 Job 两种脚本文件。Transformation 完成针对数据的基础转换，Job 则完成整个工作流的控制。Kettle 家族目前包括 Spoon、Pan、CHEF、Kitchen 4 个产品。Spoon 允许通过图形界面来设计 ETL 数据转换过程。Pan 允许批量运行由 Spoon 设计的 ETL 转换，Pan 是一个后台执行的程序，没有图形界面。CHEF 允许用户创建任务(Job)，任务允许数据转换、脚本等，更有利于自动化更新数据仓库的复杂工作。Kitchen 允许批量使用由 CHEF 设计的任务，Kitchen 也是一个后台运行的程序。

1. Kettle 软件获取

Kettle 软件可以从 Kettle 的官网(http://kettle.pentaho.com/)下载获取，该软件为绿色版本，解压后运行 Spoon.bat 或 Spoon.sh 来启动 Kettle。Kettle 运行时依赖 JRE 环境，没有安装 JRE 也可以自行配置。

2. Kettle 数据迁移实例

下面通过一个实例演示怎样将数据库 MySOL 中的表通过 Kettle 迁移到 Excel 数据中。

(1)首先需要安装 MySQL 数据库，实例将详细演示把 MySQL 自有的 makadb 数据库中的表 country 迁移到 Excel 中的过程。

(2)运行 Spoon. bat，进入如图 4-8 所示的主界面。

(3)选择“文件→新建→转换”命令，将该转换保存为 kettle. ktr。在左侧选择“核心对象”面板。在“输入”文件夹下选择“表输入”，并把它拖动到右侧编辑区，如图 4-9 所示。

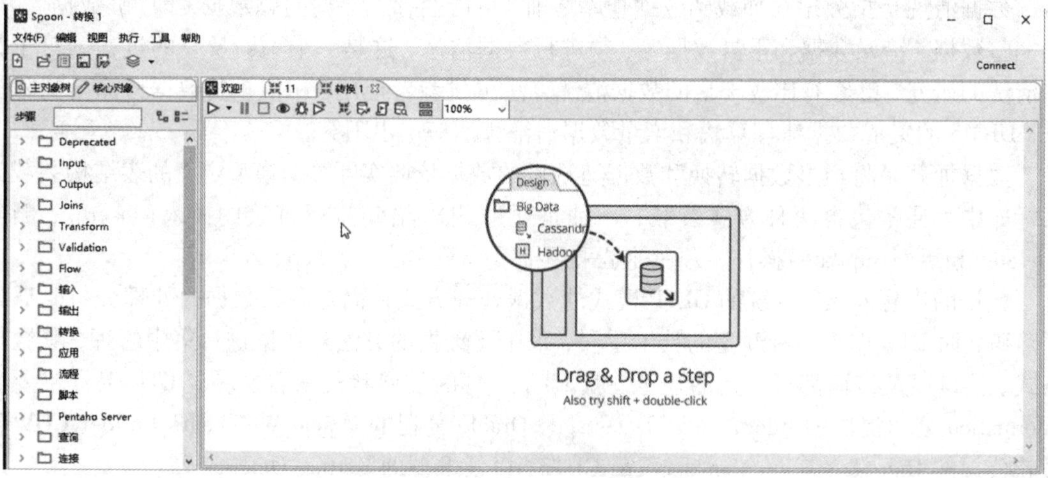

图 4-8 进入主界面

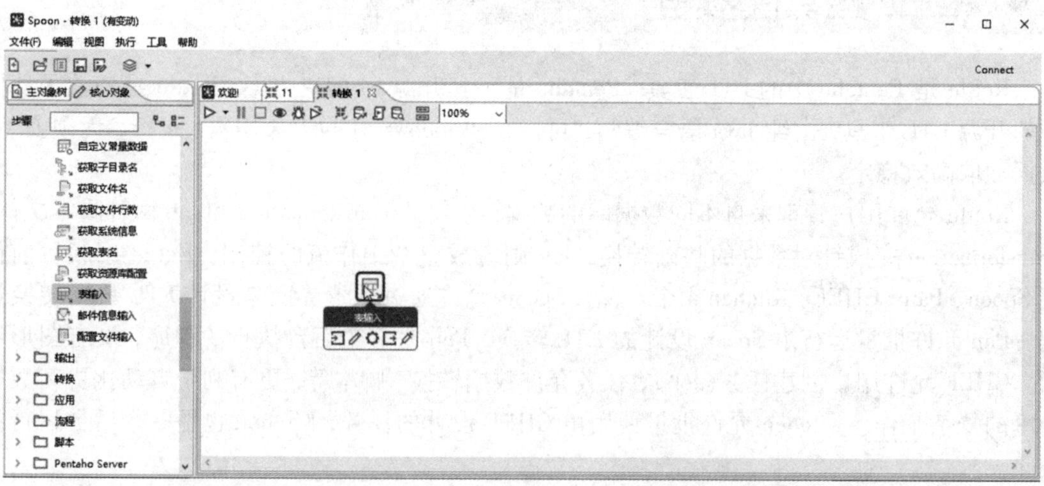

图 4-9 在“输入”文件夹下选择“表输入”，并把它拖动到右侧编辑区

(4)双击“表输入”图标，编辑数据来源。单击“数据库连接”右侧的“新建”按钮，如图 4-10 所示。

图 4－10　编辑数据来源

(5)配置数据库的参数。配置完成之后，单击“测试”按钮。若配置有误，则弹出显示，可根据提示修正；若无误，则显示如图 4－11 所示的信息。单击“确认”按钮，即为 Kettle 的表输入对象选择了数据库 makadb。

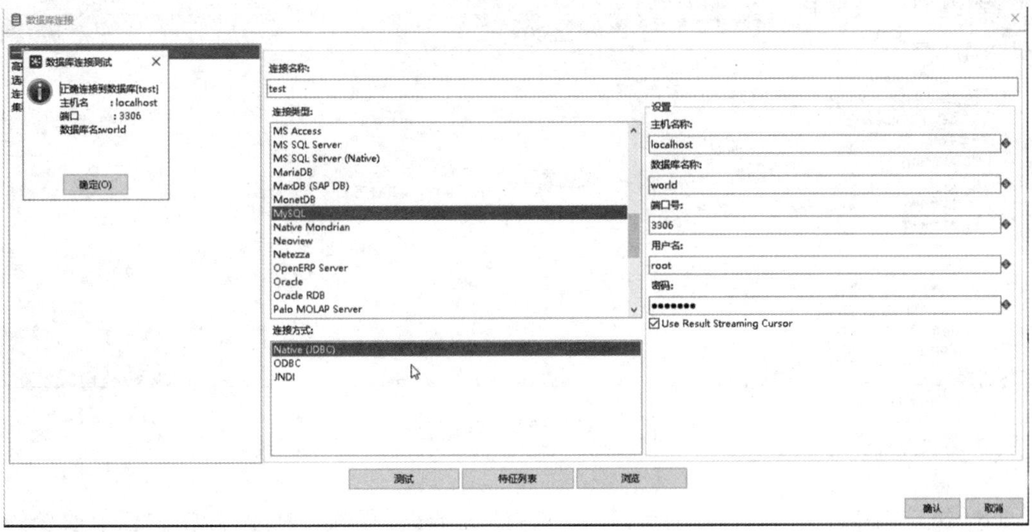

图 4－11　配置数据库参数

(6)继续单击“获取 SOL 查询语句”按钮，选择输入表，这里选择 country 表。需要注意的是，“允许延迟转换”复选框不要勾选，否则容易出现乱码。单击“预览”按钮可以预览 country 表中的数据。单击“确定”按钮即退出，如图 4－12 所示。

(7)在左侧“核心对象”选项卡的“转换”文件下中选择“字段选择”功能，拖动到右侧编辑区。按住 Shift 键的同时用鼠标以“表输入”为起点、“字段选择”为终点建立连接，如

图 4－13所示。

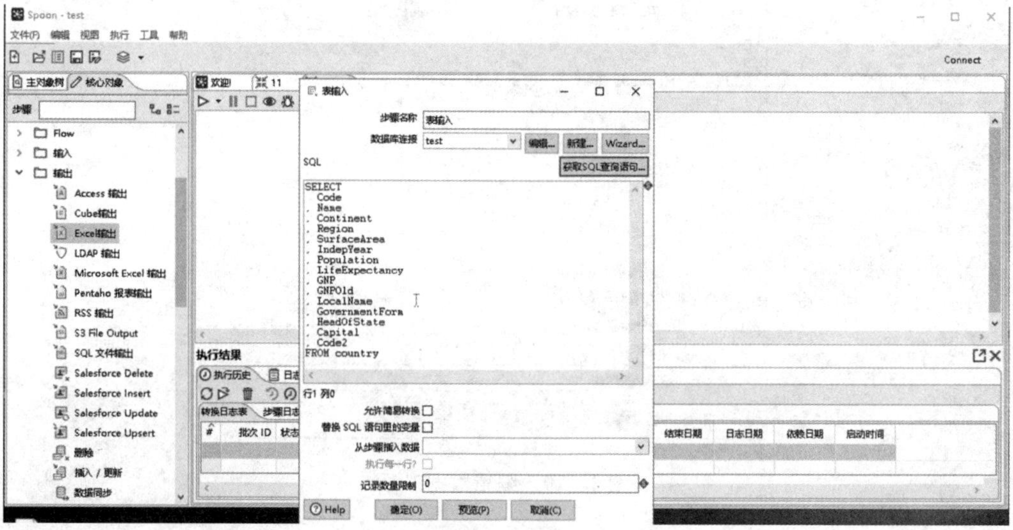

图 4－12　选择输入表

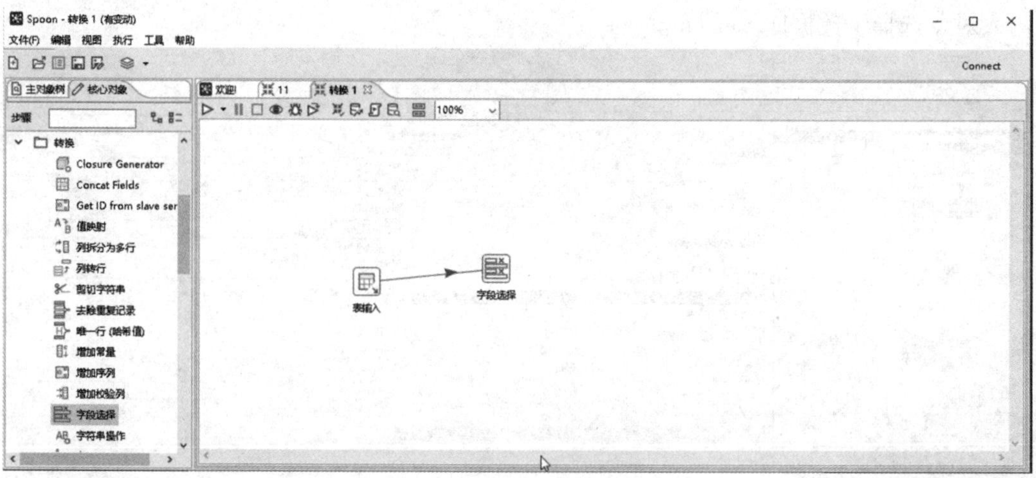

图 4－13　设置“字段选择”

(8)双击“字段选择”，打开编辑窗口，选择“元数据”面板，单击右侧的“获取改变的字段”按钮，将自动列出之前“表输入”中的所有字段，如图 4－14 所示。

(9)根据具体要求，可以修改输出表中各字段的字段名称，这里将 country 表中的 code 字段名称修改为 code1，而其他字段名称不变，如图 4－15 所示。

(10)编辑完“字段选择”后单击“确定”按钮关闭窗口，在“输出”文件夹中拖出一个“Excel 输出”到右侧编辑区，并建立连接，如图 4－16 所示。

(11)双击“Excel 输出”，选择“文件”面板，在文件名处选择输出路径，选择“字段”面板，单击“获取字段”按钮，将自动列出之前“表输入”中的所有字段，如图 4－17 所示。

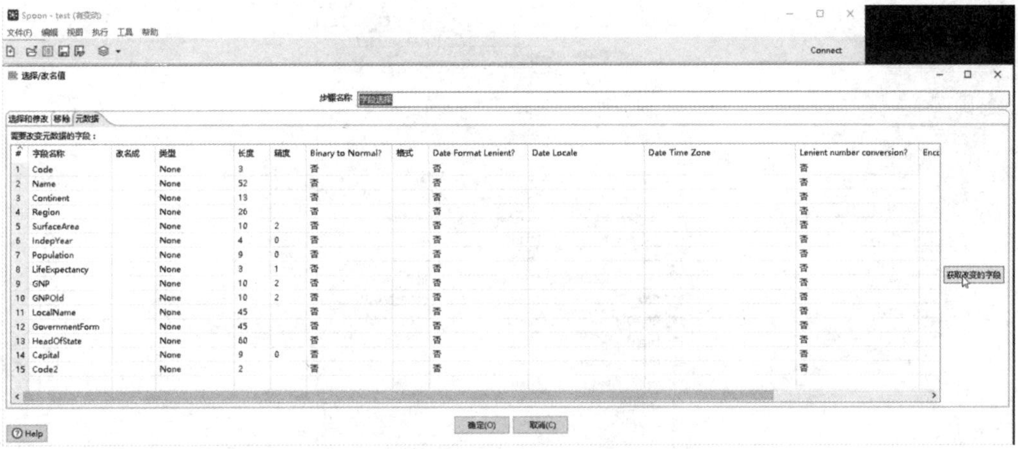

图 4－14　自动列出之前“表输入”中的所有字段

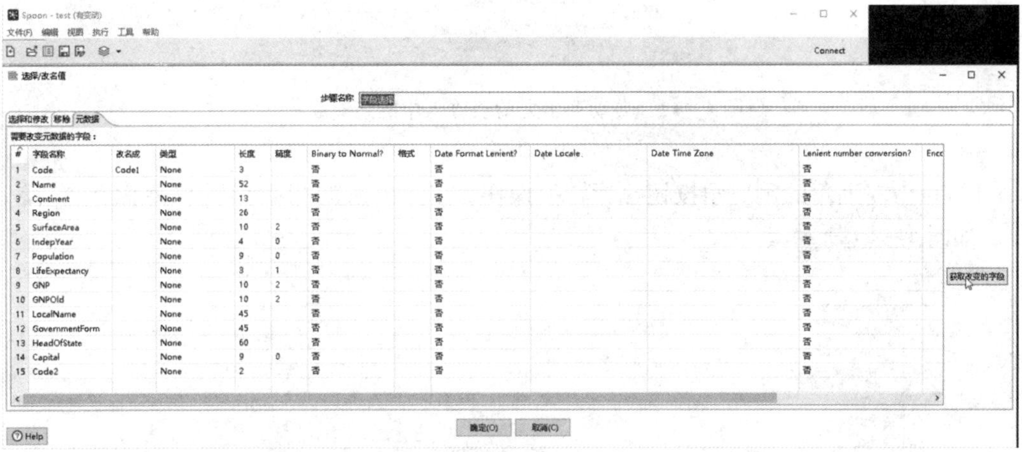

图 4－15　将每一个输入字段改成和输出字段相同的名字

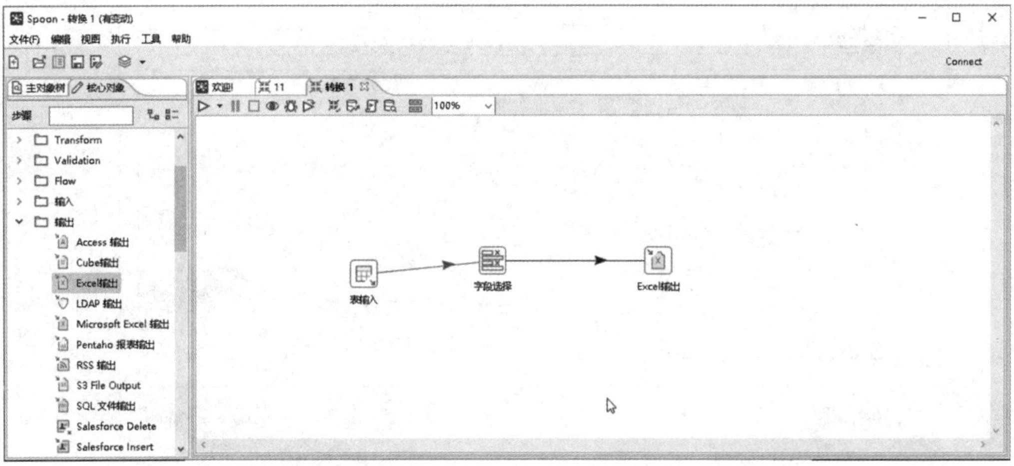

图 4－16　在“输出”文件夹中拖出一个“Excel 输出”到右侧编辑区，并建立连接

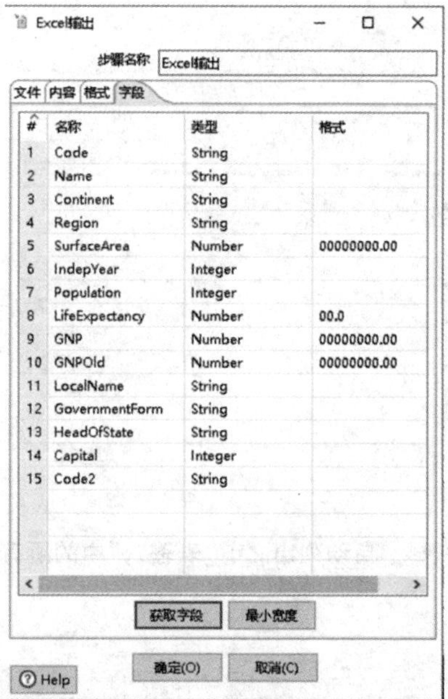

图 4－17　自动列出之前表输入中的所有字段

(12)点击左上角的倒三角按钮执行转换操作，在弹出来的“执行转换”界面点击“启动”按钮，如图 4－18 所示。

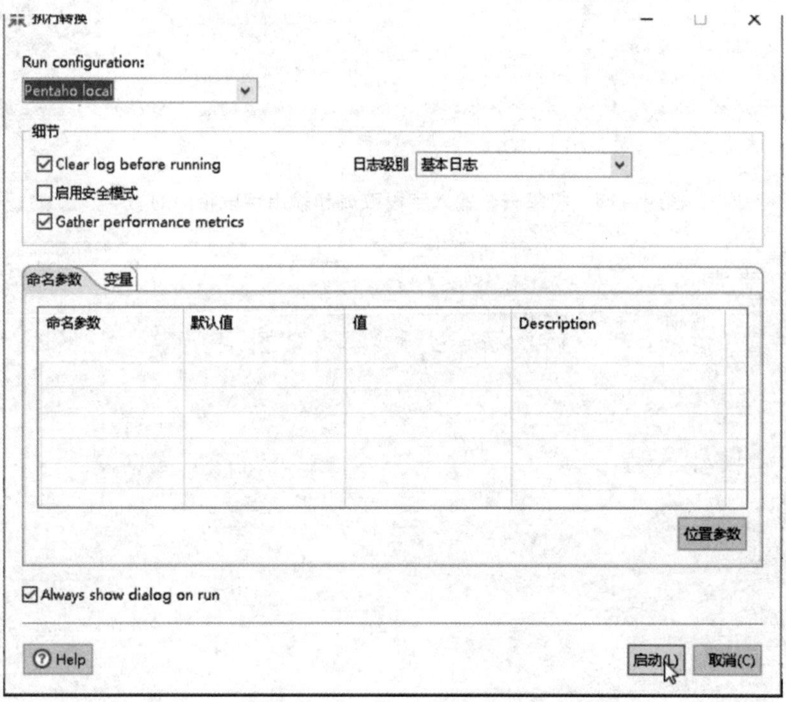

图 4－18　执行转换操作

(13) 执行转换操作成功后，可以到输出路径查看导出的 Excel 文件，如图 4－19 所示。

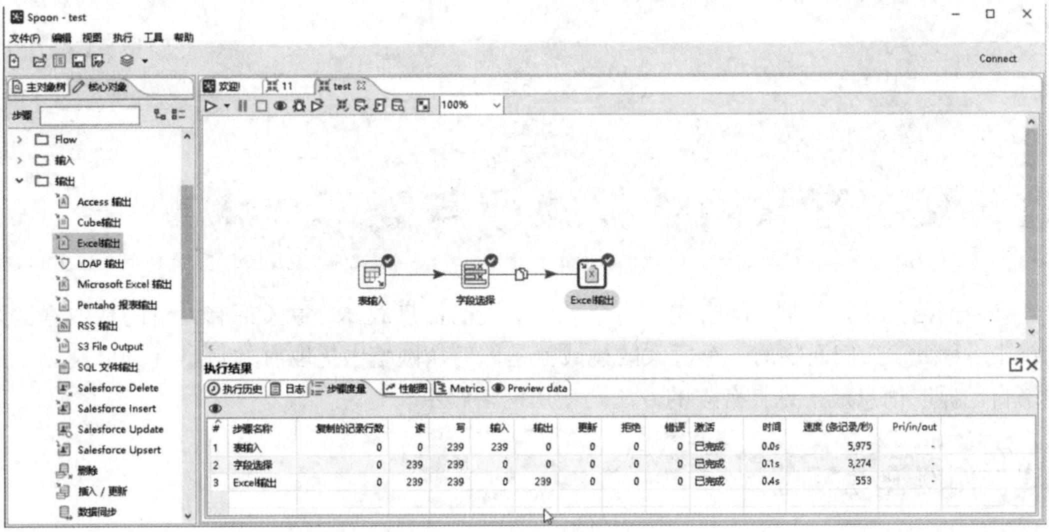

图 4－19　执行转换操作成功

4.5　小结

随着大数据的迅猛发展，数据仓库中的数据来自于多种业务数据源，这些数据源可能处于不同的硬件和软件环境，因而，数据以不同的方式存在于不同的数据库中。如何获取多源异构数据已成为建立数据仓库所面临的一个关键问题。针对复杂的数据来源，一般利用数据迁移技术进行数据采集工作。

本章主要介绍了基于主机的迁移技术，基于存储的迁移技术，基于主机逻辑卷的迁移技术，服务器虚拟化技术等相关技术和常用的数据迁移工具。

习　题

1. 什么是数据迁移？
2. 基于主机的迁移方式包括哪几种方式？
3. 基于同构存储的数据迁移和基于异构存储的数据迁移的差别有哪些？
4. 异构数据库的数据迁移通常存在哪些问题？
5. 服务器虚拟化的迁移有哪些优点？
6. ETL 构建数据仓库包含哪些关键流程？
7. 简述 Sqoop 的数据导入和数据导出的过程。
8. 查阅相关资料，利用 Kettle 实现数据迁移。

第 5 章 互联网数据抓取与处理技术

随着网络的飞速发展，网络成为当今世界最大的信息载体，每天都有大量的新数据涌入网络中。因此，人们面临的一个巨大的挑战就是如何从网络中提取有效信息并加以利用。从网络自动抓取信息最常见且有效的方法是使用网络爬虫。

5.1 网络爬虫概述

5.1.1 网络爬虫的概念

大数据时代来临，网络爬虫在互联网中的地位越来越重要。互联网中的数据是海量的，如何自动、高效地在这些海量信息中获取我们感兴趣的信息是互联网数据抓取面临的一个重要的问题，而网络爬虫技术就是为了解决这些问题而生的。

网络爬虫，也称网络蜘蛛或网络机器人。它是一种按照一定的规则，自动地抓取万维网信息的程序或者脚本。这种技术被广泛应用于互联网搜索引擎、资讯采集、舆情监测等，以获取或更新这些网站的内容和检索方式。同时，这种技术也可以自动采集所有能够访问到的页面内容，以供搜索引擎做进一步处理，使用户能更快地检索到它们需要的信息。

网络爬虫一般分为数据采集、处理、储存三个部分。网络爬虫一般从一个或者多个初始 URL 开始下载网页内容，然后通过搜索或是内容匹配手段获取网页中感兴趣的内容。同时不断从当前页面提取新的 URL，根据网络爬虫策略，按一定的顺序放入待抓取 URL 队列中。整个过程循环执行，一直到满足系统相应的停止条件，然后对这些被抓取的数据进行清洗、整理，并建立索引，存入数据库或文件中。最后根据查询需要，从数据库或文件中提取相应的数据，以文本或图表的方式显示出来。

网络爬虫应用广泛，常见的应用包括：

(1)爬取网站上面的图片，以便集中进行浏览。

(2)爬取相关金融信息，并进行投资分析。

(3)将多个新闻网站中的新闻信息爬取下来，集中进行阅读。

(4)利用爬虫将对应网页上的信息爬取过来，自动过滤掉网页中的广告，方便对信息的阅读与使用。

(5)利用爬虫，可以设置相应的规则，自动地从互联网中采集目标用户公开信息，方便营销使用。

(6)爬取网站的用户活跃度、发言数、热门文章等信息，进行相关分析。

(7)网络爬虫是一个功能很强的网页自动抓取程序，也是搜索引擎的重要组成部件。

网络爬虫为搜索引擎从万维网上下载网页，并沿着网页的相关链接在 Web 中采集资源，它的处理能力往往决定了整个搜索引擎的性能及扩展能力等。比如百度搜索引擎的爬虫称为百度蜘蛛(Baiduspider)。百度蜘蛛每天会在海量的互联网信息中爬取大量信息并收录，当用户在百度搜索引擎上检索对应关键词时，百度将对关键词进行分析处理，从收录的网页中找出相关网页，按照一定的排名规则进行排序并将结果展现给用户。

百度蜘蛛的爬虫算法定义爬虫范围、筛选重复的页等爬虫策略。采用不同的算法，爬虫的目的不同，爬虫的运行效率也会不同，爬取结果也会有所差异。例如，Baiduspider 主要用于百度网页爬虫和移动爬虫，Baiduspider-image 用于百度图片爬虫，Baiduspider-video 用于百度视频爬虫，Baiduspider-news 用于百度新闻爬虫，Baiduspider-favo 用于百度搜藏爬虫，Baiduspider-cpro 用于百度联盟爬虫，Baiduspider-ads 用于百度商务爬虫等。

此外，不同的搜索引擎公司都有自己搜索引擎的爬虫方法，如 Google 公司的 Googlebot、雅虎的 Yahoo！Slurp、360 的 360Spider、搜狗的 Sogouspider 以及必应的 Bingbot 等。

大数据时代，在进行大数据分析或者进行数据挖掘时，数据源可以从某些提供数据统计的网站获得，也可以从某些文献或内部资料中获得。但是这些获得数据的方式，有时很难满足我们对数据的需求，而手动从互联网中去寻找这些数据，则耗费的精力过大。利用爬虫技术，自动地从互联网中爬取我们感兴趣的数据内容，并将这些数据作为我们的数据源，进而进行更深层次的数据分析，并获得隐含的数据价值信息。

5.1.2　网络爬虫的抓取策略

在网络爬虫系统中，待抓取 URL 队列是很重要的一部分，待抓取 URL 队列中的 URL 以什么样的顺序排列也是一个很重要的问题，这就涉及网络爬虫的抓取策略了。

网络爬虫的抓取策略是指在网络爬虫系统中决定 URL 在待抓取 URL 队列中排列顺序的方法。不同的网络抓取策略将对应不同的网页抓取过程，相应的抓取效率也有所不同。常见的网络爬虫抓取策略包括深度优先策略、广度优先策略、局部 PageRank 策略、OPIC 策略、大站优先策略、反向链接数策略和最佳优先搜索策略等。

(1)深度优先策略是按照深度由低到高的顺序，依次访问下一级网页链接，直到不能再深入为止。爬虫在完成一个爬行分支后返回到上一链接节点进一步搜索其他链接。当所有链接遍历完后，爬行任务结束。如图5－1所示为网页链接关系示意图，按照深度优先策略，爬虫的顺序为：A→B→D→E→I→C→F→G→H。

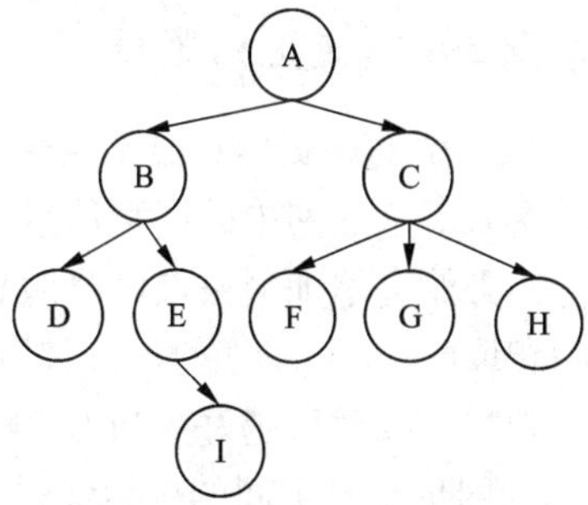

图5－1　网页链接关系示意图

深度优先策略比较适合垂直搜索或站内搜索，但爬行页面内容层次较深的站点时会造成资源的巨大浪费。

(2)广度优先策略是按照广度优先的搜索思想，逐层抓取 URL 池中的每一个 URL 的内容，并将每一层的扇出 URL 纳入 URL 池中，按照广度优先的策略继续遍历，如图5－1所示的广度优先策略的爬虫顺序为 A→B→C→D→E→F→G→H→I。由此可见，这种策略属于盲目搜索，它并不考虑结果存在的可能位置，会彻底地搜索整张图，因而效率较低。但是，如果要尽可能地覆盖较多的网页，广度优先搜索方法是较好的选择。这种策略多用在主题爬虫上，因为越是与初始 URL 距离近的网页，其具有的主题相关性越大。

(3)局部 PageRank 策略是借鉴 PageRank 的思想，按照一定的网页分析算法，预测候选 URL 与目标网页的相似度，或与主题的相关性，并选取评价最好的一个或几个 URL 进行抓取，即对已经下载的网页，连同待抓取 URL 队列中的 URL 形成网页集合，计算每个页面的 PageRank 值，计算完之后，将待抓取 URL 队列中的 URL 按照 PageRank 值的大小排列，并按照该顺序抓取页面。但是，这种策略由于网络中广告链接、作弊链接的存在，易导致 PageRank 的值不能完全刻画其重要程度，从而导致抓取的数据无效。

(4)OPIC(online page importance computation)策略实际上也是对页面进行一个重要性打分。初始时，给所有页面一个相同的初始现金(cash)。当下载了某个页面 P 之后，将 P 的现金分摊给所有从 P 中分析出的链接，并将 P 的现金清空。对于待抓取 URL 队列中的所有页面都须按照现金数进行排序。与 PageRank 相比，PageRank 每次都需要迭代计算，而 OPIC 策略不需要迭代过程。因此，OPIC 计算速度明显快于局部 PageRank 策略，这是一种较好的重要性衡量策略，适合实时计算场景。

(5)大站优先策略是指对于待抓取 URL 队列中的所有网页，根据所属的网站进行分类。对于待下载页面量大的网站，优先下载。这种策略的本质思想倾向于优先下载大型网站，大型网站往往包含最多的页面，而且大型网站往往是著名企业的内容，网页质量一般较高。大量实际应用表明这种策略优先于深度优先策略。

(6)反向链接数策略是指一个网页被其他网页链接指向的数量。反向链接数表示的是一个网页的内容受到其他人推荐的程度。因此，很多时候搜索引擎的抓取系统会使用这个指标来评价网页的重要程度，从而决定不同网页的抓取先后顺序。

(7)最佳优先搜索策略是通过计算 URL 描述文本与目标网页的相似度，或者与主题的相关性，根据所设定的阈值选出有效 URL 进行抓取。

在实际应用中，通常结合几种策略法抓取网络信息，比如百度蜘蛛的抓取策略是以广度优先策略为主、局部 PageRank 策略为辅的抓取数据的方式。

5.1.3 网页更新策略

互联网中的网页信息经常更新，而网络爬虫程序须在网页更新后，对这些网页进行重新爬取。然而，互联网中的网页信息更新速度并不统一，如果网页更新过慢，而网络爬虫过于频繁，则必然会增加爬虫及网络服务器的压力；如果网页更新较快，但是爬虫的时间间隔较长，则爬取的内容并不能真实反映网页的信息。由此可见，网页的更新频率与爬虫的频率越接近，则爬虫的效果越好。当然，爬虫服务器资源有限的时候，爬虫也需要根据对应的策略，让不同的网页具有不同的更新优先级，更新优先级高的网页将获得较快的爬取响应。

常见的网页更新策略包括用户体验策略、历史数据策略以及聚类分析策略等。

(1)用户体验策略。在搜索引擎查询某个关键词时，通常会搜索大量的网页，并且这些网页会按照一定的规则进行排名，但是，大部分用户都只会关注排名靠前的网页，所以，在爬虫服务器资源有限的情况下，爬虫会优先更新排名结果靠前的网页。这种更新策略称之为用户体验策略。

在用户体验策略中，爬虫程序中会保留对应网页的多个历史版本，并进行对应分析，依据这多个历史版本的内容更新、搜索质量影响、用户体验等信息，来确定对这些网页的爬取周期。

(2)历史数据策略是依据某一个网页的历史更新数据，通过泊松分布进行建模等手段，预测该网页下一次更新的时间，从而确定下一次对该网页的爬取时间，也就是更新周期。

以上两种策略，都需要历史数据作为依据。但是，若一个网页为新网页，则不会有对应的历史数据，爬虫服务器需要采取新的更新策略。比较常见的策略是聚类分析策略。

(3)聚类分析策略是将聚类分析算法运用于爬虫对网页更新的一种策略。其基本原理是首先将海量网页进行聚类分析(即按照相似性进行分类)，一般来说，相似网页的更新频率类似。聚类之后，这些海量会被分为多个类，每个类中的网页具有类似的属性，即一般具有类似的更新频率。然后，对聚类结果中的每个类中的网页进行抽样，并计算出抽样网页的平均更新频率，从而确定每个聚类的网页爬行频率，如图 5-2 所示。

图 5-2 中，将海量网页利用某种聚类算法将网页分为 K 个聚类(K 由聚类算法确定)，图 5-2 中的 K 个聚类中，每个聚类具有类似的更新频率。然后对每个聚类进行抽样，抽取部分网页计算这些网页的平均更新频率。最后，将每个聚类的平均更新频率确定为这个聚类内所有网页的爬虫频率。

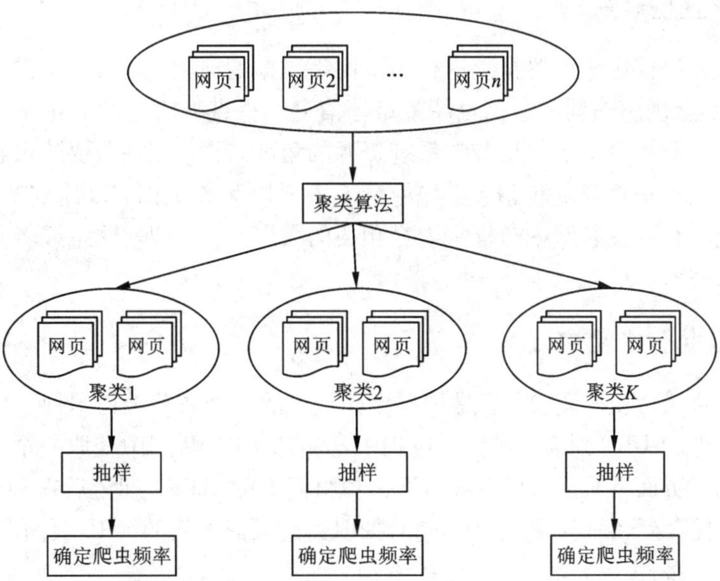

图 5-2　聚类分析策略的爬虫频率

根据网页的更新策略，可以使得爬虫执行效率更高，并且执行逻辑更合理。

5.2　常用网络爬虫方法

为了解决网络搜索和互联网数据采集问题，学者们经过不断的研究与实践，已经总结出了多种网络爬虫方法。为了便于研究，这些方法可以按照网络爬虫功能、系统结构和实现技术等形式进行划分。按网络爬虫功能可以分为批量型爬虫、增量型爬虫和垂直型爬虫三类；按网络爬虫系统结构和实现技术可以分为通用网络爬虫、聚焦网络爬虫、深层网络爬虫、分布式网络爬虫等方法。

5.2.1 批量型爬虫

批量型爬虫是根据用户配置进行网络数据的抓取，用户通常需要配置的信息包括 URL 或 URL 池、爬虫累计工作时间和爬虫累计获取的数据量等信息。也就是说，批量型爬虫有比较明确的抓取范围和目标，当爬虫达到这个设定的目标后，即停止抓取过程。这种方法适用于互联网数据获取的任何场景，通常用于评估算法的可行性以及审计目标 URL 数据的可用性。批量式爬虫实际上是增量型爬虫和垂直型爬虫的基础。

5.2.2 增量型爬虫

增量型爬虫是根据用户配置持续进行网络数据的抓取，用户通常需要配置的信息包括 URL 或 URL 池、单个 URL 数据抓取频度和数据更新策略等信息。因此，增量型爬虫是持续不断地抓取，对于抓取到的网页要定期更新，并且增量型爬虫需要及时反映这种变化。这种方法可以实时获取互联网数据，通用的商业搜索引擎基本采用这种爬虫技术。

5.2.3 垂直型爬虫

垂直型爬虫是根据用户配置持续进行指定网络数据的抓取，用户通常需要配置的信息包括 URL 或 URL 池、敏感热词和数据更新策略等信息。垂直型爬虫的关键是如何识别网页内容是否属于指定行业或者主题。从节省系统资源的角度来说，往往需要爬虫在抓取阶段就能够动态识别某个网址是否与主题相关，并尽量不去抓取无关页面，以达到节省资源的目的。这种方法可以实时获取互联网中与指定内容相关的数据，垂直搜索网站或者垂直行业网站通常采用这种爬虫技术。

5.2.4 通用网络爬虫

通用网络爬虫又称全网爬虫，它是根据预先设定的一个或若干初始种子 URL 为开始，以此获得初始网页上的 URL 列表，在爬行过程中不断从 URL 队列中获取一个个 URL，进而访问并下载该页面。页面下载后，页面解析器去掉页面上的 HTML 标记后得到页面内容，将摘要、URL 等信息保存到 Web 数据库中，同时抽取当前页面上新的 URL，保存到 URL 队列中，直到满足系统停止条件。

通用网络爬虫主要由初始 URL 集合、URL 队列、页面爬行模块、页面分析模块、页面数据库、链接过滤模块等构成。通用网络爬虫在爬行的时候会采取一定的爬行策略，主要有深度优先爬行策略和广度优先爬行策略。其工作过程如图 5-3 所示。

从图 5-3 可以看出，首先，通用网络爬虫获取初始的 URL，初始的 URL 地址可以由用户人为地指定，也可以由用户指定的某个或某几个初始爬取网页决定；其次，根据初始的 URL 爬取页面并获得新的 URL，同时需要将网页存储到原始数据库中，并将爬取网页获取的 URL 地址存放到一个 URL 列表中；最后，将新的 URL 放到 URL 队列中；重复上述的爬取过程直到满足停止条件。

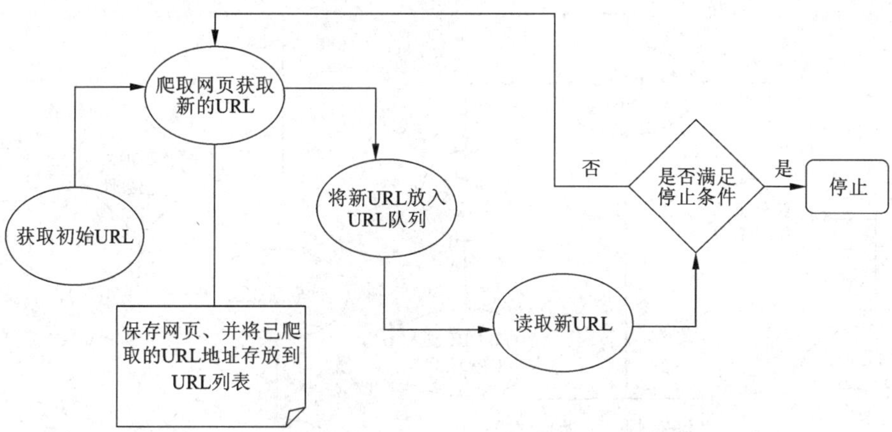

图 5-3　通用网络爬虫工作过程图

通用网络爬虫主要为门户站点搜索引擎和大型 Web 服务提供商采集数据。由于商业原因，通用网络爬虫的技术细节很少公布出来。通常，这种网络爬虫技术的爬行范围和数量巨大，对于爬行速度和存储空间要求较高，对于爬行页面的顺序要求相对较低，同时由于待刷新的页面太多，通常采用并行工作方式，但需要较长时间才能刷新一次页面。通用网络爬虫主要存在以下几方面的局限性：

(1)由于抓取目标是尽可能大的覆盖网络，所以爬行的结果中包含大量用户不需要的网页。

(2)不能很好地搜索和获取信息含量密集且具有一定结构的数据。

(3)通用搜索引擎大多是基于关键字的检索，对于支持语义信息的查询和搜索引擎智能化的要求难以实现。

由此可见，通用网络爬虫既要保证网页的质量和数量，又要保证网页的时效性是很难实现的。但是，通用网络爬虫适用于为搜索引擎搜索广泛的主题，还是具有较强的应用价值。

5.2.5　聚焦网络爬虫

聚焦网络爬虫也叫主题网络爬虫，顾名思义，聚焦网络爬虫是按照预先定义好的主题有选择地进行网页爬虫的一种爬虫技术。聚焦网络爬虫不像通用网络爬虫一样将目标资源定位在全互联网中，而是将爬取的目标网页定位在与主题相关的页面中，可以大大节省爬虫时所需的带宽资源和服务器资源。

由于聚焦网络爬虫是有目的地进行信息爬取，因此，相对于通用网络爬虫，它必须增加目标的定义和过滤机制。其工作过程如图 5-4 所示。

从图 5-4 可以看出，第一，聚焦网络爬虫要依据爬取需求来定义爬虫的目标和相关的描述；第二，获取初始的 URL，并根据初始的 URL，获得新的 URL；第三，从新的 URL 中过滤掉与爬取目标无关的链接，同时，也需要将已爬取的 URL 地址存放到一个 URL 列表中；第四，将过滤后的链接放到 URL 队列中，根据搜索算法，确定 URL 队列中 URL 的优先级，并确定下一步要爬取的 URL 地址；第五，读取新的 URL，然后依据新的 URL 地址爬取网页，并重复上述爬取过程，直至满足停止条件。

聚焦网络爬虫的过程中，需要一个控制中心对整个爬虫系统进行管理和监控，主要包括

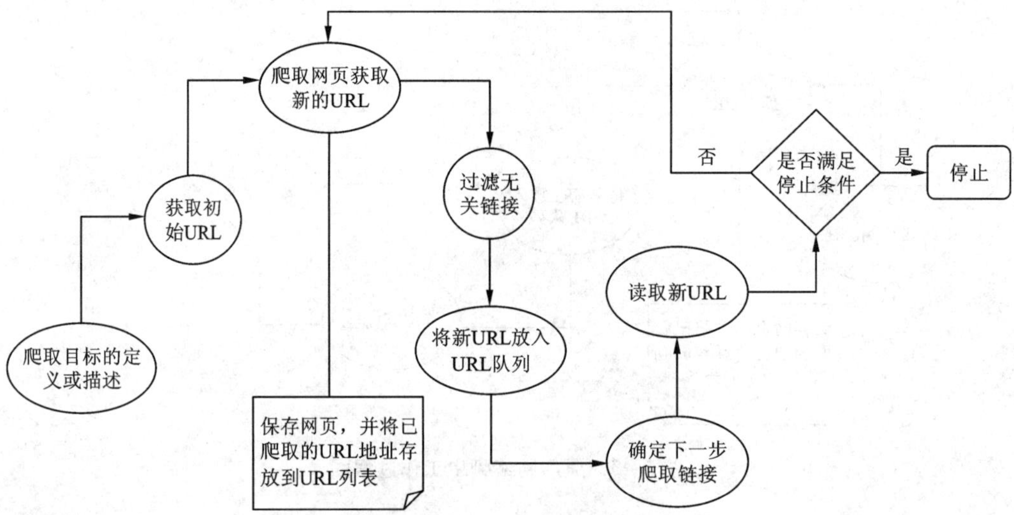

图 5-4 聚焦网络爬虫工作过程图

控制用户交互、初始化爬行器、确定主题、协调各模块之间的工作、控制爬行过程等方面。控制中心协调的模块主要包括页面采集模块、页面分析模块、页面相关度计算模块、页面过滤模块、链接排序模块和内容评价模块等。

(1)页面采集模块：主要是根据待访问 URL 队列进行页面下载，再交给网页分析模型处理以抽取网页主题向量空间模型。该模块也是任何爬虫系统都必不可少的模块。

(2)页面分析模块：该模块的功能是对采集到的页面进行分析，主要用于连接超链接排序模块和页面相关度计算模块。

(3)页面相关度计算模块：该模块是整个系统的核心模块，主要用于评估与主题的相关度，并提供相关的爬行策略用以指导爬虫的爬行过程。URL 的超链接评价得分越高，爬行的优先级就越高。其主要思想是：在系统爬行之前，页面相关度计算模块根据用户输入的关键字和初始文本信息进行学习，以训练一个页面相关度评价模型。当一个被认为是主题相关的页面爬行下来之后，该页面就被送入页面相关度评价器计算其主题相关度值，若该值大于或等于给定的某阈值，则该页面就被存入页面库，否则丢弃。

(4)页面过滤模块：过滤掉与主题无关的链接，同时将该 URL 及其所有隐含的子链接一并去除。通过过滤，爬虫就无须遍历与主题不相关的页面，从而保证了爬行效率。

(5)链接排序模块：将过滤后页面按照优先级高低加入到待访问的 URL 队列里。

(6)内容评价模块：评价内容的重要性，根据内容的重要性，可以确定哪些页面优先访问。

5.2.6 深层网络爬虫

1994 年，迈克尔·伯格曼提出了 DeepWeb(深层页面)的概念，DeepWeb 是指普通搜索引擎难以发现的信息内容 Web 页面。DeepWeb 中的信息量比普通的网页信息量多，而且质量更高。但是普通的搜索引擎由于技术限制而搜集不到这些高质量、高权威的信息，这些信息通常隐藏在深层 Web 页面的大型动态数据库中，涉及数据集成、中文语义识别等诸多领域。

如此庞大的信息资源如果没有合理高效的方法去获取，对信息获取是巨大的损失。因此，对于深层网络爬虫技术的研究具有极为重大的现实意义和理论价值。

常规的网络爬虫在运行中无法发现隐藏在普通网页中的信息和规律，缺乏一定的主动性和智能性，例如，需要输入用户名和密码的页面，或者包含页码导航的页面均无法爬行。深层网络爬虫比只爬行于表层页面的网络爬虫更复杂些，它在访问并解析出 URL 后，还需要继续分析该页面是否包含有深层页面入口的表单。若包含，则还要模拟人的行为对该表单进行分析、填充并提交，最后从返回页面中提取所需要的内容，将其加入到搜索引擎中参与索引，以供用户查找。其工作过程如图 5 -5 所示。

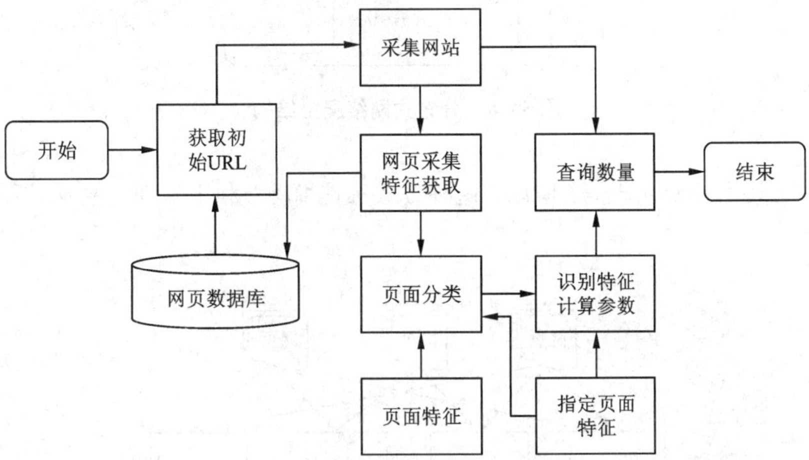

图 5 -5　深层网络爬虫工作过程图

深层网络爬虫与常规的网络爬虫的不同之处在于，深层网络爬虫在下载完成页面之后并没有立即遍历其中的所有超链接，而是使用一定的算法将其进行分类，对于不同的类别采取不同的方法计算查询参数，并将参数再次提交到服务器。如果提交的查询参数正确，那么将会得到隐藏的页面和链接。

5.2.7　分布式网络爬虫

分布式网络爬虫包含多个爬虫，每个爬虫需要完成的任务和单个的爬行器类似，它们从互联网上下载网页，并把网页保存在本地的磁盘上，从中抽取 URL 并沿着这些 URL 的指向继续爬行。分布式网络爬虫结构如图 5 -6 所示。

从图 5 -6 可以看出，分布式网络爬虫是一种三层结构，最上层为互联网的网页；中间层为网络爬虫程序，或者说单个爬行器；最低层是分布在不同地理位置的数据中心，在每个数据中心里有若干台抓取服务器，而每台抓取服务器上可能部署了若干网络爬虫程序。

分布式网络爬虫的重点在于爬虫如何进行通信。目前分布式网络爬虫按通信方式不同可以分为主从式和对等式。

对于主从式而言，有一台专门的 Master 服务器来维护待抓取 URL 队列，它负责每次将 URL 分发到不同的 Slave 服务器，而 Slave 服务器则负责实际的网页下载工作。Master 服务器除了维护待抓取 URL 队列以及分发 URL 之外，还要负责调解各个 Slave 服务器的负载情况，

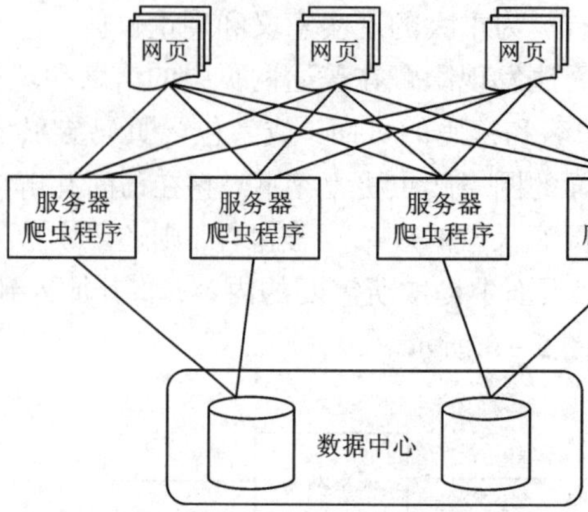

图 5-6 分布式网络爬虫结构

而各个 Slave 之间不必相互通信，所以，这种方式实现简单、利于管理。主从式结构如图 5-7 所示。

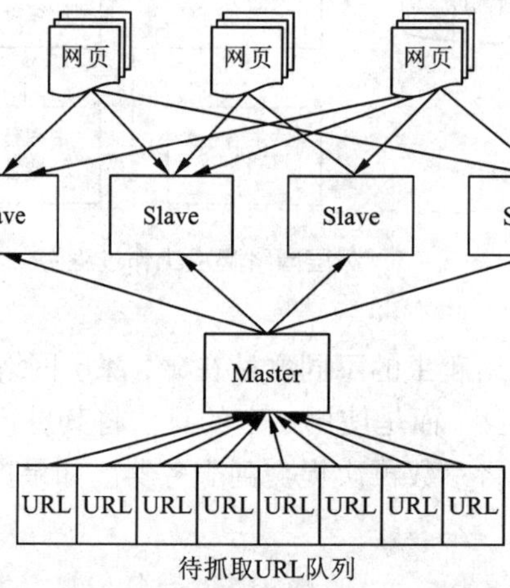

图 5-7 主从式结构

对于对等式而言，所有的抓取服务器在分工上没有不同。每一台抓取服务器都可以从待抓取 URL 队列中获取 URL。为了使服务器合理分工，通常利用 hash 算法将待抓取的 URL 分配给不同的服务器，即计算 $H \bmod m$，其中 H 为该 URL 的主域名的 hash 值，m 为服务器的数量，计算得到的数就是处理该 URL 的主机编号。对等式结构如图 5-8 所示。

图 5-8 中，如果爬取某网站信息，可以将计算器 hash 值设为 $H=7$，$m=3$，则 $H \bmod m=1$，因此由编号为 1 的服务器进行该链接的抓取。

分布式网络爬虫技术是一种大规模并发采集技术，这种技术可以在尽可能短的时间内搜集尽可能多的网页，是一种高效的爬虫技术。

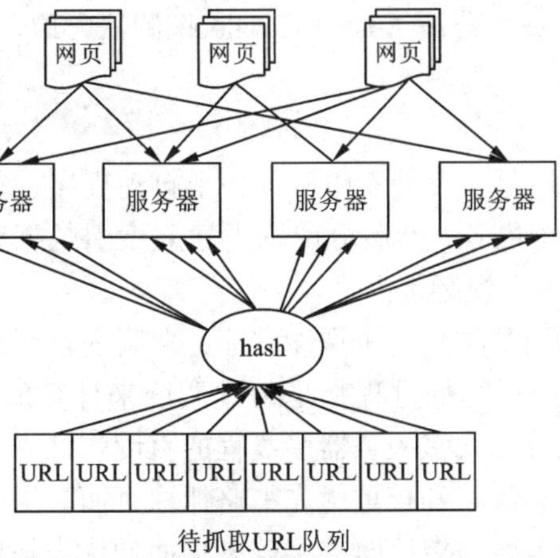

图 5-8 对等式结构

5.3 网络爬虫工具

目前成熟的网络爬虫有很多，既包括 Googlebot、百度蜘蛛这样的分布式多线程的商业爬虫工具，也包括像 ApacheNutch、GUN Wget 这类开源爬虫工具，还包括如八爪鱼采集器、火车采集器这类使用简单方便的爬虫工具。这些工具可以在很短的时间内，轻松地从各种不同的网站或者网页获取大量的规范化数据，帮助客户实现数据采集、编辑、规范化，摆脱对人工搜索及收集数据的依赖，从而降低获取信息的成本，提高效率。

5.3.1 Googlebot

Googlebot 是 Google 公司的网页抓取器，也称为 Google 机器人或 Google 探测器。它使用计算机集群技术，能够发现新网页和更新的网页，并将这些网页添加到 Google 索引中。Googlebot 利用各种算法来计算需要获取哪些网站、获取网站的频率和从每个网站上获取网页的数量。在进行抓取时，Googlebot 会先查看以前的抓取过程所生成的一系列网页网址，包含网站站长提供的站点地图数据。Googlebot 在访问其中的每个网站时，会检测各网页上的链接(SRC 和 HREF)，并将这些链接添加到要抓取的网页列表。它会记录新出现的网站、现有网站的更新以及无效链接，并据此更新 Google 索引。

Google 将 Googlebot 分布在多台计算机上，以便提高性能并随着网络规模的扩大而扩大。此外，为了降低带宽占用，Google 会在计算机上运行多个抓取工具，这些抓取工具主要包括：

(1) Googlebot：抓取网页中的文字内容。获取的内容保存于 Google 网页搜索和新闻搜索的数据库。我们一般谈的 Google 机器人主要是指 Googlebot。

(2) Googlebot Mobile：抓取网页中的文字内容，用于 Google 手机搜索。

(3) Googlebot Image：抓取网页内的图片内容，保存入 Google 图片搜索数据库。

(4) Mediapartners Google：抓取网页中的文字内容，用于 Google Adsense 分析关键词。只有投放了 Google Adsense 的网页才会被 Mediapartners Google 探测器爬取。

(5) Adsbot Google：抓取网页中的文字内容，用于为 Google AdWords 提供参考。只有 Google AdWords 的目标网页才会被 Adsbot Google 探测器爬取。

5.3.2 百度蜘蛛

百度蜘蛛(Baiduspider)是百度搜索引擎的一个自动程序。它的作用是访问收集整理互联网上的网页、图片、视频等内容，然后分门别类建立索引数据库，使用户能在百度搜索引擎中搜索到网站的网页、图片、视频等内容。

百度蜘蛛是通过搜索引擎构建一个调度程序，来调度百度蜘蛛的工作，让百度蜘蛛去和服务器建立连接下载网页；计算的过程都是通过调度来计算的，百度蜘蛛只负责下载网页。目前的搜索引擎普遍使用分布式多服务器多线程的百度蜘蛛来实现并发的目的。

百度蜘蛛使用深度优先策略和权重优先策略抓取页面。深度优先策略的目的是为了抓取高质量的网页，权重优先策略是指反向链接较多页面的优先抓取，这也是一种调度策略。百度蜘蛛控制蜘蛛的抓取行为，并将下载的网页放到“补充数据区”，通过计算后再放入“检索区”，形成稳定的排名，供用户进行检索。

百度蜘蛛主要包括的搜索工具有网页搜索(Baiduspider)、图片搜索(Baiduspider-image)、视频搜索(Baiduspider-video)、新闻搜索(Baiduspider-news)、百度搜藏(Baiduspider-favo)、百度联盟(Baiduspider-cpro)和竞价蜘蛛(Baiduspider-sfkr)等工具。

5.3.3 ApacheNutch

ApacheNutch 是一个包含 Web 爬虫和全文搜索功能的开源搜索引擎，使用 Java 语言实现。相对于商用的搜索引擎，它的工作流程更加公开透明，拥有很强的可定制性，并且支持分布式爬虫。Nutch 最新版本的底层实现使用了 Hadoop。

Nutch 爬虫使用广度优先策略进行抓取。Nutch 爬虫的设计主要包括存储与爬虫过程两个方面。

Nutch 存储主要使用数据文件。它的数据文件包括 WebDatabase、segment 和 index 三类。

WebDatabase，简称 WebDB，用于存储爬虫抓取的网页之间的链接结构信息，WebDB 只在爬虫中使用。WebDB 内存储了 Page 和 Link 两种实体的信息。Page 实体描述互联网中网页的特征信息，主要包括网页内的链接数目，抓取此网页的时间等相关抓取信息，对此网页的重要度评分等。Link 实体描述的是两个 Page 实体之间的链接关系。WebDB 中存储了一个所抓取网页的链接结构图，在链接结构图中，Page 实体是图的节点，而 Link 实体则代表图的边。

(1)段(segment)存储的是爬虫在一次抓取过程中抓到的网页以及这些网页的索引。爬虫爬行时会根据 WebDB 中的链接关系按照一定的爬行策略生成抓取循环所需的预取列表，然后通过预取列表中的 URL 抓取这些网页并索引，同时将其存入段中。段是有时效的，网页被爬虫重新抓取后，先前抓取产生的段就作废了。存储时，段文件夹是以产生时间命名的，方便用户删除作废的 segments 以节省存储空间。

(2)索引(index)是爬虫抓取的所有网页的索引，它是将所有 segment 中的索引合并处理后得到的。Nutch 利用 Lucene 技术进行索引。但是需要注意的是，Lucene 中的段和 Nutch 中的段不同，Lucene 中的段是索引的一部分，但 Nutch 中的段和索引是各自独立的。

在分析了爬虫中相关的文件之后，Nutch 爬虫的大致过程为：首先根据 WebDB 生成一个待抓取网页的 URL 集合，即预取列表；其次开始根据预取列表进行网页抓取，如果下载线程有很多个，那么就生成很多个预取列表，爬虫根据抓取回来的网页更新 WebDB，根据更新后的 WebDB 生成新的预取列表；最后下一轮抓取循环重新开始。所以这个循环过程就是“产生—抓取—更新”。

Nutch 对于抓取的数据和索引是采用分布式存储的，实际上，Nutch 分布式文件系统的基础架构是 Hadoop 文件系统 NDFS，另外 Nutch 采用 Map/Reduce 进行分布式计算。

5.3.4 火车采集器

火车采集器是合肥乐维信息技术有限公司开发的一款专业网络数据采集软件。它是一个供各大主流文章系统、论坛系统等使用的多线程内容采集发布程序。

火车采集器功能强大，拥有内容采集和数据导入功能，并且可以将采集的任何网页数据发布到远程服务器。

火车采集器根据自定义规则抓取数据。例如，如果需要获取一个栏目的网页里的所有内容，则需要采集这个网页的网址，而火车采集器按照规则抓取列表页面，从中分析出网址，然后再去抓取获得网址的网页里的内容；再根据自定义采集规则，对下载网页进行分析，将标题内容等信息分离开并保存下来。如果需要下载图片等网络资源，系统会对采集到的数据进行分析，找出图片资源并下载到本地。

火车采集器采集数据分为两个步骤：采集数据及发布数据。

(1) 采集数据，具体包括确定采集网址和采集内容。在这个过程中，用户可以自定义采集规则来获取需要的数据。

(2) 发布数据就是将数据发布到自己的论坛，也是实现数据为已有的过程。系统支持 Web 在线发布到网站、保存为本地文件、导入到自定义数据库和保存为本地 Sql 文件等发布方式。

5.3.5 集搜客

集搜客(GooSeeker)是一款功能强大的网页数据抓取软件，它既可以实现数据采集，也可以进行数据挖掘等分析处理。集搜客不仅仅是行业领先的网页抓取软件，还是一个大数据采集平台。集搜客平台提供了服务于数据采集的各个模块，包括爬虫产品、规则资源、数据分析等功能模块。

集搜客网络爬虫功能强大且简单易用，支持 Windows/Mac/Linux 三种操作系统。集搜客网络爬虫是由服务器和客户端两部分组成，服务器是用来存储规则和线索(待抓网址)，客户端包括 MS 谋数台和 DS 打数机，其中 MS 谋数台是用来制定网页抓取规则的，DS 打数机就是用来采集网页数据的。如图 5-9 所示。

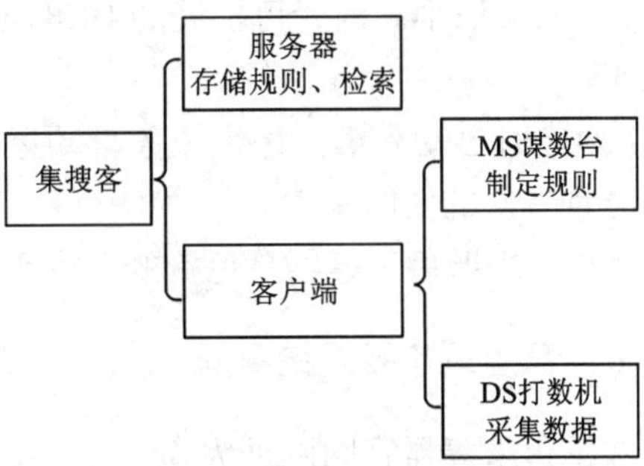

图 5-9 集搜客的组成结构

集搜客平台进行数据采集。首先用 MS 谋数台制定好规则后，将规则保存在集搜客的服务器中，同时把样本网址作为一条线索(待抓网址）保存在服务器中；然后DS打数机采集数据，也就是调用已制定的规则采集待抓网址的网页数据，采集成功就会在本地文件夹DataScraperWorks中生成结果文件。如果是层级规则，除了生成结果文件，抓取的网址作为下一级规则的待抓网址会被存在服务器中，采集数据时就会按顺序执行。

5.3.6 八爪鱼采集器

八爪鱼采集器以完全自主研发的分布式云计算平台为核心，可以非常容易地从任何网页中精确采集所需要的数据，生成自定义的、规整的数据格式。

1. 系统功能

八爪鱼采集器功能包括：

（1）采集金融数据，如季报、年报、财务报告以及每日最新净值数据。

（2）实时监控各大新闻门户网站，自动更新及上传最新发布的新闻。

（3）监控竞争对手最新信息，包括商品价格及库存。

（4）监控各大社交网站、博客，自动抓取企业产品的相关评论。

（5）采集最新最全的职场招聘信息。

（6）监控各大房地产公司相关网站，采集新房、二手房最新行情。

（7）采集各大汽车网站具体的新车、二手车信息。

（8）收集潜在客户信息。

（9）采集行业网站的产品目录及产品信息。

（10）在各大电商平台之间同步商品信息，并在一个平台发布，其他平台自动更新。

2. 系统优势

八爪鱼采集器的主要优势包括：

（1）操作简单。完全可视化图形操作，使用简单。

（2）云采集。采集任务自动分配到云端多台服务器同时执行，提高采集效率，可在很短的时间内获取成千上万条信息。

（3）拖拽式采集流程。模拟人的操作思维模式，可以登录，输入数据，点击链接、按钮等，还能对不同情况采取不同的采集流程。

（4）图文识别。内置可扩展的OCR接口，支持解析图片中的文字，可将图片上的文字提取出来。

（5）定时自动采集。采集任务自动运行，可以按照指定的周期自动采集，并且还支持最快一分钟一次的实时采集。

此外，八爪鱼采集器是免费的，并且免费版本没有任何功能限制。

3. 八爪鱼采集器采集实例

八爪鱼采集器官网网址为http://www.bazhuayu.com/，可以从官网下载该采集器。下载安装后，启动软件，界面如图5-10所示。

下面利用八爪鱼采集器实现对赶集网中长沙市天心区租房信息的采集。首先点击八爪鱼

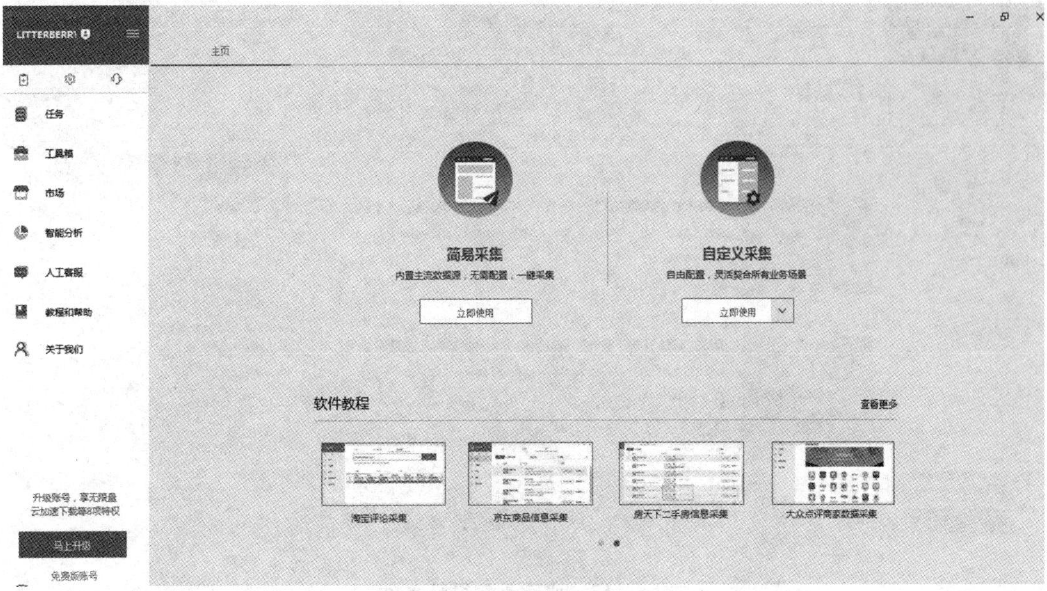

图 5－10　八爪鱼采集器启动界面

采集器启动界面(图 5－10)中的自定义采集，在采集网址中输入赶集网长沙市天心区租房信息网址 http://cs. ganji. com/fang1/tianxin/，如图 5－11 所示，然后点击保存网址。

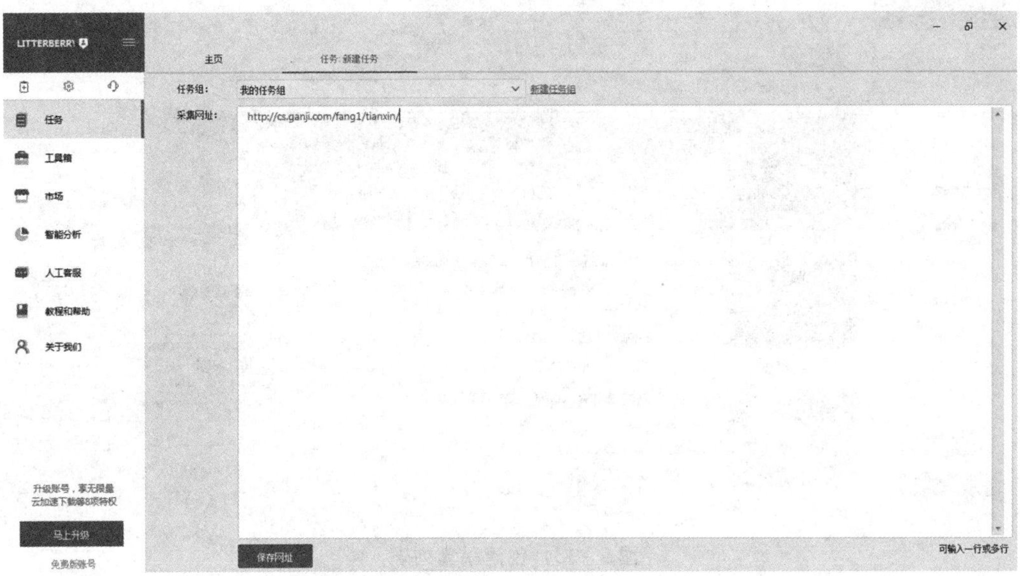

图 5－11　输入采集网址

保存网址后，页面将在八爪鱼采集器中打开。将页面下拉到底部，点击“下一页”按钮，在右侧的操作提示框中，选择“循环点击下一页”。如图 5－12 所示。

图 5－12　确定采集循环条件

接下来选中需要采集的字段信息，创建采集列表，如图 5－13 所示。移动鼠标选中列表中标题的名称，右键点击，需采集的内容会变成绿色。

图 5－13　创建采集列表

在图 5－13 中，点击“开始采集”就可以进行数据采集了。采集过程如图 5－14 所示。图 5－14 中，点击停止采集可以随时终止采集，并将采集到的数据导入到 Excel 文件中。

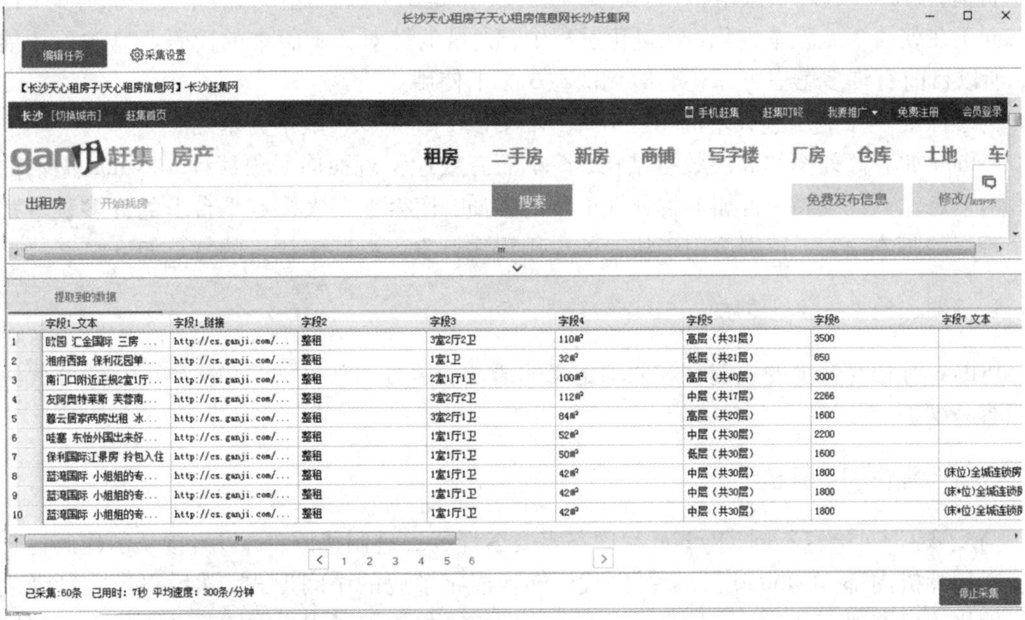

图 5-14　采集过程

八爪鱼采集器还提供了智能分析功能，实现对采集数据的统计分析、预测分析等功能。

5.4　Python 爬虫技术

常用的网络爬虫语言有很多，包括 Python、Java、PHP、Node. JS、C ++、Go 语言等。其中，Python 语言的爬虫框架非常丰富，多线程的处理能力较强，并且简单易学、代码简洁；Java 语言适合开发大型爬虫项目；PHP 后端处理很强，代码很简洁，模块也较丰富，但是并发能力相对来说较弱；Node. JS 支持高并发与多线程处理；C ++运行速度快，适合开发大型爬虫项目，但是成本较高；Go 语言并发能力强。本节将详细介绍 Python 语言的爬虫技术。

5.4.1　Python 概述

Python 是一种解释型、面向对象、动态数据类型的高级程序设计语言，它是由荷兰人 Guido van Rossum 于 1989 年发明。

由于 Python 语言的简洁性、易读性以及可扩展性，在国外用 Python 做科学计算的研究机构日益增多，一些知名大学已经采用 Python 来教授程序设计课程。例如，卡内基梅隆大学的编程基础、麻省理工学院的计算机科学及编程导论就使用 Python 语言讲授。众多开源的科学计算软件包都提供了 Python 的调用接口，例如，著名的计算机视觉库 OpenCV、三维可视化库 VTK、医学图像处理库 ITK。而 Python 专用的科学计算扩展库就更多了，例如，十分经典的科学计算扩展库：NumPy、SciPy 和 Matplotlib，它们分别为 Python 提供了快速数组处理、数值运算以及绘图功能。因此 Python 语言及其众多的扩展库所构成的开发环境十分适合工程技术、科研人员处理实验数据、制作图表，甚至开发科学计算应用程序。

目前，Python 有两个版本，一个是 2. *x* 版，一个是 3. *x* 版。这两个版本是不兼容的，因为 Python 正在朝着 3. *x* 版本进化，在进化过程中，大量的针对 2. *x* 版本的代码要修改后才能运行，所以目前有许多第三方库还暂时无法在 3. *x* 上使用。

为了保证程序能用到大量的第三方库，本书以 Python 2.7 版本为基础。

Python 拥有高效率的高层数据结构，简单而有效地实现面向对象编程。Python 简洁的语法和对动态输入的支持，再加上解释性语言的本质，使得它在大多数平台上的许多领域都是一个理想的脚本语言，特别适用于快速的应用程序开发。Python 语言的特点如下。

1. 简单、易学、容易维护

Python 有相对较少的关键字和明确定义的语法，学习起来更加简单。Python 的源代码也相当容易维护。

2. 可解释性和可移植性

与 C 或 C ++ 语言不同，Python 程序不需要编译成二进制代码，可以直接从源代码运行程序。在计算机内部，Python 解释器把源代码转换成字节码的中间形式，然后再把它翻译成计算机使用的机器语言并运行。因此，Python 无须担心如何编译程序，只需要把 Python 程序拷贝到另外一台计算机上，它就可以工作了，这也使得 Python 程序更加易于移植。Python 可以在诸如 Linux、Windows 和 Macintosh 等平台上实现移植。

3. 可扩展和可嵌入性

Python 程序可以调用 C 或 C ++ 程序，也就是说，如果想要编写一些不愿开放的算法，可以使用 C 或 C ++ 完成那部分程序，然后从 Python 程序中调用；也可以把 Python 嵌入到 C/C ++ 程序中，从而使得程序获得“脚本化”的功能。

4. 支持面向对象

Python 即支持面向过程的编程也支持面向对象的编程。在面向过程的语言中，程序是由过程或仅仅是可重用代码的函数构建起来的。在面向对象的语言中，程序是由数据和功能组合而成的对象构建起来的。与其他主要的语言如 C ++ 和 Java 相比，Python 以一种非常强大又简单的方式实现面向对象编程。

5. 丰富的库

Python 的最大的优势之一就是拥有丰富的库。它提供了包括正则表达式、文档生成、单元测试、线程、数据库、网页浏览器、CGI、FTP、电子邮件、XML、XML - RPC、HTML、WAV 文件、GUI、TK 和其他与系统有关的操作。除了标准库以外，还有许多其他高质量的库，如 BeautifulSoup、WXPython、Twisted 和 Python 图像库等。

5.4.2　Python 爬虫基础

如果把互联网比喻成一个蜘蛛网，那么网络爬虫就是在网上爬来爬去的蜘蛛，网络蜘蛛是通过网页的链接地址来寻找网页的，因此，网络爬虫的基本操作是抓取网页。

抓取网页的过程与使用浏览器浏览网页的过程相似。例如，当在浏览器的地址栏中输入 http://www.baidu.com 时，浏览器作为一个浏览的“客户端”，向服务器端发送了请求，把服务器端的文件“抓”到本地，再进行解释、展现。网页的 HTML 是一种标记语言，用于标记内容并加以解析和区分。浏览器的功能是将获取到的 HTML 代码进行解析，然后以网页的形式展示。

1. URL

正如第 2 章所讲，网络爬虫开始于一张被称作种子的统一资源地址列表（也称 URL 池或 URL 队列），然后从某网站的一个页面（通常是首页）开始读取网页的内容，找到在网页中的其他链接地址，通过这些链接地址寻找下一个网页，这样一直循环下去，直到把这个网站所有的网页都抓取完为止。由此可见，确定 URL 就是首要任务。

URL，即统一资源定位符，是互联网上资源的位置和访问方法的一种简洁的表示，是互联网上标准资源的地址。互联网上的每个文件都有一个唯一的 URL，它包含的信息指出文件的位置以及浏览器应该处理它的方法。URL 由三部分组成，即协议（或称为服务方式）、存有该资源的主机 IP 地址（有时也包括端口号）和主机资源的具体地址，如目录和文件名等。例如，网址“http://www.baidu.com”中，http 为协议；www.baidu.com 为网址。

因此，网络爬虫爬取数据时必须要有一个目标的 URL 才能获取数据。

2. Urllib 库

为了能根据 URL 来获取网页信息，Python 提供 Urllib 库。Urllib 库主要包括 urllib.request 模块（请求模块）、urllib.error 模块（异常处理模块）、urllib.parse 模块（URL 解析模块）和 urllib.robotparser 模块（robots.txt 解析模块）四个模块。

（1）urllib.request 模块。

urllib.request 用来发送 request 和获取 request 的结果。urllib.request 模块提供了最基本的构造 HTTP 请求的方法，利用它可以模拟浏览器的一个请求发起过程。同时它还带有处理 authenticaton（授权验证）、redirections（重定向）、cookies（浏览器 Cookies）以及其他内容。其方法格式为：

```
urllib.request.urlopen(url, data=None, [timeout, ]*, cafile=None, capath=None, cadefault=False, context=None)
```

从 urllib.request.urlopen 方法的格式可以看出，命令中包括除了 URL 参数之外，还包括 data（附加参数），timeout（超时时间）等参数。

例如，简单的 URL 请求代码如下：

```
import urllib.request
response = urllib.request.urlopen('http://www.baidu.com')
print(response.read().decode('utf-8'))
```

代码中仅包含第一个参数，即为 URL 地址。这种请求方式为 get 请求，因为没有附加任何的参数。read()方法从返回中读取响应体的内容，读取完是二进制字节流，因此需要调用 decode()方法通过 utf-8 编码方式转换成我们能读懂的网页代码。这段代码完成了百度的抓取，输出了网页的源代码。

如果增加参数 data，则代码如下：

```
import urllib.request
data = bytes(urllib.parse.urlencode({'name': 'zhang'}), encoding = 'utf8')
response = urllib.request.urlopen('http://httpbin.org/post', data = data)
print(response.read())
```

这段代码用到了第二个参数 data，其请求方式为 post，而不是 get。代码传递了一个参数 name，值是 zhang，该 URL 是 HTTP 测试网址。因为 urlopen 方法的 data 要求传入的参数形式是二进制，所以需要对字典进行二进制转码。

如果增加超时时间参数，则代码如下：

```
import urllib.request
try:
    response = urllib.request.urlopen('http://www.baidu.com', timeout = 0.01)
except urllib.error.URLError as e:
    if isinstance(e.reason, socket.timeout):
        print('Time Out')
```

这段代码使用了 timeout 参数，其单位为秒。参数意味着如果请求超出了设置的这个时间还没有得到响应，就会抛出异常，如果不指定，它会使用全局默认时间。这段代码设置了一个极短的时间以至于不会在定义时间内返回，所以程序会出现异常。当异常为 timeout 时，将打印“Time Out”。

此外，urllib.request.urlopen 方法还有 context 参数，它必须是 ssl.SSLContext 类型，用来指定 SSL 设置。cafile 和 capath 两个参数是指定 CA 证书和它的路径，这个在请求 HTTPS 链接时会有用。cadefault 参数现在已经弃用了，默认为 False。

利用 urllib.request.urlopen 方法可以实现简单的请求发起，但不足以构建一个完整的请求，如果请求中需要加入 headers 等信息，就需要利用 Request 类来构建一个请求。

Request 类的构造方法如下：

```
class urllib.request.Request(url, data = None, headers = {}, origin_req_host = None,
unverifiable = False, method = None)
```

Request 类中的第一个参数是 URL 链接，并且是必传参数，其他的都是可选参数。data 参数是 bytes（字节流）类型的。headers 参数是一个字典，最常用的用法就是通过修改 User Agent 来伪装浏览器，默认的 User Agent 是 Python-urllib 。origin_req_host 指的是请求方的主机名称或者 IP 地址。unverifiable 指的是这个请求是否无法验证，默认是 False。method 是一个字符串，它用来指示请求使用的方法，比如 get、post、put 等。

Request 类的示例代码如下：

```
import urllib.request
request = urllib.request.Request("https://www.baidu.com")
```

```
response = urllib. request. urlopen( request)
print( response. read( ). decode(" utf - 8" ) )
```

从示例代码可以看出，urlopen( )方法的参数不再是一个URL，而是一个Request类。通过构造Request类，可以将请求独立成一个对象，并使得配置参数更加丰富和灵活。

此外，urllib. request的Handler方法能处理Cookies、代理设置以及HTTP各种请求，如HTTPDefaultErrorHandler用于处理HTTP响应错误；HTTPRedirectHandler用于处理重定向；HTTPCookieProcessor用于处理Cookie；ProxyHandler用于设置代理，默认代理为空；HTTPPasswordMgr用于管理密码；HTTPBasicAuthHandler用于管理认证等。例如，获取网站Cookies的示例代码如下：

```
import http. cookiejar, urllib. request
cookie = http. cookiejar. CookieJar( )
handler = urllib. request. HTTPCookieProcessor( cookie)
opener = urllib. request. build_opener( handler)
response = opener. open( 'http: //www. baidu. com')
for item in cookie:
    print( item. name + " = " + item. value)
```

代码首先声明一个CookieJar对象，然后调用urllib. request. HttpCookieProcesser( )创建一个关于cookie的handler对象，通过handler构造opener并执行open( )。

(2) urllib. error模块。

URLError可以捕获由urllib. request产生的异常，并返回错误原因。它是urrlib. error异常类的基类，具有reason属性。urllib. error有两种方法，URLError和HTTPError。常产生URLError的原因包括服务器连接失败、服务器不存在、远程URL地址不存在和触发了HTTPError等。例如，远程URL地址不存在(即爬取的网页不存在)的示例代码如下：

```
from urllib import request, error
try:
    response  = request. urlopen( 'http: //www. baidu 、com/qq123456. html')
except error. URLError as e:
    print( e. reason)
```

代码中，由于远程URL地址不存在，通过urllib. error. URLError as e捕获异常信息e，然后对其进行相应的异常处理，并输出异常原因。其输出结果为“Not Found”。

触发HTTPError的示例代码如下：

```
import urllib. request
import urllib. error
try:
    req = urllib. request. urlopen( 'http: //www. dianping. com/')
    print( req. read( ) )
except urllib. error. URLError as e:
    print( 'code: ', e. code)
    print( 'reason: ', e. reason)
```

这是对大众点评官网进行爬取的代码。大众点评有反爬虫机制，若没有设置参数头模拟浏览器访问，会导致返回 403 错误，同时 URLError 进行异常信息捕获并输出对应的异常状态和异常原因。在这种情况下是触发了 HTTPError，其返回结果为：

code：403

reason：Forbidden

事实上，HTTPError 是 URLError 的子类，专门处理 HTTP 和 HTTPS 请求错误。HTTPError 包含三个属性，即 code 表示 HTTP/HTTPS 请求返回的状态码；headers 表示 HTTP 请求返回的响应头信息；reason 与父类方法一样，表示返回错误原因。需要注意的是，在调用 URLError 进行异常处理时，一般先在子类找是否出现 HTTP 错误，然后再执行父类的异常处理。

(3) urllib. parse 模块。

urllib. parse 模块定义了一个标准接口，把 URL 字符串拆分成组件(addressing scheme、网址以及路径等)，并能把组件合成 URL 或者将相对 URL(relative URL)转换为给定的基 URL(base URL) 的绝对 URL(absolute URL)。

简而言之，urllib. parse 模块可以拆分 URL，也可以拼接 URL，它支持的 URL 格式包括 file、ftp、gopher、hdl、http、https、imap、mailto、mms、news、nntp、prospero、rsync、rtsp、rtspu、sftp、shttp、sip、sips、snews、svn、svn + ssh、telnet、wais、ws、wss 等。

urllib. parse 模块包括 URL Parsing(网址解析) 和 URL Quoting(地址引用)两个类。

①URL Parsing 用于将 URL 字符串拆分为其组件或将 URL 组件组合到 URL 字符串中。其命令格式如下：

urllib. parse. urlparse(urlstring, scheme = '', allow_fragments = True)

urlparse 将 URL 解析成六个部分，返回一个元组。示例代码如下：

```
import urllib. parse
print ( urllib. parse. urlparse ( " https: //www. zhihu. com/question/50056807/answer/223566912" ) )
```

代码的返回结果为：

ParseResult(scheme = 'https', netloc = 'www. zhihu. com', path = '/question/50056807/answer/223566912', params = '', query = '', fragment = '')

从返回结果可以看出，返回的元组包括 scheme0、netloc、path、params、query、fragment 六个部分。

URLunparse 可以将 urlparse() 返回的元组元素构造一个 URL，其参数可以是任何六个组件的迭代。示例代码如下：

```
import urllib. parse
parsed = urllib. parse. urlparse ( " https: //www. zhihu. com/question/50056807/answer/223566912" )
print(parsed)
t = parsed[ : ]
print(urllib. parse. urlunparse(t))
```

代码的输出结果为：

ParseResult(scheme = 'https', netloc = 'www. zhihu. com', path = '/question/50056807/answer/223566912', params = '', query = '', fragment = '')

https://www. zhihu. com/question/50056807/answer/223566912

此外，URL Parsing 的 urlsplit( )与 urlparse( )相似，但不会将参数分开，就是说相比 urlparse( )少一个 param 元素；urlunsplit( )可以将 urlsplit( ) 返回的元组元素形成一个完整的 URL 字符串。Urljoin 是将相对 URL(relative URL)转换为给定的基 URL(base URL) 的绝对 URL(absolute URL)。

②URL Quoting 侧重于获取程序数据，通过引入合适编码和特殊字符对 URL 进行安全重构，并且支持反向解析。其命令格式如下：

```
urllib. parse. quote( string, safe ='/', encoding = None, errors = None)
```

urllib. parse. quote 中 string 参数是 URL，safe 参数是安全的字符串，默认为“/”。示例代码如下：

```
import urllib. parse
url = "https://www. zhihu. com/question/50056807/answer/223566912"
print( urllib. parse. quote( url) )
print( urllib. parse. quote( url, safe = ":") )
```

代码输出结果为：

```
https%3A//www. zhihu. com/question/50056807/answer/223566912
https:%2F%2Fwww. zhihu. com%2Fquestion%2F50056807%2Fanswer%2F223566912
```

代码将 URL 中的字符进行了转码，但是特殊字符(保留字符)，如“;”“/”“?”“:”“@”“&”“=”“+”“$”“,”等不转码。

此外，urllib. parse. quote_plus( )和 urllib. parse. quote ( )相似，但是它能把空格转成加号，并且 safe 的默认值为空。示例代码如下：

```
import urllib. parse
url = "https://www. zhihu. com/ question/50056807/answer/223566912"
print( urllib. parse. quote_plus( url) )
```

代码的输出结果为：

```
https%3A%2F%2Fwww. zhihu. com%2F + question%2F50056807%2Fanswer%2F223566912
```

URL Quoting 利用 unquote 和 unquote_to_bytes 分别实现 urllib. parse. quote 和 urllib. parse. quote_plus 的反向解析。其命令格式为：

```
urllib. parse. unquote( string, encoding = 'utf - 8', errors = 'replace')
urllib. parse. unquote_to_bytes( string)
```

(4) urllib. robotparser 模块。

一般来说，网站都会定义 robots. txt 文件，该文件主要用来规定网络爬虫爬取该网站时存在的限制。而 urllib. robotparser 模块的作用就是检测 robots. txt 文件的爬虫限制。示例代码如下：

```
import urllib. robotparser
rp = robotparser. RobotFileParser( )
rp. set_url( 'https://www. douban. com/robots. txt')
rp. read( )
```

```
url = 'https://www.douban.com'
user_agent = 'Wandoujia Spider'
wsp_info = rp.can_fetch(user_agent, url)
print("Wandoujia Spider 代理用户访问情况：", wsp_info)
user_agent = 'Other Spider'
osp_info = rp.can_fetch(user_agent, url)
print("Other Spider 代理用户访问情况：", osp_info)
```

从代码可以看出，通过在目标网站站点或域名后面加上 robots. txt 进行访问，比如访问豆瓣网的 robots. txt 的网址为 https://www.douban.com/robots.txt 。代码的运行结果为：

```
Wandoujia Spider 代理用户访问情况：False
Other Spider 代理用户访问情况：True
```

3. BeautifulSoup 库

BeautifulSoup 是一个可以从 HTML 或 XML 文件中提取数据的 Python 库。BeautifulSoup 提供一些简单的 Python 式的函数用来处理导航、搜索、修改分析树等功能。它同时也是一个工具箱，通过解析文档为用户提供需要抓取的数据。此外，BeautifulSoup 统一将输出文档转换为 utf－8 编码。

BeautifulSoup 将复杂 HTML 文档转换成一个复杂的树形结构，每个节点都是 Python 对象，所有对象可以归纳为 Tag、NavigableString、BeautifulSoup、Comment 等 4 种。

Tag 就是 HTML 中的一个标签。每个 Tag 有两个重要的属性 name 和 attrs，name 指标签的名字或者 Tag 本身的 name，attrs 通常指一个标签的 class。NavigableString 是获取标签内部的文字。BeautifulSoup 表示一个文档的全部内容。Comment 对象是一个特殊类型的 NavigableString 对象，其输出的内容不包括注释符号。Beautiful Soup 相关文档可以查看其中文网址（https://beautifulsoup.readthedocs.io/zh_CN/latest/#id18）。

5.4.3 Python 安装

Python 可应用于多种平台，如 Windows、Linux 和 Mac OS 等。可以通过终端窗口输入“python”命令来查看本地是否已经安装 Python 以及 Python 的安装版本。

Python 最新的相关资料都可以在 Python 的官网（https://www.python.org/）查看到。在 Python 官网可以下载适合不同平台不同版本的 Python，如图 5－15 所示。

下面以 Window 平台为例，简述 Python 的安装过程。

首先打开浏览器，输入网址 https://www.python.org/downloads/windows/，如图 5－16 所示，选择 Python2.7.15 版本下载即可。

下载后，双击下载包，进入 Python 安装向导，只需要使用默认的设置一直点击“下一步”直到安装完成即可。Linux 平台和 MAC 平台安装 Python 的过程类似。

程序和可执行文件可以在许多目录，而这些路径很可能不在操作系统提供的可执行文件的搜索路径中。因此，安装好 Python 之后，需要对路径（path）存储在环境变量中进行设置。

在 Windows 平台设置环境变量可以通过命令窗口输入命令或者设置计算机属性实现。如图 5－17 所示为通过命令窗口设置 Python 的安装路径（一般 Python 默认安装在 C 盘）。

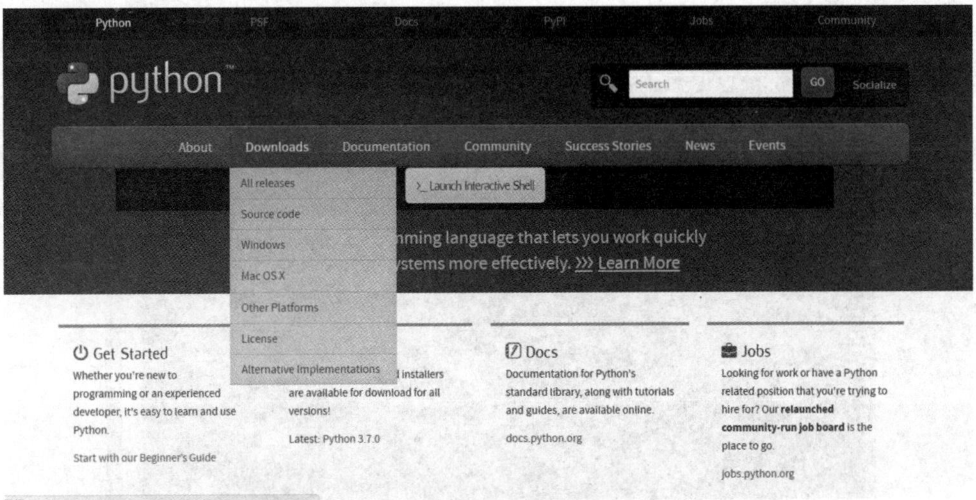

图 5－15　Python 官网

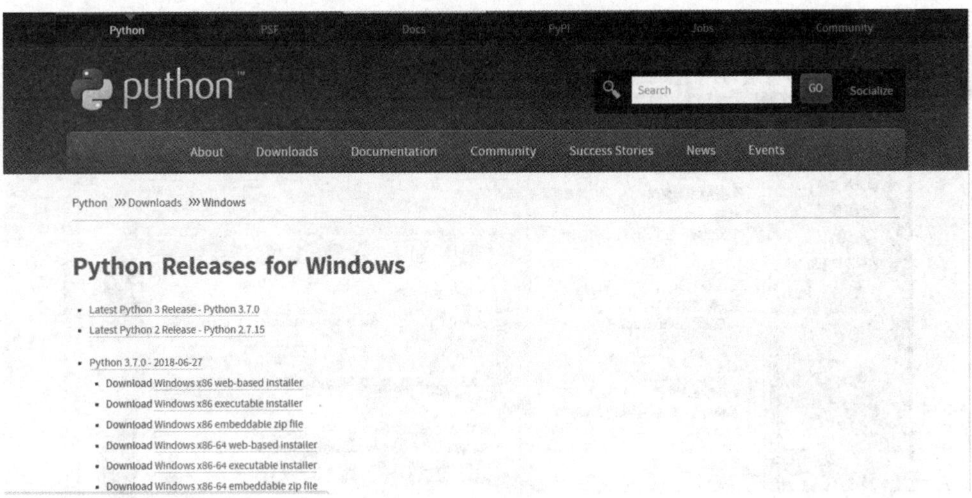

图 5－16　Windows 平台 Python 版本

在 Windows 平台也可以通过设置计算机属性实现 Python 环境变量配置。在 Window 桌面，右键点击“计算机”，然后点击属性，选择“高级属性设置”，在系统属性页面点击右下角的“环境变量”，在环境变量窗口双击“path”，在“变量值”行，添加 Python 安装路径即可。如图 5－18 所示。设置成功以后，可以在 cmd 命令行窗口输入命令“Python”，检测是否配置成功。

在 Unix/Linux 可以通过下面三种方式进行环境变量的设置：

(1)在 csh shell 输入：

setenv PATH " $PATH：/usr/local/bin/python"

(2)在 bash shell (Linux) 输入：

export PATH = " $PATH：/usr/local/bin/python"

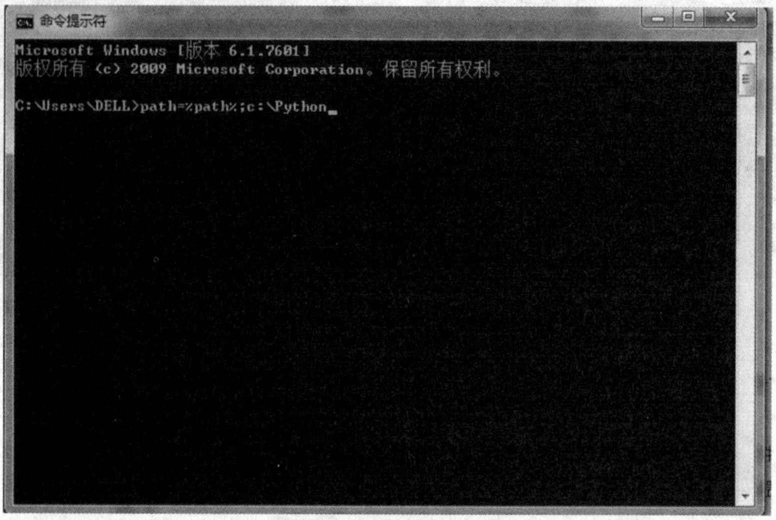

图 5 - 17　通过命令窗口设置 Python 安装路径

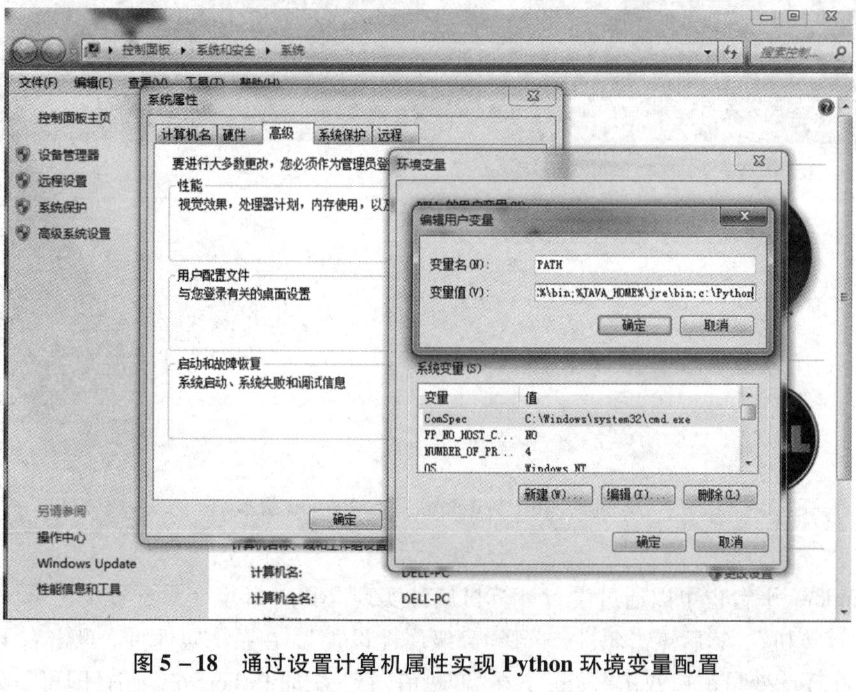

图 5 - 18　通过设置计算机属性实现 Python 环境变量配置

(3)在 sh 或者 ksh shell 输入：

PATH = " $PATH：/usr/local/bin/python"

其中，/usr/local/bin/python 是 Python 的安装目录，此外 Unix/Linux 中是区分大小写的。

安装好之后就可以通过命令行窗口进入 Python。Unix/Linux 环境和 Windows 环境启动 Python 的方式为：

$ python # Unix/Linux

C：>python # Windows/DOS

Python 支持交互式编程和脚本式编程两种模式。交互式编程不需要创建脚本文件，是通过 Python 解释器的交互模式来编写代码的。例如，在 Windows 环境下，启动 Python 后，输入 print 'hello python'，然后按 Enter 键，应该可以看到输出的单词“hello python”，如图 5－19 所示。

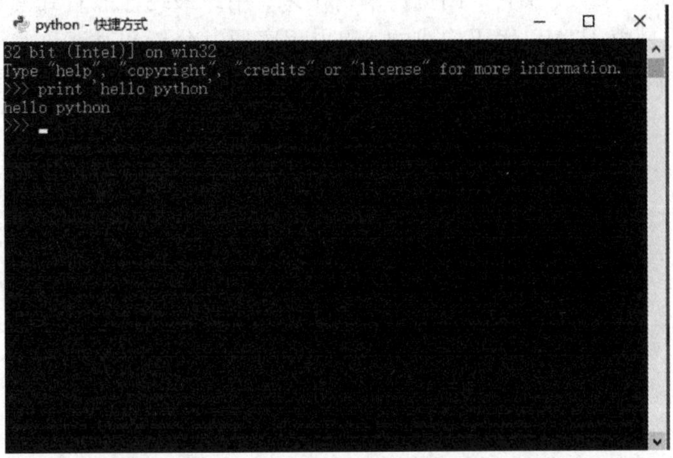

图 5－19 启动 Python

脚本式编程是通过脚本参数调用解释器开始执行脚本，直到脚本执行完毕。当脚本执行完成后，解释器不再有效。例如，编写一个简单的 Python 脚本程序，Python 文件将以 .py 为扩展名。将以下的源代码拷贝至 test.py 文件中。

print "hello python"；

输出结果：

hello python

为了帮助用户在使用 Python 语言时提高开发效率，通常需要安装 PyCharm 集成开发环境。一般在 Windows 环境下安装 PyCharm 集成开发环境，Linux 环境下安装 Eclipse 集成开发环境。

PyCharm 是由 JetBrains 打造的一款 Python IDE，它带有一整套集成工具，如调试、语法高亮、Project 管理、代码跳转、智能提示、自动完成、单元测试、版本控制等。此外，该 IDE 提供了一些高级功能，以用于支持 Django 框架下的专业 Web 开发。PyCharm 下载地址为 https：//www.jetbrains.com/pycharm/download/。

Eclipse 最初是由 IBM 公司开发的替代商业软件 Visual Age for Java 的下一代 IDE 开发环境，于 2001 年 11 月贡献给开源社区，现在它由非营利软件供应商联盟 Eclipse 基金会管理。Eclipse 是著名的跨平台的自由集成开发环境，它通过安装不同的插件 Eclipse 可以支持不同的计算机语言，比如 C ++ 和 Python 等开发工具。Eclipse 下载地址为 http：//www.eclipse.org/downloads/。

5.4.4 Python 爬虫实例

网络爬虫理解为在网络上爬行的一只蜘蛛，互联网就是一张大网，而 Python 爬虫程序就是在这张网上爬来爬去的蜘蛛，如果它遇到想要爬取的资源，那么它就会爬取下来。

1. 待爬取网页分析

在用户浏览网页的过程中，可以看到各种各样的信息，这个过程其实就是用户输入网址之后，经过查询 DNS 服务器，并向服务器发出一个请求，服务器经过解析之后，发送给用户的浏览器 HTML、JS、CSS 等文件，浏览器解析出来，用户最终才能看到网页信息。因此，用户看到的网页实质是由 HTML 代码构成的，爬虫程序通过分析和过滤这些 HTML 代码，实现对图片、文字等资源的获取。例如，图 5－20 是长沙赶集网出租房信息网页。

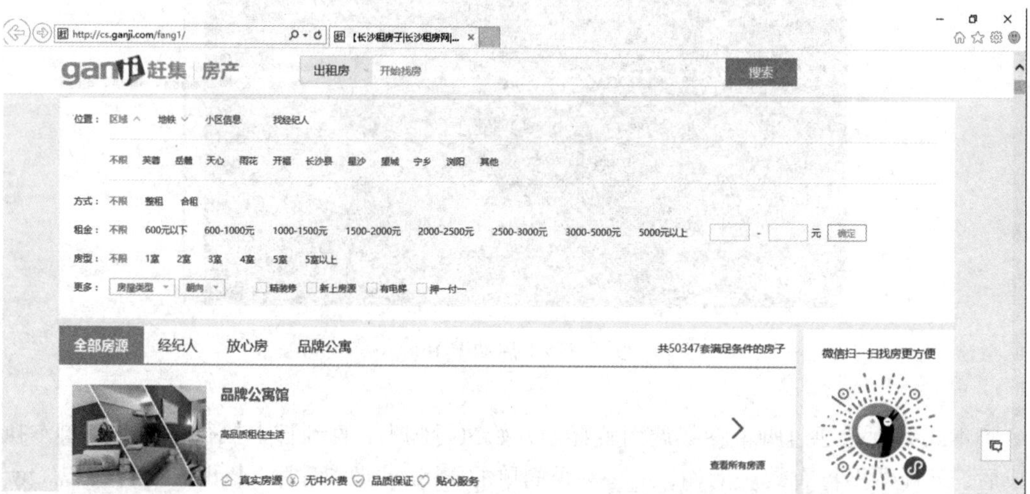

图 5－20　长沙赶集网出租房信息网页

在浏览器中输入长沙赶集网出租房信息网址(http://cs.ganji.com/fang1/)，并按键盘的 F12，选择调试程序，即可查看该网页源代码，如图 5－21 所示。

图 5－21　长沙赶集网出租房信息网页源代码

如果想爬取有关租房的信息，可以从源代码中找到相应的代码，并对代码进行分析。如图5－22可以看到租房的相关信息代码。图5－22显示租房的户型、面积、朝向等信息。

```
<dd class="dd-item size" data-huxing="3室2厅1卫" data-area="115㎡">
        <span class='first js-huxing'>整租</span>
                <span class="item-line"></span>
<span>3室2厅1卫</span>
        <span class="item-line"></span>
<span>115㎡</span>
        <span class="item-line"></span>
<span>南向</span>
        <span class="item-line"></span>
<span>中层（共32层）
</span>
                <span class="item-line"></span>
<span class='last'>精装修</span>

</dd>
```

图5－22 租房的相关信息代码

综上所述，Python爬虫进行网络爬取时，首先需要进行资源定位，即确定URL，互联网上的每个文件都有一个唯一的URL，它包含的信息指出文件的位置以及浏览器处理它的方式。爬虫爬取数据时必须要有一个目标的URL才可以获取数据，因此，它是爬虫获取数据的基本依据。因此，如果对赶集网出租房信息进行爬取，其URL为http：//cs. ganji. com/fang1/。其次，确定需要爬取的网页信息，并找到相关源代码，如图5－22所示。

2. 利用BautifulSoup库实现爬虫

为了爬取网页数据，Python提供了丰富的类库帮助实现不同功能的网页抓取，如urllib、requests、grab、pycurl、urllib3、httplib2、RoboBrowser、MechanicalSoup、mechanize、socket、Unirest for Python、hyper、PySocks等通用的类库；同时Python还提供了grab、scrapy、pyspider、cola等爬虫框架以及lxml、cssselect、pyquery、BeautifulSoup、html5lib、MarkupSafe、xmltodict、xhtml2pdf、untangle等HTML/XML解析器。本节将利用Python提供的BeautifulSoup实现对长沙赶集网出租房信息的爬取。

首先，需要安装BeautifulSoup4，可以通过easy_install或pip来安装BeautifulSoup4。如果没有安装easy_install或pip，则可以下载BeautifulSoup4的源码，然后通过setup. py来安装。具体命令如下：

```
easy_install beautifulsoup4
pip install beautifulsoup4
Python setup. py install
```

3. 爬虫实现

爬虫时，首先确定网址为cs. ganji. com/fang1/，其中cs为长沙，而fang1为租房信息。程序中 h 表示房型，o 表示页面，p 表示区间，其中 h、p 后的数字与网站相应菜单的排列顺序相对应，即 h：house 和 p：price。然后确定起始爬取页面和结束页面，并将爬取结果保存于 CSinfo. txt 文件中。

首先，导入 BeautifulSoup、requests、cvs 等库，相关代码为：

```
from bs4 import BeautifulSoup #
from urlparse import urljoin
import requests
import csv
```

其次，确定爬虫网页的网址和起始页，相关代码为：

```
URL = 'http://jn.ganji.com/fang1/o{page}p{price}/'
ADDR = 'http://jn.ganji.com/'
start_page = 0   #起始爬取页面
end_page = 5000        #结束页面
```

接着，解析网页信息，相关代码为：

```
html = BeautifulSoup(response.text, 'html.parser')
house_list = html.select('.f-list > .f-list-item > .f-list-item-wrap')
```

爬取网页信息的相关代码为：

```
house_list = html.select('.f-list > .f-list-item > .f-list-item-wrap')
for house in house_list
house_area = house.select('.size > span')[4].string.encode('utf-8')
house_location = house.select('.address > .area > a')[0].string.encode('utf-8')   house_addr = house.select('.address > .area > a')[-1].string.encode('utf-8')
house_price = house.select('.info > .price > .num')[0].string.encode('utf-8')
```

最后，将爬取数据写入文件 CSinfo. txt，相关代码为：

```
csv_writer.writerow([house_location, house_addr, house_area2, house_price])
```

5.5 文本数据处理

5.5.1 文本分词概述

文本分词是将字符串文本划分为有意义的单位的过程，如词语、句子或主题。由计算机实现的文本分词结果也应该满足人类思维，即阅读文本时的处理模式。在现实中，以英文为代表的拉丁语系语言是以空格作为自然分界符的，在分词上具有巨大的便利性；而中文是以字为单位，句子中所有的字连起来才能描述一个意思。例如，英文句子“I am a teacher”，用中文则为“我是一名教师”。计算机可以通过空格知道英文句子中的 teacher 是一个单词，但是不能容易明白中文的“教”和“师”两个字需要组合才表示一个词。

中文分词也称为切分，是将中文文本分割成若干个独立、有意义的基本单位的过程。中文分词对于搜索引擎影响巨大，因为对于搜索引擎来说，最重要的并不是找到所有结果，而是在上百亿的网页中找到最相关的结果，这也称为相关度排序。中文分词的准确度会直接影响搜索结果的相关度排序。为了提高搜索引擎结果的相关性和准确性，不同的搜索引擎都有自己的中文分词技术。

现实生活中，人类可以通过已有的知识来判断一句话中哪些是词、哪些是短语及其相关含义。让计算机也能像人类思维一样分割文本信息的过程就是分词算法的任务。分词算法的基本原理是根据输入的字符串文本进行分词处理、过滤处理，然后输出分词后的结果，包括英文单词、中文单词以及数字串等一系列切分好的字符串，具体如图 5 - 23 所示。

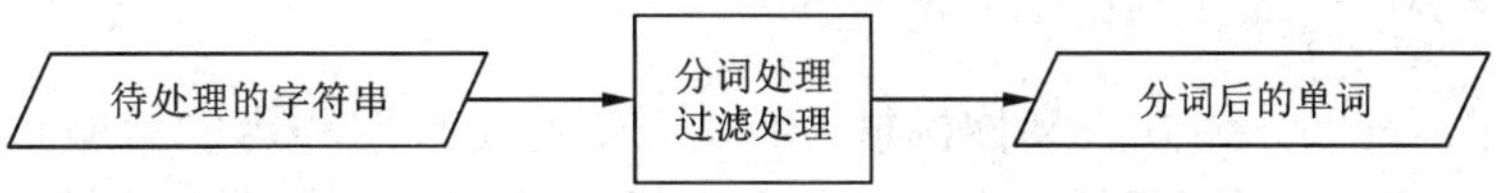

图 5 - 23　分词算法原理

分词算法基本都是基于统计的方法，而统计的样本内容来自一些标准的语料库。例如，句子“大数据将带来什么”，我们希望语料库统计后分词的结果是“大数据/将/带来/什么”，而不是“大/数据/将带/来什么”。

从统计的角度看，我们期望句子“大数据/将/带来/什么”的分词出现的概率要比“大/数据/将带/来什么”大。用数学的语言来描述就是如果有一个句子 S，它有 m 种分词选择，具体如下：

$$\begin{matrix} A_{11} & A_{12} & \cdots & A_{1n_1} \\ A_{21} & A_{22} & \cdots & A_{2n_2} \\ \cdots & \cdots & \cdots & \cdots \\ A_{m1} & A_{m2} & \cdots & A_{mn_m} \end{matrix}$$

其中，下标n_i代表第 i 种分词的词个数。如果从中选择了最优的第 r 种分词方法，那么这种分词方法对应的统计分布概率应该最大，即 $r=\mathrm{argmax}P(A_{i1}, A_{i2}, \cdots, A_{in_i})$。但是分词的概率分布 $P(A_{i1}, A_{i2}, \cdots, A_{in_i})$并不容易计算，因为涉及 n_i 个分析的联合分布。为了简化计算，通常采用马尔科夫假设，即每个分词出现的概率仅和前一个分词相关，即 $P(A_{ij}|A_{i1}, A_{i2}, \cdots, A_{ij-1})=P(A_{ij}|A_{ij-1})$，那么分析的联合分布为：

$$P(A_{i1}, A_{i2}, \cdots, A_{in_i})=P(A_{i1})P(A_{i2}|A_{i1})P(A_{i3}|A_{i2})\cdots P(A_{in_i}|A_{i(n_i-1)})$$

然后根据标准的语料库，近似地计算出所有分词之间的二元条件概率。例如，任意两个分词 x 和 y 的条件概率分布可以近似地表示为：

$$P(x|y)=\frac{P(x, y)}{P(y)}\approx\frac{freq(x, y)}{freq(y)}$$

$$P(y|x)=\frac{P(x, y)}{P(x)}\approx\frac{freq(x, y)}{freq(x)}$$

语料库

其中，$freq(x, y)$表示 x 和 y 在语料库相邻一起出现的次数，$freq(x)$和$freq(y)$分别表示x 和 y在语料库中出现的次数。

因此，利用语料库建立的统计概率，对于一个新的句子，可以通过计算各种分词方法对应的联合分布概率，找到最大概率对应的分词方法，即为最优分词。

此外，还有 N 元文法模型和维特比算法等寻找最优分词方法。N 元文法模型

维比特算法

考虑分词依赖于其前 N 个分词的情况，计算较复杂。维特比算法考虑分词仅与前一个分词相关，然后采用动态规划算法来解决最优分词问题。

5.5.2 中文分词算法

现有的中文分词方法可分为三大类，即基于字符串匹配的分词方法、基于理解的分词方法和基于统计的分词方法。

1. 基于字符串匹配的分词方法

基于字符串匹配的分词方法又称机械分词方法，它是按照一定的策略将待分析的句子（字符串）与一个“充分大的”机器词典中的词条进行匹配，若在词典中找到某个字符串，则匹配成功（识别出一个分词）。

按照扫描方向的不同，字符串匹配分词方法可以分为正向匹配和逆向匹配；按照不同长度优先匹配的情况，可以分为最大（最长）匹配和最小（最短）匹配；按照是否与词性标注过程相结合，可以分为单纯分词方法和分词与词性标注相结合的一体化方法。常用的机械分词方法包括正向最大匹配法（由左到右的方向）、逆向最大匹配法（由右到左的方向）和最少切分法（使每一句中切出的词数最小）等。

正向最大匹配法是从左到右将待分词文本中的几个连续字符与词典匹配，如果匹配上，则切分出一个词；如果没有匹配上，则缩短长度继续匹配，直到匹配成功或成为单字。逆向最大匹配法是指从右到左的方向进行最大匹配。

双向最大匹配法是将正向最大匹配法得到的分词结果和逆向最大匹配法得到的结果进行比较，从而决定正确的分词方法。由于汉语单字也可以成词，因此，实际上正向最小匹配和逆向最小匹配一般很少使用。一般说来，逆向匹配的切分精度略高于正向匹配，遇到的歧义现象也较少。

实际使用的分词系统，都是把机械分词作为一种初分手段，还须通过利用各种其他的语言信息来进一步提高切分的准确率。

2. 基于理解的分词方法

基于理解的分词方法即人工智能的方法。该方法是通过让计算机模拟人对句子的理解，达到识别词的效果。这种方法的基本思想就是在分词的同时进行句法、语义分析，利用句法信息和语义信息来处理歧义现象。它通常包括三个部分：分词子系统、句法语义子系统、总控部分。在总控部分的协调下，分词子系统可以获得有关词、句子等的句法和语义信息来对分词歧义进行判断，即它模拟了人对句子的理解过程。这种分词方法需要使用大量的语言知识和信息。由于汉语语言知识的笼统性、复杂性，难以将各种语言信息组织成机器可直接读取的形式，因此目前基于理解的分词系统难以实现。

3. 基于统计的分词方法

基于统计的分词方法是在给定大量已经分词的文本的前提下，利用统计原理、机器学习模型学习词语切分的规律（称为训练），从而实现对未知文本的切分。例如，最大概率分词方法和最大熵分词方法等。随着大规模语料库的建立、机器学习方法的研究和发展，基于统计的中文分词方法渐渐成为了主流方法。

目前主要的统计模型包括 N 元模型（N - gram），隐马尔可夫模型（hidden markov model，HMM），最大熵模型（ME）和条件随机场模型（conditional random fields，CRF）等。

N-Gram模型

在实际的应用中，基于统计的分词系统都需要使用分词词典来进行字符串匹配分词，同时使用统计方法识别一些新词，即将字符串频率统计和字符串匹配结合起来，既发挥了匹配分词切分速度快、效率高的特点，又利用了无词典分词结合上下文识别生词、自动消除歧义的优点。

衡量分词方法的主要指标包括准确率和分词速度等，但是每种方法都有各自的优缺点，表 5 - 1 将上述三类算法进行了简单的比较。

表 5 - 1　各种分词方法的比较

分词方法	基于字符串匹配的分词方法	基于理解的分词方法	基于统计的分词方法
准确度	一般	准确度高	比较准确
分词速度	快	慢	一般
新词识别	差	强	强
歧义识别	差	强	强
语料库	不需要	不需要	需要
规则库	不需要	需要	不需要
算法复杂度	容易	困难	一般

表 5 - 1 从准确度、分词速度、新词识别、歧义识别、语料库、规则库和算法复杂度这七个方面比较了基于字符串匹配的分词方法、基于理解的分词方法和基于统计的分词方法的不同。从表中可以看出，基于字符串匹配的分词方法比较容易实现，分词速度快，但是准确度一般，新词识别和歧义识别比较差；基于理解的分词方法准确度高，新词识别和歧义识别强，但是算法复杂，实现比较困难；基于统计的分词方法的准确度、分词速度、算法复杂度介于前两种算法之间。

此外，表 5 - 1 中的新词识别和歧义识别也是中文分词的两大难题。歧义识别是指同样的一句话，可能有两种或者更多的切分方法。例如，“表面的”这个短语，其中“表面”和“面的”都是词，因此，这个短语就可以切分为“表|面的”和“表面|的”，这就是一种歧义。由于计算机不能像人一样去理解知识，因此其也无法判断哪种切分方法正确。新词识别是指词典中都没有收录过，但又确实能称为词的那些词。如人名、机构名、地名、产品名、商标名和简称等。对于搜索引擎来说，分词系统中的新词识别十分重要。目前新词识别准确率已经成为评价一个分词系统好坏的重要标志之一。

5.5.3　MMSEG 分词算法

中文分词与以英文为代表的拉丁语系语言最大的差别在于常规的中文文本没有单词的边界，因此，中文的文本分词算法首先确定其基本单位——单词显得尤为重要。为了解决中文分词的问题，Chih - Hao Tsai 提出了 MMSEG 分词算法，该算法是一个简单、高效、实用的中文分词算法。

MMSEG 分词算法是一种基于字符串匹配的分词方法，其基本思想是通过匹配算法和词典进行匹配，再根据消歧规则将最终的分词结果输出。具体如图 5 - 24 所示。

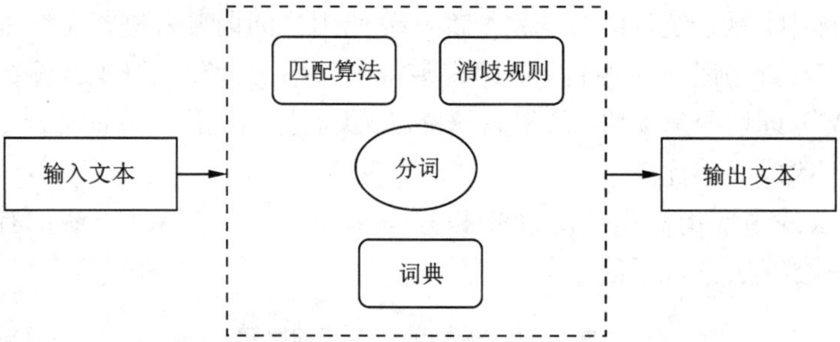

图 5 - 24 MMSEG 分词算法

从图 5 - 24 可以看出，MMSEG 分词算法每次从一个完整的句子里，按照从左向右的顺序，通过匹配算法识别出多种不同的组合，然后根据消歧规则，确定最佳的备选词组合。

1. 词典

MMSEG 分词算法有三种词典，即 chars. dic（汉字字典）、units. dic（中文单位词语）和 words. dic（自定义词典）。words. dic 主要用于存储自定义词条，作为新名词、专有词的判断。

2. 匹配算法

MMSEG 分词算法中的匹配算法采用简单最大匹配（simple maximum matching）和复杂最大匹配（complex maximum matching）两种算法。

简单最大匹配算法是指从带分词文本的左边开始，列出所有可能的分词结果。例如，“国际化大都市”的简单匹配算法的分词结果为：

国

国际

国际化

国际化大

…

复杂最大匹配算法是指从某一给定的字为起始位置，得到所有可能的“以三个词为一组”的所有组合，这也是算法的核心思想。例如，“研究大数据”的复杂最大匹配算法的分词结果为：

研|究|大

研|究|大数

研究|大|数

研究|大|数据

研究|大数|据

研究大|数|据

3. 消除歧义

MMSEG 分词算法根据汉语语言的基本成词习惯提出了四种歧义消除规则，依次使用这四个规则进行过滤，直到只有一种结果或者第四个规则使用完毕。这四种规则为：

规则 1：备选词组合的最大匹配规则(maximun matching)。

规则 2：备选词组合的平均词长最大规则(largrest average word length)。

规则 3：备选词组合的词长变化最小规则(small variance of word lengths)。

规则 4：备选词组合中，单字词的出现频率统计值最高(largest sum of degree of morphemic freedom of one - character words)(或者取单字词词频的自然对数，然后将得到的值相加，取总和最大的词)。

其中，备选词组合的最大匹配规则应用于简单最大匹配，就是选择长度最大的词；该规则应用于复杂最大匹配两种算法，就是选择“词组长度最大的”那个词组，然后将该词组作为切分出的第一个词。经过规则 1 过滤后，如果剩余的词组超过 1 个，则使用备选词组合的平均词长最大规则。平均词长的计算方法为：平均词长 = 词组总字数/词语数量。规则 3 中的词长变化最小可以利用标准差(standard deviation)作为计算依据。规则 4 中的单字词的出现频率统计值最高可以利用词频的自然对数，即 log(frequency)，通常直接利用 ln(frequency)进行计算。

这四个过滤规则中，如果使用简单最大匹配方法，则只能使用第一个规则过滤；如果使用复杂最大匹配方法，则四个规则都可以使用。实际使用中，一般都是使用复杂最大匹配方法 + 四个规则过滤。

下面以“研究大数据”的分词为例，分析其利用复杂最大匹配算法和四个规则过滤的分词过程。

首先，计算词的长度，具体如表 5 - 2 所示。

表 5 - 2　MMSEG 分词算法中的复杂最大匹配法

编号	分词结果	长度
1	研|究|大	3
2	研|究|大数	4
3	研究|大|数	4
4	研究|大|数据	5
5	研究|大数|据	5
6	研究大|数|据	5

根据规则 1，取备选词组合的最大匹配规则的分词结果，即编号为 4、5 和 6 的分词，命名为 C4、C5 和 C6。然后计算 C4、C5 和 C6 的平均词长，结果为：

average word length(C4) = average word length (研究|大|数据) = 5/3

average word length(C5) = average word length (研究|大数|据) = 5/3

average word length(C6) = average word length (研究大|数|据) = 5/3

根据规则 2，取备选词组合的平均词长最大的分词结果，C4、C5 和 C6 的平均词长相等，因此，选择 C4、C5 和 C6。然后利用标准差计算词长的变化，结果为：

Standard Deviation(C4) = Standard Deviation(研究|大|数据)

$$=\sqrt{\frac{(2-5/3)^2+(1-5/3)^2+(2-5/3)^2}{3}}=\sqrt{\frac{2}{9}}$$

Standard Deviation(C5) = Standard Deviation (研究|大数|据)

$$=\sqrt{\frac{(2-5/3)^2+(2-5/3)^2+(1-5/3)^2}{3}}=\sqrt{\frac{2}{9}}$$

Standard Deviation(C6) = Standard Deviation (研究大|数|据)

$$=\sqrt{\frac{\left(3-\frac{5}{3}\right)^2+\left(1-\frac{5}{3}\right)^2+\left(1-\frac{5}{3}\right)^2}{3}}=\sqrt{\frac{8}{9}}$$

根据规则 3，取备选词组合的词长变化最小的分词，因此，选择 C4 和 C5。然后计算备选词组合中，单字词的出现频率统计值。显然，C4 和 C5 都包含两个双字词和一个单字词，但是在日常生活中，“大”字的词频要高于“据”字，因此，依赖词频词典最终会选择 C4，即“研究|大|数据”作为备选分词结果。

5.5.4 常用中文分词工具

目前已经有很多开源的中文分词工具，包括 jieba、斯坦福 NLTK 分词工具、THULAC、SnowNLP、NLPIR 等工具，这些工具可以实现不同需求的中文分词。

1. jieba

jieba 分词是国内使用人数最多的中文分词工具，jieba 分词支持精确模式、全模式和搜索引擎模式。精确模式试图将句子最精确地切开，适合文本分析；全模式是把句子中所有的可以成词的词语都扫描出来；搜索引擎模式是在精确模式的基础上，对长词再次切分，提高召回率，适合用于搜索引擎分词。

jieba 分词工具自带了一个叫作 dict. txt 的词典，里面有 2 万多条词，包含了词条出现的次数(这个次数是基于人民日报语料等资源训练得出来的)和词性。

jieba 分词工具的基本流程是首先用正则表达式将中文段落粗略地分成一个个句子，然后将每个句子构造成有向无环图，并寻找最佳切分方案，最后对于连续的单字，采用 HMM 模型将其再次划分。

2. 斯坦福 NLTK 分词工具

斯坦福大学著名的 NLP(Natural Language Processing)小组提供了包括分词器(word segmenter)、命名实体识别工具(named entity recognizer)、词性标注工具(part-of-speech tagger)及句法分析器(parser)在内的一系列开源文本分析工具，为了更好地支持中文文本的分析处理，斯坦福 NLP 小组还提供了相应的中文模型。

斯坦福的 NLTK 分词工具依赖于一个线性条件随机场(conditional random fields，CRF 或 CRFs)模型，该模型将分词过程视为一个二元决策任务，使用字符标识 n - grams、形态和字符重叠三类特征。由于训练 CRF 模型非常耗时，虽然使用 CRF 模型实现的分词准确率很高，但是处理速度比较慢。

CRF 是一种经常应用于模式识别和机器学习领域的统计建模方法，其目的是用于结构化预测。它在自然语言处理中主要用于中文分词和词性标注等词法分析工作，也就是说，CRF 分词的原理就是把分词当作另一种形式的命名实体识别，利用特征建立概率图模型后，用相关算法求最短路径的过程。

3. THULAC

THULAC(THU lexical analyzer for Chinese)由清华大学自然语言处理与社会人文计算实验室研制推出的一套中文词法分析工具包，具有中文分词和词性标注功能。THULAC 具有如下几个特点：

(1)能力强。利用集成世界上规模最大的人工分词和词性标注中文语料库(约含 5800 万字)训练而成，模型标注能力强大。

(2)准确率高。该工具包在标准数据集 Chinese Treebank(CTB5)上分词的 F1 值可达 97.3%，词性标注的 F1 值可达 92.9%，与该数据集上最好方法效果相当。

(3)速度较快。同时进行分词和词性标注速度为 300 kB/s，每秒可处理约 15 万字；只进行分词则速度可达到 1.3 MB/s。

目前，THULAC 已经包含有 Java、Python 和 C ++ 等版本。

4. NLPIR

NLPIR 分词系统(前身为 2000 年发布的 ICTCLAS 词法分析系统)，是由北京理工大学张华平博士研发的中文分词系统，经过十余年的不断完善，拥有丰富的功能和强大的性能。NLPIR 是一整套对原始文本集进行处理和加工的软件，提供了中间件处理效果的可视化展示，也可以作为小规模数据的处理加工工具。主要功能包括中文分词、词性标注、命名实体识别、用户词典、新词发现与关键词提取等功能。

5. SnowNLP

SnowNLP 是一个 Python 的类库，可以处理中文文本分词。SnowNLP 可以实现中文分词、词性标注的文本分析，还可以实现情感分析、文本分类、转换成拼音、繁简转换、文本关键词和文本摘要提取、文本相似度计算、计算文档词频和逆向文档频率等功能。

除了以上几种典型的中文分词工具外，还有新加坡科技设计大学开发的 ZPar 中文分词器，中科院张华平老师和刘群老师研制的 FreeICTCLAS 分词工具 Coreseek. com 为 Sphinx 全文搜索引擎设计的 LibMMSeg 中文分词软件包等分词工具。

5.5.5　网页分析算法

网络爬虫爬取了相应的网页后，会将网页存储到服务器的原始数据库中，然后爬虫程序尤其是搜索引擎将会对这些网页进行分析并确定各网页的重要性，从而确定网页的优先级和用户检索结果的网页排名。

常用的网页分析算法包括基于用户行为的网页分析算法、基于网络拓扑的网页分析算法及基于网页内容的网页分析算法等。

基于用户行为的网页分析算法会依据用户对这些网页的访问行为，对这些网页进行评价。用户行为包括用户对网页的访问频率、用户对网页的访问时长、用户的单击率等信息对网页进行综合评价。

基于网络拓扑的网页分析算法是根据网页的链接关系、结构关系、已知网页或数据等对网页进行分析的一种算法。常见的基于网络拓扑的网页分析算法包括基于网页粒度的分析算法、基于网站粒度的分析算法和基于网页块粒度的分析算法。

PageRank 和 HITS 算法是最常见的基于网页粒度的分析算法。PageRank 算法是 Google 搜索引擎的核心算法，PageRank 算法是根据网页之间的链接关系对网页的权重进行计算，并可以依靠这些计算出来的权重，对网页进行排名。PageRank 算法的关键是计算网页的 *PR* 值，假如页面 A 被另一个页面 P_i 引用，可以看成 P_i 推荐页面 A，P_i 将其重要程度(*PR* 值)平均分配给 P_i 所引用的所有页面。因此引用页面 A 的页面越多，则页面 A 获得的 *PR*(A)越值越高，根据相关文献，网页 A 的 *PR* 值的计算公式为：

$$PR(\mathrm{A}) = (1 - d) + d\sum_{i=1}^{n} \frac{PR(P_i)}{C(P_i)}$$

其中，$PR(P_i)$为页面 P_i 的 *PR* 值；d 为阻尼系数，由于某些页面没有入链接或者出链接，无法计算 PageRank 值，为避免这个问题而设定阻尼系数，通常指定为 0.85；$C(P_i)$为页面 P_i 链出的链接数量。

HITS 算法认为绝大多数用户访问时带有目的性，即网页和链接与查询主题的相关性。针对这个问题，HITS 算法提出对每一个网页利用内容权威度(authority)和链接权威度(hub)分别进行网页质量评估。内容权威度与网页自身直接提供内容信息的质量相关，被越多网页所引用的网页，其内容权威度越高；链接权威度与网页提供的超链接页面的质量相关，引用越多高质量页面的网页，其链接权威度越高。因此，HITS 算法的基本思想是根据一个网页的入度(指向此网页的超链接)和出度(从此网页指向别的网页)来衡量网页的重要性。在限定范围之后根据网页的出度和入度建立矩阵，通过矩阵的迭代运算和定义收敛的阈值不断对 authority 和 hub 值进行更新直至收敛。大量的实验数据表明，HITS 的排名准确性要比 PageRank 高，HITS 算法的设计符合网络用户评价网络资源质量的普遍标准，因此能够为用户更好地利用网络信息检索工具访问互联网资源带来便利。

基于网站粒度的分析算法的关键在于站点的划分和站点等级(SiteRank)的计算。SiteRank 的计算方法与 PageRank 类似，但是需要对网站之间的链接作一定程度抽象，并在一定的模型下计算链接的权重。网站粒度的资源发现和管理策略比网页粒度更简单有效，但是基于网站粒度的分析算法的精确度不如基于网页粒度的分析算法。

基于网页块粒度的分析算法也是根据网页间链接关系进行计算的，但计算规则有所不同。在一个页面中，往往含有多个指向其他页面的链接，这些链接中只有一部分是指向主题相关网页的，或者说，这些外部链接对该网页的重要程度是不一样的，但是，在 PageRank 和 HITS 算法中，没有对这些链接作区分，因此常常给网页分析带来广告等噪声链接的干扰。而基于网页块粒度进行分析将对一个网页中的这些外部链接划分层次，不同层次的外部链接对于该网页来说，其重要程度不同。这种算法的分析效率和准确率，会比传统的算法好一些。

基于网页内容的网页分析算法是指利用网页内容(文本、数据等资源)特征对网页进行评价。最常用的算法是基于词频统计或词位置加权的网页分析算法，这种算法是早期搜索引擎的重要排序算法。算法的基本思想是关键词在网页中词频越高，出现的位置越重要，则被认为和检索词的相关性越好。TF/IDF(term frequency/inverse document frequency)算法是经典的基于词频统计的网页分析算法，算法通过统计单文本词汇频率和逆文本频率指数来进行网页排序。

随着互联网技术的飞速发展，多媒体数据、Web Service 等各种网络资源形式也日益丰富。因此，基于网页内容的分析算法也从原来的较为单纯的文本检索方法，发展为涵盖网页数据抽取、机器学习、数据挖掘、语义理解等多种方法的综合应用。目前基于网页内容的网页分析算法包括针对以文本和超链接为主的无结构或结构很简单的网页分析算法和针对从结构化的数据源(如 RDBMS)动态生成的页面的网页分析算法。

5.6　小结

大数据时代的来临使得网络爬虫成为从网络自动抓取信息最常见且有效的方法。本章首先介绍了网络爬虫的相关技术概念、包括网络爬虫的概念、网络爬虫的策略、网页更新策略、网络爬虫方法以及常用的网络爬虫工具；然后介绍了 Python 相关的爬虫技术并给出了爬虫实例；最后介绍了对于文本数据的处理相关技术，尤其是中文分词相关技术。

习　题

1. 什么是网络爬虫？网络爬虫一般应用于哪些方面？
2. 常用网络爬虫的抓取策略有哪些？
3. 常用网页更新策略有哪些？
4. 常用网页分析算法有哪些？
5. 简述通用网络爬虫的工作过程。
6. 什么是聚焦网络爬虫？
7. 分布式网络爬虫按通信方式分为哪几种方式？
8. Python 的 Urllib 库包括哪些模块？各自可以完成哪些功能？
9. 简述 BeautifulSoup 库的作用。
10. 中文分词算法包括哪些？

第 6 章　数据预处理技术

数据采集获得的数据往往存在缺失值、含有噪声以及数据不一致等问题，这些数据无法直接进行数据分析和数据挖掘，或挖掘结果差强人意。为了提高数据挖掘的质量，产生了数据预处理技术。本章主要介绍数据预处理的相关技术，包括数据清理、数据集成、数据变换和数据归约等技术。

6.1　数据的描述

数据预处理前，需要准备好数据并了解数据的属性、属性的数据值、数据值的分布和可视化观察数据的方法等。洞察数据将有助于后续的数据分析。

6.1.1　数据对象与属性类型

数据集由数据对象组成，一个数据对象代表一个实体。例如，在大学的数据库中，对象可以是学生、教授或课程。通常，数据对象用来描述属性。数据对象又称样本、实例、数据点或对象。如果数据对象存放在数据库中，则它们是数据元组。也就是说，数据库的行对应于数据对象，而列对应于属性。

属性是一个数据字段，表示数据对象的一个特征。在很多文献中，属性、维、特征和变量可以互换使用。术语“维”一般用在数据仓库中；机器学习文献更倾向于使用术语“特征”；而统计学家则更愿意使用术语“变量”；数据挖掘和数据库的专业人士一般使用术语“属性”。

一个属性的类型由该属性可能具有的值的集合决定。属性可以是标称的、二元的、序数的或数值的。

1. 标称属性

标称属性的值是一些符号或事物的名称。每个值代表某种类别、编码或状态。这些值不必是有意义的序。在计算机科学中，这些值也被看作是枚举的。

例如，个人信息数据中的两个属性：头发颜色和婚姻状况。头发颜色的可能值为黑色、棕色、淡黄色、红色、赤褐色、灰色和白色。婚姻状况的取值可以是单身、已婚、离异和丧偶。头发颜色和婚姻状况都是标称属性。

尽管标称属性的值是一些符号或“事物的名称”，但是可以用数表示这些符号或名称。例如，对于婚姻状况，我们可以指定代码 0 表示单身，1 表示已婚等。然而，标称属性的数学运算没有意义。因为标称属性值并不是有意义的序，并且不是定量的，因此，给定一个对象集，找出这种属性的均值(平均值)或中位数(中值)没有意义。然而,寻找这种属性最常出现的值是有意义的,这个值称为众数(mode),是一种中心趋势度量。我们将在6.1.2节介绍中心趋势度量。

2. 二元属性

二元属性属于一种标称属性,它只有两个类别或状态:0或1,其中0通常表示该属性不出现,而1表示出现。二元属性又称布尔属性,如果两种状态对应于true和false的话。

如果二元属性的两种状态具有同等价值并且携带相同的权重,即关于哪个结果应该用0或1编码并无偏好,则称二元属性是对称的。例如,个人信息数据中的性别属性,其属性只有男或女两种状态的属性。

如果二元属性的状态结果不是同样重要的,则称二元属性是非对称的。例如,艾滋病病毒(HIV)化验的阳性和阴性结果。通常用1表示最重要的结果编码(如HIV阳性),而另一个用0编码(如HIV阴性)。

3. 序数属性

序数属性是一种属性,其可能的值之间具有有意义的序或秩评定,但是相继值之间的差是未知的。

例如,成绩属性可能具有A、B、C、D等序数属性;个人信息数据中的职称数据可能具有教授、副教授、讲师等序数属性。

序数属性的中心趋势可以用它的众数和中位数(有序序列的中间值)表示,但不能定义均值。

标称、二元和序数属性都是定性的。即它们描述对象的特征,而没有给出实际大小或数量。

4. 数值属性

数值属性是定量的,即它是可度量的量,用整数或实数值表示。数值属性可以是区间标度的或比率标度的。

区间标度属性用相等的单位尺度度量。区间属性的值有序,可以为正、零或负。因此,除了值的秩序评定之外,这种属性允许比较和定量评估值之间的差。

例如,温度属性是一种区间标度属性。温度值可以排序,还可以量化不同值之间的差。温度30℃比20℃高出10℃。此外,还可以看出,区间标度属性可以计算均值、中位数和众数。

比率标度属性是具有固有零点的数值属性。也就是说,如果度量是比率标度的,则可以说一个值是另一个的倍数(或比率)。比率标度属性可以计算值之间的差、均值、中位数和众数。例如,如工作年限属性、度量重量属性和货币量等属性。

5. 离散属性与连续属性

机器学习领域开发的分类算法通常把属性分成离散的或连续的。离散属性具有有限或无限可数个值，可以用或不用整数表示。例如，头发颜色属性有 7 种取值情况；二元属性取 0 和 1；年龄属性取 0 到 110 等。

如果属性不是离散的，则它便是连续的。在经典意义下，连续值是实数，而数值可以是整数或实数；在实践中，实数值用有限位数字表示，连续属性一般用浮点变量表示。

6.1.2 数据的统计描述

洞察数据的全貌对于数据预处理而言是至关重要的。数据的统计描述可以用来识别数据的性质，了解数据的分布。通常可以利用均值、中位数、众数和中列数来度量数据分布的中部或中心位置；利用数据的极差、分位数以及数据的方差和标准差来了解数据的分布情况。还可以利用图形来可视化地审视数据。

1. 中心趋势度量：均值、中位数和众数

一个数据集的大部分值落在何处，反映了数据的中心趋势的思想。中心趋势度量包括均值、中位数、众数和中列数。

数据集“中心”最常用、最有效的数值度量是(算术)均值。假设数据集 X，令 x_1, x_2, …, x_N 为 X 的 N 个观测值，则其均值为：

$$E(X) = \overline{X} = \frac{\sum_{i=1}^{N} x_i}{N} = \frac{x_1 + x_2 + \cdots + x_N}{N} \tag{6-1}$$

在实际应用中，对于 $i=1, 2, \cdots, N$，每个值 x_i 可以与一个权重 w_i 相关联。权重反映它们所依附的对应值的意义、重要性或出现的频率，则其加权算术均值或加权平均为：

$$\overline{X} = \frac{\sum_{i=1}^{N} w_i x_i}{\sum_{i=1}^{N} w_i} = \frac{w_1 x_1 + w_2 x_2 + \cdots + w_N x_N}{w_1 + w_2 + \cdots + w_N} \tag{6-2}$$

均值是描述数据集的最有用的数据统计描述，但它并非总是度量数据中心的最佳方法。例如，一个班的考试平均成绩可能被少数很低的成绩拉低一些。为了抵消少数极端值的影响，可以使用截尾均值。截尾均值是丢弃高低极端值后的均值。

对于倾斜(非对称)数据，数据中心的更好度量是中位数。中位数是有序数据的中间值。它是可以把数据较高的一半与较低的一半分开的值。

在概率论与统计学，中位数一般用于数值数据。然而，可以把这一概念推广到序数数据。假设给定某属性 X 的 N 个值按递增序排序。如果 N 是奇数，则中位数是该有序集的中间值；如果 N 是偶数，则中位数不唯一，它是最中间的两个值和它们之间的任意值。在 X 是数值属性的情况下，根据约定，中位数取作最中间两个值的平均值。

当观测的数量很大时，中位数的计算开销很大。然而，对于数值属性，可以利用插值计算整个数据集的中位数的近似值。假定数据根据它们的 x_i 值划分成区间，并且已知每个区间的频率(即数据集中值的个数)，令包含中位数频率的区间为中位数区间。可以使用如下公式计算整个数据集的中位数的近似值：

$$median = L_1 + \left[\frac{\frac{N}{2} + (\sum freq)_l}{freq_{median}} \right] \text{width} \tag{6-3}$$

其中，L_1 是中位数区间的下界；N 是整个数据集中值的个数；$(\sum freq)_l$ 是低于中位数区间的所有区间的频率和；$freq_{median}$ 是中位数区间的频率；width 是中位数区间的宽度。

众数(mode)是另一种数据的中心趋势度量。数据集的众数是集合中出现最频繁的值。因此，可以对定性和定量属性确定众数。可能最高频率对应多个不同值，导致多个众数。具有一个、两个、三个众数的数据集合分别称为单峰(unimodal)数据集、双峰(bimodal)数据集和三峰(trimodal)数据集。一般地，具有两个或更多众数的数据集是多峰(multimodal)数据集。在另一种极端情况下，如果每个数据值仅出现一次，则它没有众数。

对于适度倾斜(非对称)的单峰数值数据，存在下面的经验关系：

$$mean - mode \approx 3 \times (mean - median) \tag{6-4}$$

式(6-4)表明，如果均值和中位数已知，则适度倾斜的单峰频率曲线的众数可以近似计算。

中列数(midrange)也可以用来评估数值数据的中心趋势。中列数是数据集的最大值和最小值的平均值。

在具有完全对称的数据分布的单峰频率曲线中，均值、中位数和众数都是相同的中心值；在大部分实际应用中，数据都是不对称的，它们可能是正倾斜的，众数出现在小于中位数的值上；或者是负倾斜的，众数出现在大于中位数的值上，如图 6-1 所示。

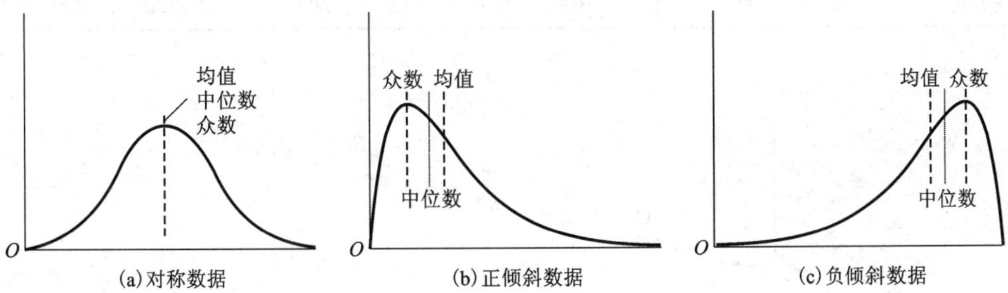

图 6-1　对称、倾斜数据的中位数、均值和众数

2. 度量数据散布：极差、分位数、方差和标准差

对于一个数据集，可以利用极差、分位数、方差和标准差等考察评估数值类型数据散布或发散的度量。

设 $x_1, x_2, \cdots, x_N$ 是某数值属性 X 上的观测的集合。该集合的极差(range)是最大值与最小值之差。

分位数(quantile)是取自数据分布的每隔一定间隔上的点，把数据划分成基本上大小相等的连贯集合。2 分位数是 1 个数据点，它把数据分布划分成高低两半，2 分位数对应于中位数。4 分位数是 3 个数据点，它们把数据分布划分成 4 个相等的部分，使得每部分表示数据分布的四分之一，通常称它们为四分位数(quartile)。100 分位数通常称为百分位数

(percentile)，它们把数据分布划分成100个大小相等的连贯集。中位数、四分位数和百分位数是使用最广泛的分位数。

方差与标准差是数据散布的度量方法，它们指出数据分布的散布程度。低标准差意味数据观测趋向于靠近均值，而高标准差表示数据散布在一个大的值域中。拥有 N 个观测值 x_1，x_2，…，x_N 的数值属性 X 的方差(variance)是：

$$\sigma^2 = \frac{1}{N}\sum_{i=1}^{N}(x_i - \bar{x})^2 = \frac{1}{N}\sum_{i=1}^{N}x_i^2 - \bar{x}^2 \tag{6-5}$$

其中，$\bar{x}$ 是观测的均值。观测值的标准差(standard deviation) σ 是方差 σ^2 的平方根。

作为数据发散性的度量，标准差 σ 关于均值的发散，仅当选择均值作为中心度量时使用。仅当不存在发散时，即当所有的观测值都具有相同值时，$\sigma=0$；否则，$\sigma>0$。

3. 数据的图形描述

数据基本统计的图形描述，包括分位数图、直方图和散点图。分位数图、直方图显示一元分布(即涉及一个属性)，而散点图显示二元分布(即涉及两个属性)。

分位数图(quantile plot)是一种观察单变量数据分布的简单有效方法。表6-1给出了某部门的销售数据，将此数据集按照单价进行四分位数处理，则其分位数图如图6-2所示。

表6-1　某部门销售数据

单价/美元	40	43	47	…	74	75	78	…	115	117	120
销售数量/个	275	300	250	…	360	515	540	…	320	270	350

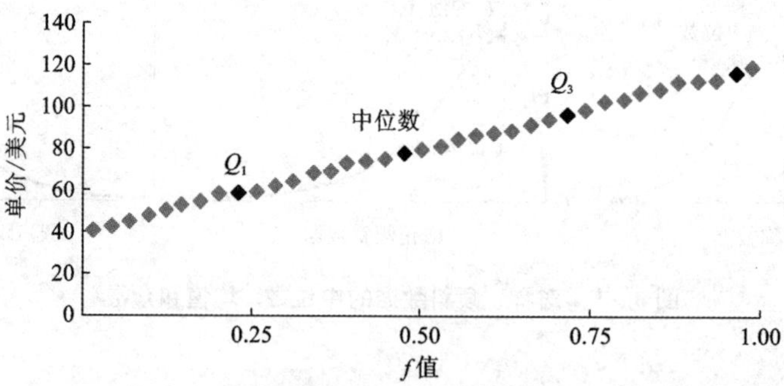

图6-2　单价数据的四分位图

图6-2中，百分比0.25对应于四分位数 Q_1，百分比0.50对应于中位数，而百分比0.75对应于 Q_3。图中单价数据以相同的步长 $1/N$ 递增，单价数据对应分位数画出。

直方图(histogram)或频率直方图(frequency histogram)是广泛使用数据图形的统计描述。直方图是一种概括给定属性 X 的分布的图形方法。

如果数据集 X 是数值的，则将 X 的值域划分成不相交的连续子域。子域称作桶(bucket)或箱(bin)，是 X 的数据分布的不相交子集。桶的范围称作宽度，通常桶是等宽的。例如，可将表6-1的单价属性划分成子域40~59，60~79，80~99等。对于每个子域，画一个柱形条，其高度表示在该子域观测到的商品的计数，如图6－3所示。

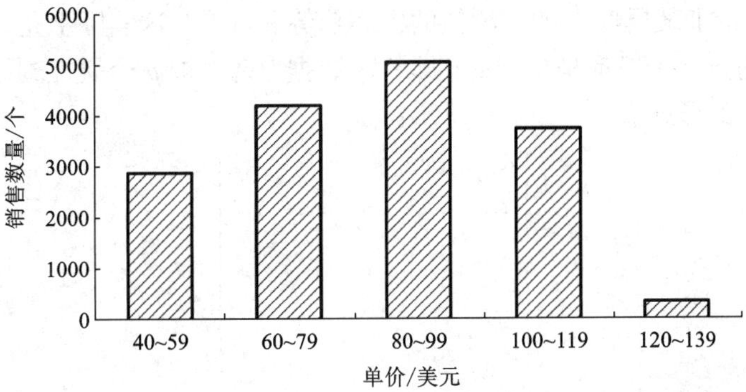

图6－3　数据的直方图

直方图被广泛使用，但是对于单变量观测组，它可能不如其他的图形表示方法有效。

散点图(scatter plot)是确定两个数值变量之间看上去是否存在联系的最有效的图形方法之一。为构造散点图，每个值对视为一个代数坐标对，并作为一个点画在平面上。散点图是一种观察双变量数据的方法，用于观察点簇和孤立点，或考察相关联系的可能性。例如，将图6－2的数据集中的单价作为横坐标，销售数量作为纵坐标，则其散点图如图6－4所示。

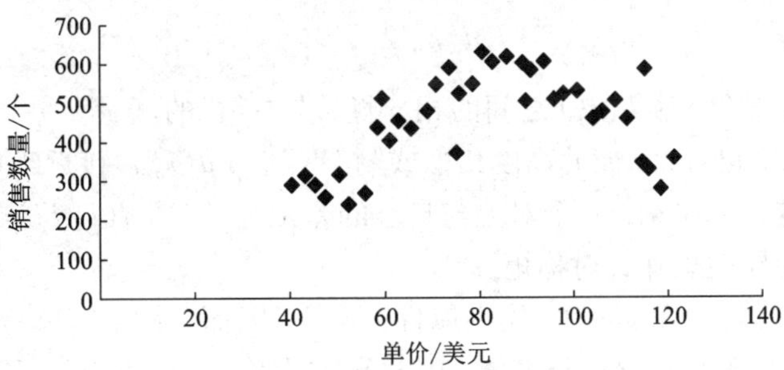

图6－4　数据的散点图

综上所述，基本数据描述(如中心趋势度量和散布度量)和图形统计显示(如直方图和散点图)提供了数据总体情况的有价值的洞察。由于有助于识别噪声和孤立点，所以它们对于数据清理特别有用。

6.1.3　数据相似性和相异性的度量方法

在聚类、孤立点分析和分类等数据挖掘应用中，需要评估数据对象之间相似程度和不相似程度。例如，聚类中，簇是数据对象的集合，同一个簇中的对象互相相似，而与其他簇中的对象相异。数据对象的相似性可以用于最近邻分类，对给定的对象基于它与模型中其他对象的相似性赋予一个类标号(例如，根据患者的病理数据诊断结论)。

相似性和相异性都称邻近性(proximity)。相似性和相异性是有关联的。典型地，如果两个对象 X_i 和 X_j 不相似，则它们的相似性度量将返回0。相似性值越高，对象之间的相似性越大。相异性度量正好相反，如果对象相同，则它返回值0；相异性值越高，两个对象越相异。本节将给出不同属性类型的对象的相似性和相异性的度量方法。

6.1.2 节中讨论了某属性 X 的观测值的中心趋势和散布，这实际上是数据的单个属性的刻画。现实世界的数据一般都是多维的，即 n 个数据对象，被 p 个属性刻画。对于多维数据一般采用数据矩阵的形式表示，如下式所示：

$$\begin{bmatrix} x_{11} & \cdots & x_{1f} & \cdots & x_{1p} \\ \cdots & \cdots & \cdots & \cdots & \cdots \\ x_{i1} & \cdots & x_{if} & \cdots & x_{ip} \\ \cdots & \cdots & \cdots & \cdots & \cdots \\ x_{n1} & \cdots & x_{nf} & \cdots & x_{np} \end{bmatrix} \tag{6-6}$$

式(6－6)用关系表的形式或 $n \times p$(n 个对象，p 个属性)矩阵存放 n 个数据对象，这称为数据矩阵或称对象—属性结构。其中每行对应于一个对象，每列对应于对象的某一个属性。

根据式(6－6)，n 个对象两两之间的相异性矩阵(或称对象—对象结构)为：

$$\begin{matrix} 0 & & & & \\ d(2,1) & 0 & & & \\ d(3,1) & d(3,2) & 0 & & \\ \vdots & \vdots & \vdots & \vdots & \vdots \\ d(n,1) & d(n,2) & \cdots & \cdots & 0 \end{matrix} \tag{6-7}$$

其中，$d(i, j)$是对象 i 和对象 j 之间的相异性或“差别”的度量。一般而言，$d(i, j)$是一个非负的数值，对象 i 和对象 j 彼此高度相似或“接近”时，$d(i, j)$接近于0；而对象 i 和对象 j 越不同，$d(i, j)$值越大。注意，一个对象与自己的差别为0，即 $d(i, i) = 0$。此外，$d(i, j) = d(j, i)$，也就是说相异性矩阵式对称矩阵。

据矩阵由即行(代表对象)和列(代表属性)组成，因而，数据矩阵经常被称为二模(two mode)矩阵。相异性矩阵只包含一类实体，因此被称为单模(one mode)矩阵。许多聚类和最近邻算法都在相异性矩阵上运行，因此，在使用这些算法之前，可以把数据矩阵转化为相异性矩阵。

(1)标称属性相似性和相异性的度量。

标称属性可以取两个或多个状态。假设一个标称属性的状态数目是 M，则标称数据对象 i 和标称数据对象 j 之间的相异性可以根据不匹配率来计算：

$$d(i, j) = \frac{p - m}{p} \tag{6-8}$$

其中，m 是匹配的数目(即对象 i 和对象 j 取值相同状态的属性数)；p 是对象的属性总数。

根据式(6－8)，标称数据对象 i 和标称数据对象 j 之间的相异性计算公式如下：

$$sim(i, j) = 1 - d(i, j) = \frac{m}{p} \tag{6-9}$$

(2)二元属性相似性和相异性的度量。

二元属性即它只有两种状态：0或1，其中0表示该属性不出现，1表示出现。采用数值数据的方法来处理二元属性会产生错误。因此，要采用特定的方法来计算二元数据的相异性。如果所有的二元都被看做具有相同的权重，则可以得到一个两行两列的列联表，如表6-2所示。

表6-2　二元属性的列联表

	对象 j			
		1	0	sum
对象 i	1	q	r	$q+r$
	0	s	t	$s+t$
	sum	$q+s$	$r+t$	p

表6-2中，q 是对象 i 和对象 j 都取1的属性数，r 是在对象 i 中取1、对象 j 中取0的属性数，s 是在对象 i 中取0、对象 j 中取1的属性数，而 t 是对象 i 和对象 j 都取0的属性数。属性的总数是 p，其中 $p=q+r+s+t$。

根据式(6-8)，对于所有的二元都被看做具有相同的权重的二元属性(又称对称二元属性)，对象 i 和对象 j 的相异性公式为：

$$d(i,j)=\frac{r+s}{q+r+s+t} \tag{6-10}$$

对于非对称的二元属性，即两个状态不是同等重要的；如病理化验的阳性(1)和阴性(0)结果。给定两个非对称的二元属性，两个都取值1的情况(正匹配)被认为比两个都取值0的情况(负匹配)更有意义。因此，这样的二元属性经常被认为是"一元的"(只有一种状态)。基于这种属性的相异性被称为非对称的二元相异性，其中负匹配数 t 被认为是不重要的，因此在计算时被忽略，具体计算公式为：

$$d(i,j)=\frac{r+s}{q+r+s} \tag{6-11}$$

由此可以得出，非对称的二元属性数据的相似性计算公式为：

$$sim(i,j)=\frac{q}{q+r+s}=1-d(i,j) \tag{6-12}$$

式(6-12)被称为Jaccard系数，这是一种被广泛使用的相似性计算方法。

(3)数值属性相似性和相异性的度量。

数值属性相似性和相异性的度量包括欧几里得距离、曼哈顿距离和闵可夫斯基距离等方法。

最流行的距离度量是欧几里得距离。令数值属性对象 $i=(x_{i1},x_{i2},\cdots,x_{ip})$ 和数值属性对象 $j=(x_{j1},x_{j2},\cdots,x_{jp})$ 具有 p 个数值属性的刻画，则对象 i 和对象 j 之间的欧几里得距离为：

$$d(i,j)=\sqrt{(x_{i1}-x_{j1})^2+(x_{i2}-x_{j2})^2+\cdots+(x_{ip}-x_{jp})^2} \tag{6-13}$$

对象 i 和对象 j 之间的曼哈顿距离为：

$$d(i,j)=|x_{i1}-x_{j1}|+|x_{i2}-x_{j2}|+\cdots+|x_{ip}-x_{jp}| \tag{6-14}$$

对象 i 和对象 j 之间的闵可夫斯基距离为：

$$d(i,j)=\sqrt[h]{(x_{i1}-x_{j1})^h+(x_{i2}-x_{j2})^h+\cdots+(x_{ip}-x_{jp})^h} \tag{6-15}$$

其中，h 是实数，$h \geq 1$。这种距离又称 L_p 范数，其中 p 就式(6-14)中的 h。当 $p=1$ 时，它表示曼哈顿距离（又称为 L_1 范数）；当 $p=2$ 表示欧几里得距离（又称为 L_2 范数）。

(4)混合类型属性相似性和相异性的度量。

现实的数据库中，对象通常是被混合类型的属性描述的，也就是说，数据对象可能包含标称属性、二元属性、数值属性等多种类型甚至所有类型属性。

对于混合类型属性的相似性和相异性度量方法，一种有效的方法是将不同的属性组合在单个相异性矩阵中，把所有有意义的属性转换到共同的区间[0.0, 1.0]上。

假设数据集包含 p 个混合类型的属性，混合数据对象 i 和对象 j 之间的相异性的定义为：

$$d(i,j)=\frac{\sum_{f=1}^{p}\delta_{ij}^{(f)}d_{ij}^{(f)}}{\sum_{f=1}^{p}\delta_{ij}^{(f)}} \tag{6-16}$$

其中，如果 x_{if} 或 x_{jf} 缺失（即对象 i 和对象 j 没有属性 f 的度量值），或者 $x_{if}=x_{jf}=0$，并且属性 f 是非对称的二元属性，则 $\delta_{ij}^{(f)}=0$；否则，$\delta_{ij}^{(f)}=1$。属性 f 对数据对象 i 和对象 j 之间相异性的贡献 $d_{ij}^{(f)}$ 根据属性类型的计算为：

①如果 f 为数值属性，则 $d_{ij}^{(f)}=\frac{|x_{if}-x_{jf}|}{\max_h x_{hf}-\min_h x_{hf}}$，其中 h 遍取属性 f 的所有非缺失对象。

②如果 f 为对称或二元属性，如 $x_{if}=x_{jf}$，则 $d_{ij}^{(f)}=0$；否则 $d_{ij}^{(f)}=1$。

这种计算方法与各种单一属性类型的处理方法类似。唯一的不同是对于数值属性的处理，即将变量规范化映射到了区间[0.0, 1.0]。这样，即便描述对象的属性具有不同类型，对象之间的相异性也能够进行计算。

(5)文档相似性和相异性的度量。

文档用数以千计的属性表示，每个记录文档中一个特定词（如关键词）或短语的频度。这样，每个文档都被一个所谓的词频向量（term frequency vector）表示，如表 6-3 所示。

表 6-3 词频向量文档

文档	team	coach	hockey	baseball	soccer	score	win	loss	season
1	5	0	3	0	2	0	2	0	0
2	3	0	2	0	1	0	1	0	1
3	0	7	0	2	1	0	3	0	0

从表 6-3 可以看出。词频向量通常很长，并且是稀疏的（即表中很多项的值为 0）。实际应用中，信息检索、文本文档聚类、生物学分类和基因特征映射常使用这种数据结构。对于这类稀疏的数值数据，传统的距离度量效果并不好。例如，两个词频向量可能有很多公共的

0值，意味对应的文档许多词是不共有的，而这使得它们不相似。因此，需要一种关注两个文档共有的词，以及这种词出现的频率的度量方法。也就是说，需要关注“0”匹配的度量方法。

余弦相似性可以用来比较文档，或针对给定的查询词向量对文档排序。令 X 和 Y 是两个向量，余弦相似性度量公式为：

$$sim(X, Y) = \frac{X \cdot Y}{\|X\|\|Y\|} \tag{6-17}$$

其中，$\|X\|$是向量 $X=(x_1, x_2, \cdots, x_p)$的欧几里得距离，从概念上讲，它就是向量的长度；$sim(X, Y)$计算的是向量 X 和 Y 的夹角余弦。余弦值为0意味两个向量呈90°夹角（正交），没有匹配。余弦值越接近于1，夹角越小，向量之间的匹配越大。

根据表6-2，可以计算出文档1和文档2的余弦相似性。其中 $X \cdot Y = 5 \times 3 + 0 \times 0 + \cdots + 0 \times 1 = 25$，文档1的长度$\|X\| = 6.48$，文档2的长度$\|Y\| = 4$，因此，$sim(X, Y) = 0.96$。

总之，数据集由数据对象组成，数据对象用属性描述，属性可以是标称的、二元的或数值的等。对象相似性和相异性度量广泛应用于聚类、孤立点分析、最近邻分类等数据挖掘应用中。

6.2 数据预处理概述

现实世界的数据库极易受噪声、缺失值和不一致数据的侵扰。低质量的数据将导致低质量的挖掘结果。如何对数据进行预处理，提高数据质量，从而提高挖掘结果的质量呢？

数据预处理（data preprocess）是指在对数据进行挖掘以前，需要先对原始数据进行清理、集成、变换以及归约等一系列处理工作，以达到数据挖掘算法进行知识获取所要求的最低规范和标准。

数据预处理中的数据清理可以用来清除数据中的噪声，纠正不一致。数据集成将数据由多个数据源合并成一个一致的数据存储，如数据仓库。数据归约可以通过如聚集、删除冗余特征或聚类来降低数据的规模。数据变换（如规范化）可以用来把数据压缩到较小的区间，如0.0~1.0，从而提高涉及距离度量的挖掘算法的准确率和效率。这些技术不是相互排斥的，而是可以一起使用。例如，数据清理可能涉及纠正错误数据的变换，如通过把一个数据字段的所有项都变换成公共格式进行数据清理。

本章第一节学习了不同的数据类型，以及如何使用基本统计描述来研究数据的特征。这些有助于识别不正确的值和孤立点，在数据清理和数据集成阶段是有用的。在挖掘之前使用这些数据预处理技术，可以显著地提高挖掘模式的总体质量，减少实际挖掘所需要的时间。本节将介绍数据预处理常用技术。

6.2.1 数据质量

数据为满足其规范和标准，必须提高数据质量。因此，数据质量依赖于数据的应用需求。对于给定的数据，两个不同的用户可能有完全不同的评估。评估数据质量的参数指标包括准确性、完整性、一致性、时效性、可信选和可解释性。然而，在当今的大数据时代，含噪音的、值丢失的和不一致的数据是现实世界大数据的共同特点。

导致数据不正确的（即具有不正确的属性值）可能的原因有很多，如收集数据的设备出现故障；人或计算机的错误导致数据输入时出错；当用户不希望提交个人信息时，故意向强制输入字段输入不正确的值，这些称之为被掩盖的缺失数据。错误也可能在数据传输时出现，这些错误的原因可能是传输技术本身的缺陷，比如用于数据迁移的缓存区大小的限制。不正确的数据也可能是由命名约定或所用的数据代码不一致，或输入字段的格式不一致导致的。

导致不完整数据出现的原因也有很多，比如有些感兴趣的属性数据，并非总是可以得到；有些数据没有包含在内，可能只是输入时认为这些是不重要的数据；相关数据没有记录可能是由于理解错误，或者因为设备故障；与其他记录不一致的数据可能已经被删除。此外，历史数据或者修改过的数据容易被忽略。缺失的数据，特别是某些属性的缺失值元组，可能需要推导或者相关算法填补。

时效性也是评估数据质量的一个重要参数。比如，某大型汽车销售企业的月销量数据统计分析。由于某些销售子公司未能在月底及时提交其月销售数据，在下个月初的一段时间内，存放在数据库中的数据就不完整。然而，一旦所有数据都被接受，数据就是正确的。

影响数据质量的另外两个因素是可信性和可解释性。可信性是指数据是否被用户信赖。可解释性是指数据是否容易理解。比如上面提到的月销售数据，月底的数据是不值得信赖的，月初更新的数据才是准备的数据。另外，很多会计部门的数据编码，其他部门并不知道如何解释它们。所以即使数据是正确的、完整的、一致的、及时的，但因很差的可信性和可解释性，用户仍然可能认为数据质量较低。

6.2.2 数据预处理的主要任务

数据预处理的任务就是使残缺的数据完整，并将错误的数据纠正、多余的数据去除，进而将所需的数据挑选出来，为数据挖掘内核算法提供干净、准确、更有针对性的数据，从而减少挖掘的数据处理量，提高挖掘效率，并提高知识发现的起点和知识的准确度。

数据预处理任务包括数据清洗、数据集成、数据变换与数据归约等技术。

数据清洗(data cleaning)的过程一般包括填补存在遗漏的数据值、平滑有噪音的数据、识别和除去异常值，并且解决数据不一致等问题。如果用户认为数据是脏的，则用户可能不会相信这些数据上的挖掘结果。此外，脏数据可能使挖掘过程陷入混乱，导致不可靠的输出。尽管大部分挖掘例程都有一些过程用来处理不完整数据或噪声数据，但是它们并非总是鲁棒的。相反，它们更致力于避免被建模的函数过分拟合数据。因此，一个有用的预处理步骤旨在使用数据清理例程处理你的数据。

数据集成(data integration)是指将多个不同数据源的数据合并在一起，形成一致的数据存储。例如，将不同数据库中的数据的集成到一个数据库中进行存储。在数据集成时，由于属性在不同的数据库中可能具有不同的名字，可能会导致不一致性和冗余。例如，同一个人的名字可能在第一个数据库中登记为“Bill”，在第二个数据库中登记为“William”，而在第三个数据库中登记为“B”。此外，有些属性可能是由其他属性导出的(如年收入可以月收入导出)。包含大量冗余数据可能降低知识发现过程的性能或使之陷入混乱。因此，除了数据清理之外，必须采取措施避免数据集成时的冗余。通常，在为数据仓库准备数据时，数据清理和集成将作为预处理步骤进行。

数据归约(data reducing)是指在尽可能保持数据原貌的前提下，最大限度地精简数据量，并保证数据归约前后的数据挖掘结果相同或几乎相同。数据归约策略包括维归约和数值归约。在维归约中，使用数据编码方案，以便得到原始数据的简化或“压缩”表示。包括数据压缩技术、属性子集选择和属性构造等方法。在数值归约中，使用参数模型或非参数模型，用较小的数据表示取代原始数据。

数据变换(data transformation)是指将数据库转换成适合挖掘的形式，通常包括平滑处理、聚集处理、数据泛化处理、规范化、属性构造等方式。例如，顾客数据包含年龄和年薪属性。年薪属性的取值范围可能比年龄大得多。这样，如果属性未规范化，则距离度量在年薪上所取的权重一般要超过距离度量在年龄上所取的权重。

总之，数据预处理技术可以改进数据的质量，从而有助于提高其后的挖掘过程的准确率和效率。由于高质量的决策必然依赖于高质量的数据，因此数据预处理是知识发现过程的重要步骤。

6.3 数据清洗

数据清洗是进行数据预处理的首要方法。通过填充缺失的数据值，光滑噪音数据、识别和删除群点、纠正数据不一致等方法，从而达到纠正错误，标准化数据格式、清除异常和重复数据的目的。

6.3.1 缺失值处理

数据缺失值是现实世界数据常见的问题。缺失值通常包括以下几个处理方法：

(1)忽略元组。当缺少类标号时，通过采用忽略元组的方式处理数据。但是当元组中有多个属性缺失值时，该方法不是很有效。而当某个属性缺失值的百分比变化差异很大时，该方法也不能很好的处理缺失值问题。采用忽略元组的方法时，用户将不能使用该元组剩余属性值，因此可能会影响后续的数据挖掘任务。

(2)人工填写缺失值。即用户人工填写缺失的数据。因为用户自己最了解关于自己的数据，所以这个方法的数据偏离的问题最小。但该方法很费时，尤其是当数据集很大、存在很多缺失值时，靠人工填写的方法不具备实际的可行性。

(3)使用一个全局常量填充缺失值。通常可将缺失属性值用一个常量(如“unknown”或数字“0”)替换。如果大量缺失值都采用同一属性值，则挖掘程序可能会误认为它们属性相同，从而得出有偏差甚至错误的结论，因此该方法并不十分可靠。

(4)使用属性的中心度量(如均值或中位数)填充缺失值。根据数据分布特点，如果数据是对称分布，可以使用属性均值来填充缺失值；如果数据分布是倾斜的，则使用中位数来填充缺失值。这种方法的本质是利用已存数据的信息来推测缺失值，并用推测值来实现填充。

(5)使用同类样本的属性均值或者中位数填充缺失值。例如，先将潜在客户按收入水平分类，具有相同收入水平的客户的平均收入或者中位数替换未知客户收入水平的缺失数据值。

(6)使用最可能的值填充缺失值。利用机器学习方法，比如回归、贝叶斯形式化的基于推理的工具和决策树归纳等方法确定填充的缺失值。例如，利用数据集中其他客户的属性，可以构建一颗决策树来预测未知客户收入水平的缺失值。

其中，方法(3)~(6)可能会产生数据偏差，从而导致会填充的缺失值不正确。然而，方法(6)是最常用的策略，同其他方法相比，它使用已有数据的大部分信息来预测缺失值。在预测客户收入水平的缺失值时，通过考察其他属性的值，有更大的可能性保持客户收入水平和其他属性的关联度。

然而，在某些情况下，缺失值并不意味着数据出现了错误。例如，申请人在申请信用卡时，可能要求申请人提供驾驶执照号。没有驾驶执照的申请者必然会使该字段为空。表格应当允许填表人使用诸如“不适用”等值。软件例程也可以用来发现其他空值(如“不知道”“不确定”“?”和“无”)。理想情况下，每个属性都应当有一个或多个关于空置条件的规则。这些规则可以说明是否允许空值，或这样的空值应当如何处理或变换。如果在后续的业务处理中提供这些值，字段也可能故意留下空白。因此在获取数据后，尽管我们会尽所能去清理数据，但友好的数据库和数据输入的设计将有助于在最初将缺失值和错误的数量最少化。

6.3.2 光滑噪声数据处理

噪声是被测量的变量的随机误差和方差。利用数据盒图、散点图或者数据可视化技术可以识别可能的噪声。

在给定一个数值属性的前提下，光滑数据、去掉噪声常用的技术如下：

(1)分箱(binning)。分箱方法是通过考察数据的“近邻”值，即周围的值来光滑有序数据的值。这些有序值将分布到一些“桶”和箱中。由于分箱方法考察的是数据的近邻值，因此，只能进行局部光滑。图6-5给出了一些分箱方法。

按某商品价格数据(排序后)：4, 8, 15, 21, 21, 24, 25, 28, 34

等频划分箱：	用箱均值光滑：	用箱边界光滑：
箱1：4, 8,15	箱1：9, 9,9	箱1：4, 4,15
箱2：21,21,24	箱2：22,22,22	箱2：21,21,24
箱3：25,28,34	箱3：29,29,29	箱3：25,25,34

图6-5 光滑数据的分箱方法

图6-5中给出商品价格数据的分箱方法。首先将商品价格数据排序，然后图中第一列将其划分到大小为3的等频箱中(即每个箱包含3个数值)。

图中第二列采用箱平均值光滑的方法，它是将箱中的均值替代每一个真实的数据值。例如，等频分箱中箱1中数据的均值为9，因此在均值光滑方法中箱1每个数值都被替换为9，此外，还可以采用箱中位数的光滑方法，也就是说用箱中数值的中位数替代箱中每一个真实的数据值。中位数是指有序数据值中的中间值。

图中第三列用箱边界值光滑的方法，它将给定箱中的最大和最小值都视为箱边界，将箱中的每个值替换为最近的边界值。

除了上述的等频分箱法，还有等宽法和用户自定义区间法等分箱方法。等频分箱法是将数据集按元组个数分箱，每箱具有相同的元组数，每箱元组数称为箱子的深度。等宽法是使数据集在整个属性值的区间上平均分布，即每个箱的区间范围是一个常量，称为箱子宽度。用户自定义区间是指用户可以根据需要自定义区间，当用户明确希望观察某些区间范围内的数据分布时，使用这种方法可以方便地帮助用户达到目的。

一般而言，宽度越大光滑效果越好。通常分箱还可以作为一种离散化技术被使用。

(2)回归。光滑数据可以利用数学中的拟合函数来实现，数学中称为回归。线性回归就是通过找出拟合两个属性的“最佳”直线，使得其中一个属性可以用于预测出另一个属性。而多元线性回归是线性回归的扩展，其设计的属性多于两个，并且将数据拟合到一个多维曲面。

(3)孤立点分析。孤立点可通过聚类进行检测。聚类是将相似的值组织成群或“簇”，那么落在簇集合外的值被称为孤立点(或离群点)，如图6-6所示。

图6-6给出了一组人工数据集的散点图，从图中明显可以看出数据分为3个簇，但有6个落在簇外的数据点，这些数据点就是孤立点。

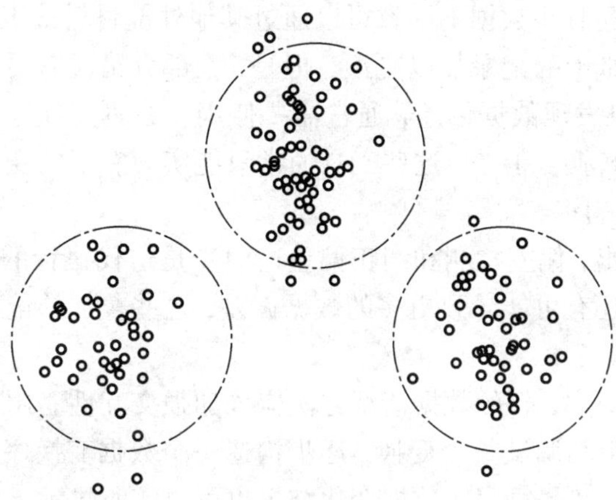

图6-6　人工数据集数据散点图聚类结果

许多数据光滑的方法也适用于数据离散化和数据归约。例如，分箱技术可以减少每个属性的不同值的数量；基于逻辑的数据挖掘方法(如决策树归纳)可以反复地对排序后的数据进行比较，这实际上就是一种数据归约的形式。另外一种数据离散化形式是概念分层，它也可以用于数据光滑。例如，客户收入水平的概念分层可以把实际的收入水平值映射到高、中和低三个层次，从而减少挖掘过程需要处理的值数量。这种方法会在后续章节讨论。

6.3.3　检测偏差与纠正偏差

数据清理是一项对数据进行检测偏差与纠正偏差的繁重过程。导致数据出现偏差的原因有很多，包括设计不完善的多选项字段的表单输入、人为的数据输入错误、有意的输入错误以及已经失效的数据。偏差也可能源于数据表示不一致或数据编码不一致。硬件设备故障或者系统错误也可能产生数据偏差。数据集成时，由于不同数据库使用不同的名词也可能产生数据偏差。

(1)检测偏差。这是数据清洗的第一步。通常，可以根据已知的数据性质的知识(如数据类型和定义域等)发现噪声、孤立点和需要考察的不寻常的值。这种知识或“关于数据的数据”称为元数据。考察每个属性的定义域和数据类型、每个属性可接受的值、值的长度范围；考察是否所有的值都落在期望的值域内，属性之间是否存在已知的依赖；找出均值、中位数和众数，把握数据趋势和识别异常，比如远离给定属性均值超过两个标准差的值可能标记为潜在的孤立点。

另一种错误是数据编码不一致问题和数据表示的不一致问题（如日期字段表示方法不一致“2018/04/10”和“10/04/2018”）。而字段过载是另一类数据偏差。这类偏差通常是程序开发者将已经定义的属性中未使用的位加入新的属性定义。

考察数据还应当遵循唯一性规则、连续性规则和空值规则。唯一性规则是指给定属性的每个值都必须不同于该属性的其他值。连续性规则是指属性的最高值和最低值之间没有缺失值。空值规则是指空白、问号、特殊符号或指示空值条件的字符串以及如何记录空值条件。

目前有很多商业工具可以实现数据偏差的检测。比如，数据清洗工具利用已知的领域知识检查并纠正数据中的错误；数据审计工具通过数据分析发现数据的关联规则，并检测违反这些规则的偏差数据。还有些数据不一致可以通过其他外部材料人工加以更正。比如，数据输入时的错误可以使用纸上的记录加以更正。但是，大部分错误需要数据交换。

(2)纠正偏差。一旦发现数据偏差，通常需要使用一系列变换来纠正。例如，利用数据迁移工具实现字符串的替换。但是，这些工具通常只能实现有限的变换。因此常常可能需要为纠正偏差编写定制的程序。

由以上分析可以看出，偏差检测和纠正偏差这两步是迭代执行的。这个过程繁琐、费时且容易出错。有些变换还有可能导致更多的数据偏差，这些叠加的偏差可能在其他偏差解决之后才会被检测出来。

为了提高数据清洗效率，新的数据清洗方法应该加强交互性。用户可在一个类似于电子表格的界面上，通过编辑和调试每个变换，逐步构造一个数据变换序列。系统可以通过图形界面直观展示这些变换序列，每一次数据变化结果也可以实时显示。用户可以方便快捷的进行数据变换，从而提高数据清洗效率和效果。另外，还可以通过定义 SQL 的数据变化操作，使得用户可以有效的实现数据清洗的算法。

随着对数据地深入了解以及不断更新的元数据，这将有助于加快对相同数据存储的数据清洗速度。

6.4 数据集成

数据挖掘经常需要数据集成，即将多个数据源中的数据合并，存放于一个一致的数据存储中，如数据仓库中。这些数据源可能是多个数据库、数据立方体或一般的数据文件。好的数据集成方法可以减少结果数据集的冗余和不一致，这将有助于提高数据挖掘的准确性和速度。

在数据集成过程中，模式集成和对象匹配、冗余问题、元组属性以及数据值冲突的检测与处理等都是需要重点考虑的问题。

6.4.1 模式识别和对象匹配

在集成数据时，需要匹配来自多个数据源的现实世界的等价实体。这其中关键的问题是实体识别问题。例如，如何判断一个数据库中的 customer_id 字段与另一个数据库中的 customer_number 是相同的属性。实际上，每个属性的元数据包含名字、含义、数据类型和属性的允许取值范围以及空值处理规则，这样的元数据可以用来帮助避免模式集成的错误。

在集成数据时，当一个数据库的属性与另一个数据库的属性匹配时，必须注意其数据结构，这可以保证系统中函数依赖、参数约束与目标系统匹配。

6.4.2 冗余问题

冗余问题是数据集成的另一个需要考虑的重要问题。如果一个属性(如年收入)能由另一个或者几个属性“导出”，那么这个属性就是冗余的。属性名称的不一致可能会导致数据集成时产生冗余。

冗余问题可以通过相关性分析检测得到。对于标称数据，可以使用χ^2(卡方)检验检测属性之间的相关性；对于数值属性，可以利用相关系数(correlation coefficient)和协方差(covariance)等方法来评估一个属性的值如何随着另外一个属性值变化。

(1)标称数据的χ^2(卡方)检验。

例如，标称数据的两个属性A和B。假设A有c个不同值a_1, a_2, …, a_c, B有r个不同值b_1, b_2, …, b_r。用A和B描述的数据元组可以用一个相依表显示，其中A的c个值构成列，B的r个值构成行。令(A_i, b_j)表示属性A取值a_i、属性B取值b_j的联合事件，即$(A=a_i, B=b_j)$。则其χ^2值(又称Pearson χ^2统计量)的计算公式如下：

$$\chi^2 = \sum_{i=1}^{c}\sum_{j=1}^{r}\frac{(o_{ij}-e_{ij})^2}{e_{ij}} \tag{6-18}$$

其中，o_{ij}是联合事件(A_i, b_j)的观测频度(即实际计数)；e_{ij}是(A_i, b_j)的期望频度，其计算公式如下：

$$e_{ij} = \frac{\text{count}(A=a_i)\times\text{count}(B=b_j)}{n} \tag{6-19}$$

其中，n是数据元组的个数；count$(A=a_i)$是A中具有值a_i的元组个数；count$(B=b_j)$是B中具有值b_j的元组个数。

χ^2检验是假设A和B是独立的。检验基于显著水平，具有自由度$(r-1)\times(c-1)$。如果拒绝该假设，则称A和B是统计相关的。

例6-1 χ^2检验。假如，调查了3000个人，记录了每个人的性别。每个人对他们喜爱的阅读材料类型是否为小说进行投票。这样得到两个属性gender和preferred_reading。每种可能的联合事件的观测频率(或计数)的相依表如表6-4所示。其中括号中的数是期望频率。期望频率根据两个属性的数据分布，用式(6-19)计算。

表6-4 数据相依表

	男	女	合计
小说	500(180)	400(720)	900
非小说	100(420)	2000(1680)	2100
合计	600	2400	3000

期望频率$e_{11}=\frac{\text{count(男)}\times\text{count(小说)}}{n}=\frac{600\times900}{3000}=180$，以此类推：$e_{12}=720$，$e_{21}=420$，$e_{22}=2100$。注意，在任意行的期望频率和必须等于该行总观测频率；任意列的期望频率的和也必须等于该列的总观测频率。利用式(6-6)计算得到属性 gender 和 preferred_reading 的χ^2检验值，即

$$\chi^2=\frac{(500-180)^2}{180}+\frac{(400-720)^2}{720}+\frac{(100-420)^2}{420}+\frac{(2000-1680)^2}{1680}=1015.81$$

对于相依表6-1，其自由度为$(2-1)(2-1)=1$。对于自由度为1，置信水平0.0001的条件下，根据χ^2分布表，拒绝假设的值是10.828，而$1015.81>10.828$，因此可以拒绝 gender 和 preferred_reading 独立的假设，并断言对于给定的人群，这两个属性是(强)相关的。

(2)数值数据的相关系数。

对于数值数据，可以通过计算属性的相关系数，又称皮尔逊相关系数(Pearson's product moment coefficient)，估计这两个属性A和B的相关度为：

$$r_{A,B}=\frac{\sum_{i=1}^{n}(a_i-\bar{A})(b_i-\bar{b})}{n\,\sigma_A\,\sigma_b}=\frac{\sum_{i=1}^{n}(a_ib_i)-n\bar{A}\,\bar{b}}{n\,\sigma_A\,\sigma_b} \tag{6-20}$$

其中，n是元组的个数；a_i和b_i分别是元组i在属性A和B的值；$\bar{A}$和$\bar{b}$分别是属性A和B的均值(或称为期望值)；σ_A和σ_b是属性A和B的标准差，具体公式如式(6-1)和式(6-5)所示；$\sum_{i=1}^{n}(a_ib_i)$是A和B的叉积(即对于每个元组，A的值乘以该元组B的值)。

注意，$-1\leqslant r_{A,B}\leqslant1$，如果$r_{A,B}>0$，则$A$和$B$正相关，也就是说，$A$值随着$B$值的增加而增加，并且该值越大，相关性越强。这意味着$r_{A,B}$值越大，属性A或者属性B可以作为冗余删除。如果$r_{A,B}=0$，则说明属性A和属性B相互独立，及它们之间不存在相关性。如果$r_{A,B}<0$，则说明属性A和属性B是负相关，即一个值随着另外一个值的减小而增加。这意味着其中一个属性会阻止另外一个出现。

(3)数值数据的协方差。

协方差是一种在统计分析中常用的度量相似性的方法，这些方法也可以用来评估两个属性之间的关系。两个属性A和B的协方差公式如下：

$$\text{Cov}(A,B)=E(A-\bar{A})(B-\bar{b})=\frac{\sum_{i=1}^{n}(a_i-\bar{A})(b_i-\bar{b})}{n} \tag{6-21}$$

其中，$E(A)=\bar{A}$是指A的均值。式(6-9)与式(6-8)比较可以看出，

$$r_{A,B}=\frac{\text{Cov}(A,B)}{\sigma_A\,\sigma_b} \tag{6-22}$$

其中，σ_A和σ_b分别是A和B的标准差。还可以证明$\text{Cov}(A,B)=E(A\cdot B)-\overline{Ab}$，从而简化计算。

对于两个趋向一致的属性A和B，如果$A>\bar{A}$，则B也可能$B>\bar{b}$。因此，属性A和属性B的协方差为正，说明A或者B可以作为冗余删除；反之，当一个属性小于它的期望，另一个属性趋向于大于它的期望值，则属性A和属性B的协方差为负。

如果A和B是独立的(即它们不具有相关性)，则$E(A\cdot B)=E(A)\cdot E(B)$。因此，协方

差为 $\mathrm{Cov}(A, B)=E(A-\bar{A})(B-\bar{b})=0$。

例 6-2 数据属性的协方差分析。表 6-5 给出了 5 个时间观测点所观测到的 *A* 和 *B* 两只股票价格，现分析这两只股票的相关性。

表 6-5 股票价格表

时间	*A*	*B*
*t*1	2	4
*t*2	3	6
*t*3	4	10
*t*4	5	15
*t*5	6	20

根据式(6-1)和式(6-9)，可计算得到以下值：

$$E(A)=\frac{2+3+4+5+6}{5}=4$$

$$E(B)=\frac{4+6+10+15+20}{5}=11$$

$$\mathrm{Cov}(A, B)=\frac{2\times4+3\times6+4\times10+5\times15+6\times20}{5}-4\times11=6.2$$

由于 $\mathrm{Cov}(A, B)>0$，因此可以说 *A* 和 *B* 两只股票相关，可同时上涨或下跌。

此外，还可以通过欧几里得距离、曼哈顿距离、闵可夫斯基距离、斯皮尔曼秩相关系数(Spearman rank correlation)、肯德尔秩相关系数(Kendall rank correlation)以及 Jaccard 系数(Jaccard coefficient)等方法来分析属性相关性。

6.4.3 元组重复

除了属性之间有冗余之外，元组也可能存在冗余，也就是说一组实体数据中存在两个或多个相同的元组。比如，去规范化表使用可能导致数据元组冗余。不一致通常出现在各种不同的副本之间，由于不正确的数据输入，或者由于更新了数据的部分副本记录。

6.4.4 数据值冲突的检测与处理

数据集成时，由于不同数据源的表示方式、度量方法或编码的区别，数据值可能存在冲突。例如，重量属性可能在一个系统中以国际单位存放，而在另一个系统中以英制单位存放；对于连锁旅馆，不同城市的房价不仅可能涉及不同的货币，而且可能涉及不同的服务(如免费早餐和免费停车等)和税；对于大学采用的评分标准，一所大学采用 A、B、C、D、F 五级评分，另一所大学采用 1 ~10 分十级评分，这两所大学之间很难精准的进行课程成绩变换。

此外，在一个系统中元组的属性的抽象层可能比另一个系统中“相同的”属性低。例如，studentl_sum 在一个数据库中可能指系的学生总数，在另一个数据库中，可能指一个班级的学生总数。

6.5 数据归约

根据业务需求，从数据仓库中获取了所需要的数据，这个数据集可能非常大，而在海量数据上进行数据分析和数据挖掘成本很高。

数据归约技术可以用来得到数据集的归约表示，使得数据集变小，但同时仍然近于保持原数据的完整性。也就是说，在归约后的数据集上进行挖掘，依然能够得到与使用原数据集近乎相同(或几乎相同)的分析结果。

经典的数据归约策略包括维归约、数量归约和数据压缩。

维归约用于减少所考虑的随机变量或者属性的个数，常用方法包括小波变换和主成分分析等方法，这些方法实际上是将原始数据变换或投影到较小的空间。选择属性子集也是一种维归约方法，它将不相关、弱相关或者冗余的属性、维度删除。这实际上就是特征选择、降维的过程。

数量归约用较小的数据集替换原数据集。常用的方法包括参数的或非参数的，对于参数方法而言，使用模型估计数据，使得一般只需要存放模型参数，而不是实际数据，比如回归和对数 - 线性模型。非参数方法包括利用直方图来近似数据的分布；对数据进行聚类，用聚类的簇代表替换实际数据；对数据进行抽样以及数据立方体聚集等。

数据压缩是指通过数据变换，得到原数据的压缩表示(即数据归约)。如果利用压缩后的数据能够对原数据进行重构，而不损失信息，则称该数据归约为无损的。如果只能得到近似重构的原数据，则称该数据归约为有损的。维归约和数量归约也可以视为某种形式的数据压缩。

6.5.1 小波变换

离散小波变换(discrete wavelet transformation, DWT)是一种线性信号处理技术，可以用于将数据向量 X 变换成不同数值的小波系数 X'。

利用这种方法进行数据归约时，可以将元组看成是一个 n 维数据向量，即 $X=(x_1, x_2, \cdots, x_n)$。$x_i$ 对应元组各个属性测量值，通过变换成不同数值的小波系数向量 X'，然后按照某种规则截取 X'，也就是说保存一部分最强的小波系数，从而保留近似的压缩数据。例如，设定某个阈值，保留大于此值的所有小波系数，这样结果数据会非常稀疏。如果在此数据上进行计算，由于数据的稀疏性，数据处理速度将大大提高。这种技术还可以用于光滑噪声数据，有效的用于数据清洗。

DWT 与离散傅里叶变换(DFT)有密切关系。DFT 是一种涉及正弦和余弦的信号处理技术。然而，一般来说，DWT 是一种更好的有损压缩。也就是说，对于给定的数据向量，如果 DWT 和 DFT 保留相同数目的系数，则 DWT 将提供原数据更准确的近似。因此，对于相同的近似，DWT 需要的空间比 DFT 小。与 DFT 不同，小波空间的局部性相当好，有助于保留局部细节。

流行的小波变换包括 Haar_2、Daubechies - 4 和 Daubechies - 6 等方法。离散小波变换一般使用一种层次金字塔算法(pyramid algorithm)方法，这种方法通过迭代将数据减半，从而达到数据归约的目的。首先数据向量 $X=(x_1, x_2, \cdots, x_n)$的长度 n 必须是 2 的整数次幂，如果不满足此条件，可以通过向量后添加0；然后利用求和或加权平均函数以及加权差分函数分别作用于向量 X 中的数据点对，即 (x_{2i}, x_{2i+1})，每作用一次就会产生两个长度为 $\frac{n}{2}$ 的数据集，最后，迭代多次得到数据集中选择的值被认定为数据变换的小波系数。

例 6-3 小波变换。假如 $X=[x_1, x_2, x_3, x_4]=[90, 70, 100, 70]$，为了压缩，可以取 $\frac{x_1+x_2}{2}$ 和 $\frac{x_1-x_2}{2}$ 来表示 x_1 和 x_2，即 $[90, 70]\rightarrow[80, 10]$。80 就是平均数，10 是小范围波动数。同理，$[100, 70]\rightarrow[85, 15]$。可以看出，80 和 85 是局部平均值，它们反映数据的总体趋势，可以认为是数据的低频部分；而 10 和 15 是数据的局部变换情况，可以认为是数据的高频部分。进一步进行变换 $[80, 85]\rightarrow[82.5, -2.5]$，这样数据 $[90, 70, 100, 70]$ 被压缩为 $[82.5, -2.5, 10, 15]$。

小波变换可以用于多维数据，如数据立方体。此外，小波变换还可用于指纹图像压缩、计算机视觉、时间序列数据分析和数据清理。

6.5.2 主成分分析

主成分分析(principal component analysis, PCA))是一种数学变换的方法，它把给定的一组相关向量通过线性变换转成另一组不相关的向量。也就是说，给定数据向量 $X=(x_1, x_2, \cdots, x_n)$，通过 PCA 变换得到向量 $Y=(y_1, y_2, \cdots, y_k)$（其中 $k\leqslant n$），并且向量 Y 中的属性互不相关。实际上，这一过程是将原始数据投影到一个小得多的数据空间，实现维归约。

PCA 的基本原理是计算出 k 个标准正交向量，这些向量称为主成分，且输入数据都可以表示为主成分的线性组合；然后将主成分按强度降序排列，去掉较弱的成分来归约数据。而利用较强的主成分，应该能够重构或者近似重构原始数据。所以，PCA 常常可以发现数据隐含的特征，并给出不同寻常的数据解释。

PCA 可以用于有序和无序的属性，并且可以处理稀疏和倾斜数据。这种方法多用于二维的数据变换。与小波变化相比，PCA 能够更好地处理稀疏数据，而小波变换更适合高维数据。

6.5.3 属性子集选择

现实世界的大数据集通常包含数以百计的属性，而其中大部分属性可能与数据挖掘任务无关或者是冗余的。例如，分析客户的年收入水平并对客户进行分类，诸如客户的姓名、电话、联系方式等数据多半是不相关的。尽管领域专家可以利用经验挑选出相关的属性，但是工作量巨大且费时，特别是当数据含义不是十分清楚的时候更是如此。遗漏相关属性或留下不相关的属性可能造成数据挖掘算法无所适从，甚至出现偏差，而且不相关的属性和冗余的数据增加了数据量，还可能减慢数据分析速度。

属性子集选择是通过删除不相关或冗余的属性减少数据量。属性子集选择的目标是寻找最小属性集，使得数据集的概率分布尽可能地接近使用所有属性得到的原分布。缩小的属性集减少了出现在发现模式上的属性数目，使得挖掘结果更易于理解。

对于属性子集选择，常用的方法是使用压缩搜索空间的启发式算法。这些方法是典型的贪心算法，它们的策略是做局部最优选择，期望由此导致全局最优解。在实践中，这种贪心方法是有效的，并可以逼近最优解。

属性子集选择的基本启发式方法包括逐步向前选择、逐步向后删除以及决策树归纳更方法，如图 6－7 所示。

向前选择	向后删除	决策树归纳
初始属性集： $\{A_1, A_2, A_3, A_4, A_5, A_6\}$ 初始化归约集：{ } →$\{A_1\}$ →$\{A_1, A_3\}$ →归约后的属性集 $\{A_1, A_3, A_5\}$	初始属性集： $\{A_1, A_2, A_3, A_4, A_5, A_6\}$ 初始化归约集： $\{A_1, A_2, A_3, A_4, A_5, A_6\}$ →$\{A_1, A_3, A_4, A_5, A_6\}$ →$\{A_1, A_3, A_5, A_6\}$ →归约后的属性集 $\{A_1, A_3, A_5\}$	初始属性集： $\{A_1, A_2, A_3, A_4, A_5, A_6\}$ 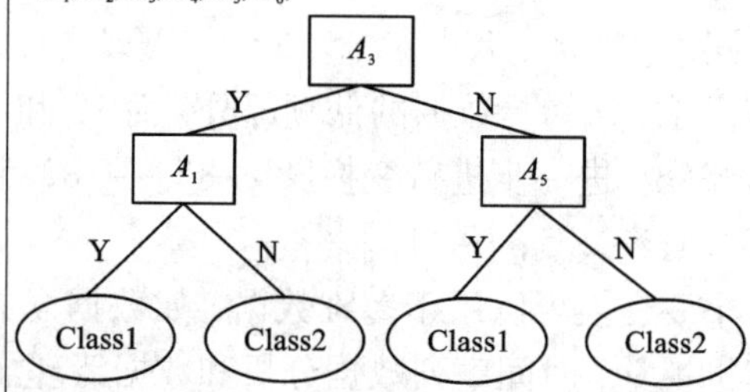 →归约后的属性集 $\{A_1, A_3, A_5\}$

图 6－7　属性子集选择启发算法

（1）逐步向前选择：这种方法由空属性集作为归约集开始，确定原属性集中最好的属性，并将它添加到归约集中。在其后的每一次迭代中，将剩下的原属性集中的最好的属性添加到该集合中。

（2）逐步向后删除：这种方法由整个属性集开始。在每一步中，删除尚在属性集中最差的属性。此外，还有向前选择和向后删除组合的方法，这种方法将向前选择和向后删除方法结合在一起，每一步选择一个最好的属性，并在剩余属性中删除一个最差的属性。

（3）决策树归纳：这种方法是利用分类中的决策树算法实现属性子集选择。决策树归纳构造一个类似于流程图的结构，其中每个内部（非树叶）结点表示一个属性上的测试，每个分枝对应于测试的一个结果；每个外部（树叶）结点表示一个类预测。在每个结点上，算法选择“最好”的属性，并将数据划分类。

利用决策树归纳实现属性子集选择时，由给定的数据构建决策树。不出现在树中的所有属性假定是不相关的。出现在树中的属性形成归约后的属性子集。

在某些情况下，根据已有属性可以创建一些新属性，称为这种属性构造。在某些情况，属性构造可以提高准确性和对高维数据结构的理解。例如，根据高度属性和宽度属性增加面积属性。通过组合属性，属性构造可以发现关于数据属性间联系的缺失信息，这对知识发现是有用的。

6.5.4　回归和对数线性模型

回归和对数线性模型是参数化数据归约方法。回归和对数线性模型可以拟合给定的数据。在（简单）线性回归中，通过数据建模，可以使之拟合到一条直线。例如，将随机变量 Y 表示为另一随机变量 X（称为自变量）的线性函数

$$Y = wX + b \tag{6-23}$$

在数据挖掘中，X 和 Y 是数据的两个属性。w 和 b 称为回归系数，分别为直线的斜率和纵轴 Y 的截距。系数可以用最小二乘法求解，其最小化分离数据的实际直线与该直线的估计之间的误差。多元回归是(简单)线性回归的扩展，允许用两个或多个自变量的线性函数对变量 Y 建模。

对数线性模型(Logarithmic linear model)近似离散的多维概率分布。给定 n 维元组的数据集，可以把每个元组看做 n 维空间的点。对于离散属性集，可以使用对数线性模型，基于属性子集选择，估计多维空间中每个点的概率。这使得高维数据空间可以由较低维空间构造。因此，对数线性模型也可以用于维归约和数据光滑。

回归和对数线性模型都可以用于稀疏数据，回归比对数线性模型更适宜处理倾斜数据。当用于高维数据时，回归可能计算较密集，而对数线性模型具有更好的可伸缩性，并且可以扩展到10维左右数据。

6.5.5 直方图

直方图是一种利用分箱法来近似数据分布的数据归约方法。例如，属性A的直方图就是将A的数据分布划分为不相交的子集或桶。通常桶表示给定属性的一个连续区间。

例6-4 直方图。给定客户年收入情况数据(数据已经进行了排序)：1，1，5，5，5，5，7，7，10，10，10，10，13，14，14，14，15，15，15，15，15，19，19，19，19，20，20，20，20，21，21，21，21，25，25，25，28，28，28，28，28，30，30，30，30。这组数据的直方图，如图6-8和图6-9所示。

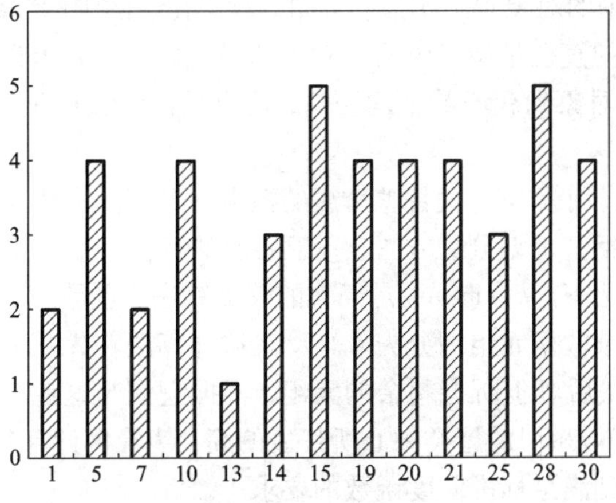

图6-8 使用单值桶的直方图

图6-8使用单值桶显示了这组数据的直方图，即每个通代表一个值。为进一步压缩数据，通常让一个桶代表给定属性的一个连续值域。图6-9给出每个桶都有相同的宽度(即10)的直方图。

在直方图中，确定桶和属性值的划分是最关键的。通常利用等宽原则和等频原则来确定。在等宽直方图中，每个桶的宽度区间是一致的(如图6-9中，每个桶的宽度为10)。在等频直方图中，每个桶的频率粗略地为常数(即每个桶大致包含相同个数的邻近数据样本)。

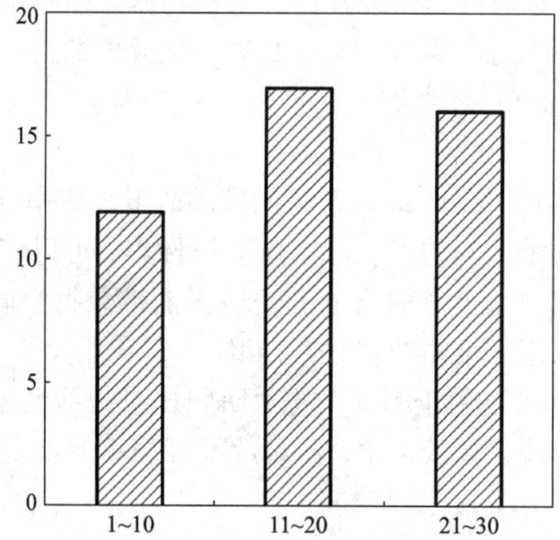

图6-9 不同区间的直方图

直方图是非常有效的数据归约方法，这种方法不仅适用于对于近似稀疏和稠密数据，还适用于高倾斜和均匀的数据。单属性直方图可以推广到多个属性，多维直方图可以表现属性间的依赖关系。

6.5.6 聚类

聚类技术把数据元组看做数据对象。它将对象划分为群或簇，使得簇内的对象具有较高的相似性，但与其他簇中的对象很不相似。通常，对象在空间中的“接近”程度可以利用基于距离的相似性定义。簇的直径是指簇中两个对象的最大距离，其可以用来衡量簇的“质量”。形心距离是指簇中每个对象到簇心的平均距离，这也是衡量簇质量的方法。图6-6给出了一种数据聚类的结果。

在数据归约中，可以用簇“心”代替整个簇的数据。这实际上也是一种数据压缩。

常用的聚类算法包括基于划分的方法、基于层次的算法、基于密度的算法、基于网格的方法以及基于模型的方法等。k-means是经典的聚类算法，它是一种基于划分的方法，根据输入的初始参数k将n个数据元组划分为k个簇。这种算法首先从n个数据元组任意选择k个作为初始聚类中心，然后对于所有剩余的元组，根据它们与这些聚类中心的相似度(如距离)，将它们分配给与其最相似的聚类中心所代表的簇，接着再计算每个新聚类的聚类中心，且不断重复这一过程直到满足标准测度函数的要求。

6.5.7 抽样

抽样也可以看作是一种数据归约技术。抽样技术允许用小的随机样本(子集)表示大型数据集。常用于数据归约的抽样方法包括无放回简单随机抽样、有放回简单随机抽样、簇抽样以及分层抽样等方法。

(1)无放回简单随机抽样(srswor)。假定大型数据集D包含N个元组。从D的N个元组中随机抽取s个样本($s<N$)，其中D中每个元组被抽取的概率均为$1/N$，即所有元组的抽取是等可能的。这就是无放回简单随机抽样的工作原理。

(2)有放回简单随机抽样(srswr)。该方法不同于无放回简单随机抽样的是 S 当一个元组从 D 中抽取后，记录它，然后放回原处。也就是说，一个元组被抽取后，它又被放回 D，以便它可以被再次抽取。

(3)簇抽样。如果将 D 中的元组分组，并放入 M 个互不相交的“簇”，则可以从其中的 s 个簇的简单随机抽样(SRS)，其中 $s < M$。例如，数据库中元组通常一次取一页，这样每页就可以视为一个簇，然后利用无放回简单随机抽样或有放回简单随机抽样方法对每页进行抽样，从而实现数据归约。

(4)分层抽样。分层抽样类似于簇抽样，它将 D 被划分成互不相交的部分，称做“层”，通过对每一层的数据进行无放回简单随机抽样或有放回简单随机抽样，从而得到 D 的分层抽样。例如，可以得到关于客户的年收入数据的一个分层抽样，其中分层对客户的不同年龄段创建。这样，分层抽样的数据获得的较少的数据就能代表所有数据。

与其他的数据归约方法相比，采用抽样技术进行数据归约的空间复杂度和时间复杂度较小。因为，抽样技术得到样本的花费正比例于样本集的大小 s，而不是数据集的大小 N，另外，对于固定的样本大小，抽样的复杂度仅随数据的维数 n 线性地增加，而直方图的复杂度随 n 呈指数增长。

利用抽样技术进行数据归约时，可以在指定的误差范围内，估计一个给定的函数所需的样本大小 s，而样本的大小 s 相对于 N 可能非常小。对于归约数据的逐步求精，抽样技术还可以通过简单地增加样本大小，实现数据集的进一步求精。

6.5.8　数据立方体聚集

在对现实世界数据进行采集时，采集到的往往并不是用户感兴趣的数据，而是需要对数据进行聚集。例如，客户的收入数据，采集到的可能是每个月的收入，而用户感兴趣的是年收入数据，这是需要对数据进行汇总得到年收入数据。图 6－10 所示为数据聚集过程。数据聚集可以减小数据量，但是又不会丢失数据分析所需的信息。

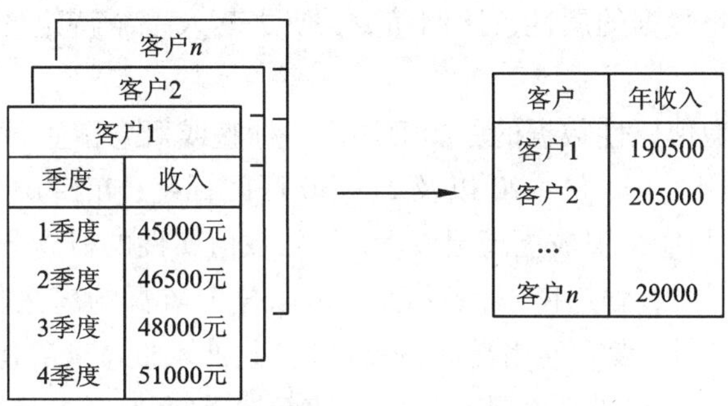

图 6－10　客户年收入聚集过程

数据立方体是一种多维数据模型，允许用户从多维对数据建模和观察。现实世界的关系数据库数据都是数据的二维表示，是行和列构成的表格。数据立方体是二维表格的多维扩展，但是数据立方体不局限于三个维度。大多数在线分析处理(OLAP)系统能用很多个维度构建数据立方体，例如，微软的 SQL Server 工具允许维度数高达 64 个。图 6－11 给出了客户收入的三维的数据立方体。

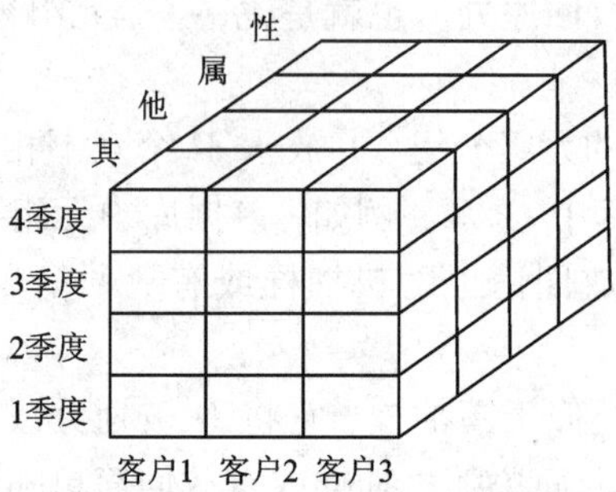

图6-11　三维数据立方体

图6-11显示了一个数据立方体，图中每个单元存放一个聚集值，对应于多维空间的一个数据点，每个属性都可能存在概念分层，允许在多个抽象层进行数据分析。数据立方体提供对预计算的汇总数据进行快速访问，因此适合数据分析和数据挖掘。

6.6　数据变换

数据交换是将数据变换或统一成适合数据挖掘的形式。数据变换常用策略包括光滑数据、属性构造、数据聚集、数据规范化、数据离散化以及数据泛化等。

(1)光滑数据：去掉数据中的噪声，这类技术包括分箱、回归和聚类。

(2)数据聚集：对数据进行汇总或聚集。例如，可以聚集日销售数据，计算月和年销售量。数据聚集通常可以用来为多粒度数据的数据分析构造数据立方体。

(3)属性构造(或特征构造)：根据给定的属性构造新的属性并添加到属性集中，以加快挖掘过程。

(4)数据规范化：将数据的属性按比例缩放，使之落入一个特定的小区间，如0.0~1.0区间。

(5)数据离散化：数值属性数据的原始值用区间标签或概念标签替换。例如，图6-9将客户年收入数据替换成1~10，11~20以及21~30区间标签；年龄用少年、中年、老年标签替换，这些标签可以递归地组织成更高层概念，导致数值属性的概念分层。

离散化技术按照离散过程使用类标签信息，可以分为监督的离散化方法(使用类标签信息)和非监督的离散化方法(没有使用类标签信息)。此外，如果离散化过程首先找出一个或几个点来划分整个属性区间，然后在结果区间上递归地重复这一过程，则称为自顶向下离散化。自底向上离散化或合并正好相反，它们首先将所有的连续值看做是可能的分裂点，通过合并邻域的值形成区间，然后在结果区间递归地应用这一过程。

(6)数据泛化：使用概念分层，用高层概念替换低层或“原始”数据。例如，分类的属性，如街道，可以泛化为较高层的概念，如城市和国家。许多属性的概念分层都蕴含在数据库的模式中，可以在模式中自动定义。

实际上，数据预处理的这些方法之间存在许多重叠。例如，光滑数据既可以用于数据清理，也可以用于数据变换；属性构造和聚集可以用于数据集成和数据归约；数据离散化和概念分层产生既是数据归约形式又是数据变换形式，原始数据被少数区间或标签取代，简化了原数据，提高了数据挖掘效率，使得挖掘的结果更容易理解。

6.6.1 通过规范化变换数据

不用的度量单位可能会影响数据分析。例如，把长度的度量单位从米变成英寸，重量度量单位从公斤改成磅，可能导致完全不同的数据挖掘结果。一般而言，单位较小的属性将导致该属性具有较大值域，一般这样的属性对数据分析结果影响较大。因此，为了避免数据分析对度量单位选择的依赖性，数据应该规范化或标准化。

规范化数据试图赋予所有属性相等的权重。规范化对于涉及神经网络的分类算法、基于距离度量的分类(如最近邻分类)和聚类特别有用。如果使用神经网络后向传播算法进行分类，对训练元组中每个属性的输入值规范化将有助于加快学习阶段的速度。对于基于距离的方法，规范化可以帮助防止具有较大初始值域的属性(如客户收入)与具有较小初始值域的属性(如二元属性)相比权重过大。在没有数据的先验知识时，规范化也是有用的。

常用的数据规范化方法包括最小－最大规范化、z 分数规范化和按小数定标规范化。

(1)最小－最大规范化。

给定 A 是数值属性，具有 n 个观测值 $x_1, x_2, \cdots, x_n$，假设$\min_A$ 和$\max_A$ 分别为属性 A 的最最大值和最小值。最小－最大规范化计算方法如下：

$$x_i' = \frac{x_i - \min_A}{\max_A - \min_A}(\text{new}_{\max_A} - \text{new}_{\min_A}) + \text{new}_{\min_A} \tag{6-24}$$

式(6－24)将 A 的值 x_i 映射到区间$[\text{new}_{\min_A}, \text{new}_{\max_A}]$中的 x_i'。

实际上，最小－最大规范化对原始数据进行线性变换。因此，最小－最大规范化可以保持原始数据值之间的联系。

例6－5 最小－最大规范化。假设属性收入的最小值与最大值分别为10000元和90000元。现将收入属性映射到区间[0.0, 1.0]。根据最小－最大规范化，如果收入值65300元将变换为：

$$\frac{65300-10000}{90000-10000}\times(1.0-0.0)+0.0=0.69125$$

(2)z 分数规范化。

z 分数规范化(又称零均值规范化)中，这种方法是基于属性 A 的均值和标准差的规范化。A 的值 x_i 被规范化为 x'_i 的计算公式如下：

$$x_i' = \frac{x_i - \overline{A}}{\sigma_A} \tag{6-25}$$

式中，$\overline{A}$ 和σ_A 分别为属性 A 的均值和标准差，$\overline{A} = \frac{1}{n}(x_1 + x_2 + \cdots + x_n)$，$\sigma_A = \frac{1}{n}\sum_{i=1}^{n}(x_i - \overline{x})$；$z$ 分数规范化适用于属性 A 的最小值和最大值未知或孤立点左右了最小—最大规范化的情况。

例6－6 z 分数规范化。假设属性收入的均值和标准差分别为50000元和15000美元。

使用 z 分数规范化，收入 65300 被转换为：

$$\frac{65300-50000}{15000}=1.02$$

式(6-25)中的标准差可以用均值绝对偏差替换。A 的均值绝对偏差 S_A 的定义为：

$$S_A=\frac{1}{n}(|x_1-\overline{A}|+|x_2-\overline{A}|+\cdots+|x_n-\overline{A}|) \tag{6-26}$$

这样，z 分数规范化公式如下：

$$x_i'=\frac{x_i-\overline{A}}{S_A} \tag{6-27}$$

对于孤立点，均值绝对偏差 S_A 比标准差具有更好的鲁棒性。而且，在计算均值绝对偏差时，不采用均值偏差的平方可以降低孤立点的影响。

(3)小数定标规范化。

小数定标规范化是通过移动属性 A 的值的小数点位置进行规范化。小数点的移动位数依赖于 A 的最大绝对值。A 的值 x_i 被规范化为 x_i'的计算公式如下：

$$x_i'=\frac{x_i}{10^j} \tag{6-28}$$

其中，j 是指使得 $\max(|x_i'|)<1$ 的最小整数。

例 6-7 小数定标规范化。假设 A 的取值为 -468 ~ 471，则 A 的最大绝对值为 468。因此，为使用小数定标规范化，可以规定 $j=3$，即用 1000 除每个值。因此，-468 被规范化为 -0.468，而 471 被规范化为 0.471。

从上面的例子可以看出，规范化可能将原来的数据改变很多，特别是使用 z 分数规范化或小数定标规范化时。但是还有必要保留规范化参数(如均值和标准差)，以便将来的数据可以用一致的方式规范化。

6.6.2 通过离散化变换数据

利用分箱方法可以实现数据离散化。例如，通过使用等宽或等频分箱，然后用箱均值或中位数替换箱中的每个值，可以将属性值离散化。分箱并不使用类信息，因此是一种非监督的离散化技术。分箱方法需要预先制定箱得的个数，并且它对箱个数敏感，也容易受孤立点的影响。

直方图分析也是一种非监督离散化技术。直方图把属性 A 的值划分成不相交的区间，理想情况下，使用等频直方图，每个分区包括相同个数的数据元组。直方图分析方法可以递归地用于每个分区，自动地产生多级概念分层，直到达到一个预先设定的概念层数，过程终止。也可以对每一层使用最小区间长度来控制递归过程。最小区间长度设定每层每个分区的最小宽度，或每层每个分区中值的最少数目。正如下面将介绍的，直方图也可以根据数据分布的聚类分析进行划分。

聚类也是一种流行的离散化方法。通过将属性 A 的值划分成簇来离散化数值属性 A。层次聚类算法利用自顶向下的划分策略或自底向上的合并策略来产生属性 A 的概念分层，其中每个簇形成概念分层的一个结点。在自顶向下的划分策略中，每个初始簇或分区可以进一步分解成若干子簇，形成较低的概念层。在自底向上的合并策略中，通过反复地对邻近簇进行分组，形成较高的概念层。

分类决策树算法是一种自顶向下划分方法，也可以用于离散化。由于离散化的决策树方法使用类标号，因此它是一种监督型的离散化方法。例如，患者症状属性数据集，其中每个患者有一个诊断结论类标号，可使用类分布信息计算和确定划分点。也就是说，选择划分点使得一个给定的结果分区包含尽可能多的同类元组。

相关性度量也可以用于实现数据离散化。ChiMerge 算法是一种基于χ^2 检验的离散化方法。它采用自底向上的策略，递归地找出最邻近的区间，然后合并它们，形成较大的区间。对于精确的离散化，相对类频率在一个区间内应当完全一致。如果两个邻近的区间具有非常类似的类分布，则这两个区间可以合并，否则，它们应当保持分开。

6.6.3 标称数据的概念分层变换

对于标称数据，人工定义概念分层是一项耗时的任务。实际上，很多标称数据的分层结构信息都隐藏在数据库的模式中，并且可以在模式定义中自动地定义。比如，关系数据库中的地址(location)属性集包括街道名(street)、城市名(city)、省或者州名(province/state)、国家名(country)。地址属性的概念分层可以自动产生，因为街道是属于某个城市的，城市是属于某个省或者州的，而省或者州是属于某个国家。

常用的标称数据概念分层方法如下：

(1)在模式级显式地说明属性的部分序：通常标称属性的概念分层涉及一组属性，因此，用户或专家可以在模式级通过说明属性的偏序或全序定义概念分层。例如，上面提到的地址属性，如果数据仓库存在类似的属性 location，那么可以在模式级说明这些属性的一个全序(如 street < city < province_or_state < country)，来定义其概念分层结构。

(2)通过显式数据分组说明分层结构的一部分：这实际上是一种人工定义概念分层结构方法。在大型数据库中，通过显式的值枚举定义整个概念分层是不现实的。然而，对于一小部分中间层数据，可以很容易地显式说明分组。

例如，在模式级说明了 citye 和 province 形成一个分层后，用户可以人工地添加某些中间层，如{Changsha，Zhuzhou，Changde，Xiangtan} ∈ Hunan。

(3)说明属性集但不说明它们的偏序：用户可以说明一个属性集形成概念分层，但并不显式说明它们的偏序。然后，系统试图自动地产生属性的序，构造有意义的概念分层。

例如，一个较高层的概念通常包含若干从属的较低层概念，定义在较高概念层的属性(如 province)与定义在较低概念层的属性(如 street)相比，通常包含较少的不同值。因此，可以根据给定属性集中每个属性不同值的个数，自动地产生概念分层。具有最多不同值的属性放在分层结构的最底层。一个属性的不同值个数越少，它在产生的概念分层结构中所处的层次越高。在很多情况下，这种启发式规则都非常有用。如果有必要，可以通过人工方式进行局部层次交换或调整。

(4)嵌入数据语义：在定义分层时，由于对分层结构概念模糊，可能在分层结构的说明中只包含了相关属性的一小部分。例如，对于地址属性，系统没有说明其全部属性，只说明了 street 和 city。为了处理这种部分说明的分层结构，可以在数据库模式中嵌入数据语义，使得与语义密切相关的属性能够捆在一起。从而，一个属性的说明可能触发整个语义密切相关的属性组，形成一个完整的分层结构。

比如，对于地址的概念，假如数据挖掘任务已经知道需要将属性 street、city、province_or_state 和 country 捆绑在一起，因为它们是语义密切相关的。如果用户在定义地址的分层结构时只说明了属性 city，则系统可以自动地携带这些语义相关的属性，形成一个分层结构。

总之，概念分层可以用来把数据变换到多个粒度层。使用概念分层变换数据可以揭示隐含在较高层的知识模式，而且它允许在多个抽象层进行挖掘，从而有利于提高数据挖掘的效果。

6.7 小结

数据清理试图填补缺失的值，光滑噪声同时识别离群点，并纠正数据的不一致性。数据清理包括偏差检测和数据变换。数据集成将来自多个数据源的数据整合成一致的数据存储。语义异种性的解决、元数据、相关分析、元组重复检测和数据冲突检测都有助于数据的顺利集成。数据归约是较小的数据量代替原始数据，并使得信息内容的损失最小化。数据归约方法包括维归约、数量归约和数据压缩。数据变换例程将数据变换成适于挖掘的形式。

目前已经开发了许多数据预处理的方法，由于大数据的发展，以及大数据本身的复杂性，数据预处理仍然是一个活跃的研究方向。

习 题

1. 列举出常用于数据散布特征的统计度量，并讨论如何在大数据预处理分析中有效地计算。

2. 针对不同的数据类型，数据相似性和相异性常用的计算方法有哪些？

3. 在数据预处理中，评估数据质量的参数包括哪些？

4. 数据清洗的主要任务是什么？常用的数据清洗技术包括哪些？

5. 数据集成需要考虑的问题包括哪些？

6. 数据规约的目的是什么？常用的规约技术包括哪些？

7. 属性子集选择的目标是什么？举例说明使用启发式算法的属性子集选择过程。

8. 抽样也可以看作是一种数据归约技术，常用于数据归约的抽样方法包括哪些？

9. 数据变换的主要任务是什么？常用的数据变换技术包括哪些？

10. 假设所分析的数据包括年收入 income（单位：万元），它在数据元组中的值（以递增序）为 3，3，6，6，7，7，8，9，9，10，10，12，12，12，15，15，15，18，18，18，20，20，20，20，24，24，30，30。计算数据的均值、中位数以及众数。

11. 利用习题 10 中的数据，回答如下问题：

（1）将数据划分到大小为 4 的等频箱中，给出每个箱中的数据。

（2）分别给出利用箱均值光滑数据结果和用箱边界光滑数据的结果。

12. 利用习题 10 中的数据，回答如下问题：

(1)使用 min - max 规范化变换，将年收入值为 22 变换到[0.0, 1.0]区间。

(2)使用 z - score 规范化变换年收入值为 22 的数据，其中数据的标准差为 7.46。

(3)使用小数定标规范化变换年收入值为 22 的数据。

第 7 章　大数据分析实例

本章主要介绍基于 Hadoop 的数据分析实验，内容包括数据获取、数据预处理、数据分析以及数据可视化全过程。

7.1　Hadoop 相关理论知识

Hadoop 是一种分布式系统基础架构，它实现了一个分布式文件系统(Hadoop distributed file system，HDFS)和一种分布式数据处理模型和执行环境(即 MapReduce)。HDFS 是针对谷歌文件系统(Google file system，GFS)的开源实现，是面向普通硬件环境的分布式文件系统，具有较高的读写速度、很好的容错性和可伸缩性，支持大规模数据的分布式存储，其冗余数据存储的方式很好地保证了数据的安全性。MapReduce 是针对谷歌 MapReduce 的开源实现，允许用户在不了解分布式系统底层细节的情况下开发并行应用程序。采用 MapReduce 来整合分布式文件系统上的数据，可保证分析和处理数据的高效性。借助于 Hadoop，程序员可以轻松地编写分布式并行程序，将其运行于廉价计算机集群上，完成海量数据的存储与计算。

Hadoop 的简单方便、可扩展性和健壮性使其在大数据处理方面占尽优势，并广泛应用于搜索引擎、大数据存储、大数据处理以及科学研究。

目前，国内外著名的互联网公司 Google、Yahoo!、微软、亚马逊、FaceBook、Twitter、LinkedIn、阿里巴巴、华为、腾讯、百度、网易、京东商城等都在使用 Hadoop 及相关技术解决大数据问题，以满足公司需求和创造商业价值。例如，阿里巴巴的 Hadoop 集群截至 2012 年大约有 3200 台服务器，约 300000 物理 CPU 核心，总内存 100 TB，总的存储容量超过 60 PB，每天的作业数目超过 1500000 个，每天 hive query 查询大于 6000 个，每天扫描数据量约为 7.5 PB，每天扫描文件数约为 4 亿，存储利用率大约为 80%，CPU 利用率平均为 65%，峰值可以达到 80%。阿里巴巴的 Hadoop 集群拥有 150 个用户组、4500 个集群用户，为淘宝、天猫、聚划算、支付宝等提供底层的基础计算和存储服务。

Hadoop 是一个能够对大量数据进行分布式处理的软件框架，并且是以一种可靠、高效、可伸缩的方式进行处理的，它具有以下几个方面的特性：

(1)高可靠性。采用冗余数据存储方式，即使一个副本发生故障，其他副本也可以保证正常的高效性。

(2)高效性。作为并行分布式计算平台，Hadoop 采用分布式存储和分布式处理两大核心技术，能够高效地处理 PB 级数据。

(3)高可扩展性。Hadoop 的设计目标是可以高效、稳定地运行在廉价的计算机集群上，可以扩展到数以千计的计算机节点上。

(4)高容错性。采用冗余数据存储方式，自动保存数据的多个副本，并且能够自动将失败的任务进行重新分配。

(5)成本低。Hadoop 采用廉价的计算机集群，成本比较低，普通用户也很容易用自己的 PC 搭建 Hadoop 运行环境。

(6)运行在 Linux 平台上。Hadoop 是基于 Java 语言开发的，可以较好地运行在 Linux 平台上。

(7)支持多种编程语言。Hadoop 上的应用程序也可以使用其他语言编写，如 C ++ 、Java、Scala 等多种语言。

7.1.1 Hadoop 生态系统

Hadoop1.0 即第一代 Hadoop，由分布式存储系统 HDFS 和分布式计算框架 MapReduce 组成，其中 HDFS 由一个 NameNode 和多个 DateNode 组成，MapReduce 由一个 JobTracker 和多个 TaskTracker 组成。但是，Hadoop1.0 中的 NameNode HA 不支持自动切换且存在切换时间过长的风险，单点 NameNode 制约了 HDFS 的扩展性问题，并对 MapReduce 的扩展性和多框架支持不足。

针对 Hadoop1.0 存在的不足，Hadoop2.0 提出了基于共享存储的 HA 方式，支持失败自动切换切回；同时，Hadoop2.0 提出 HDFS Federation 思想，它让多个 NameNode 分管不同的目录进而实现访问隔离和横向扩展，彻底解决了单点 NameNode 的问题；此外 Hadoop2.0 将 JobTracker 中的资源管理和作业控制分开，分别由 ResourceManager 和 ApplicationMaster 实现，即引入了资源管理框架 Yarn。Yarn 成为 Hadoop2.0 中的资源管理系统，它是一个通用的资源管理模块，可为各类应用程序进行资源管理和调度，且不仅限于 MapReduce 一种框架，也可以为其他框架使用，如 Oozie、Tez、Spark、Storm 等。

1. Hadoop2.0 生态系统

经过多年的完善，Hadoop2.0 生态系统不断成熟，目前已经包含了多个子项目。除了核心的 HDFS 和 MapReduce 之外，Hadoop 的生态系统还包括 Yarn、ZooKeeper、Hbase、Hive、Pig、Mahout、Sqoop、Flume、Amnari 等功能组件。在 Hadoop2.0 中增加了新的组件，即 HDFS HA 和分布式资源调度管理框架 Yarn 等。图 7 - 1 给出了 Hadoop2.0 版本的生态系统图。

HDFS 是 Hadoop 生态系统的两大核心之一。HDFS 被设计成适合运行在通用硬件(commodity hardware)上的分布式文件系统，它是一个高度容错性的系统，适合部署在廉价的机器上。HDFS 能提供高吞吐量的数据访问，非常适合大规模数据集上应用。HDFS 放宽了一部分 POSIX 约束，来实现流式读取文件系统数据。HDFS 在访问应用程序时，可以具有很高的吞吐量，因此对于超大数据集的应用程序而言，选择 HDFS 作为底层数据存储是较好的选择。

Yarn 是一种新的 Hadoop 资源管理器，它是一个通用资源管理系统，可为上层应用提供统一的资源管理和调度，它为 Hadoop 的集群的利用率、资源统一管理和数据共享等方面带来了优势。

MapReduce 是 Hadoop 生态系统的另一大核心，MapReduce 是一种编程模型，用于大规模

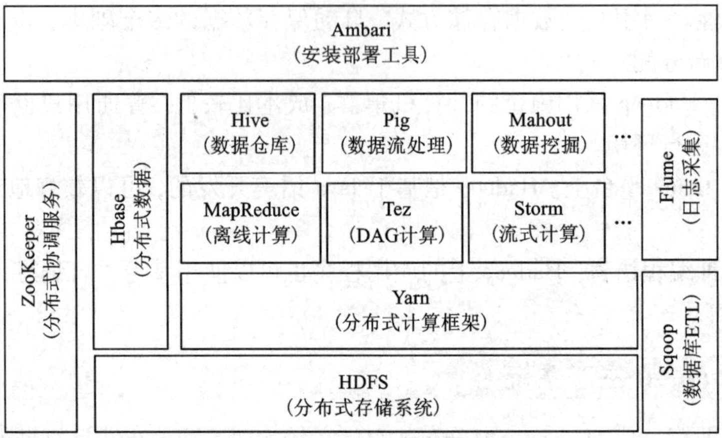

图7-1 **Hadoop生态系统图**

数据集(大于1 TB)的并行运算，它将复杂的、运行于大规模集群上的并行计算过程抽象为两个函数Map和Reduce，并且允许用户在不了解分布式底层细节的情况下开发应用程序，并运行在存储于廉价计算机集群的HDFS之上，完成大规模数据的处理。简而言之，MapReduce的核心思想也就是“分而治之”，它将分布式文件系统中的大规模数据集切分成许多独立的分片(split)，这些分片可以被多个Map任务并行处理。

Tez是Apache最新开源的支持DAG作业的计算框架，它源于MapReduce框架，核心思想是将Map和Reduce两个操作进一步拆分，即Map被拆分成Input、Processor、Sort、Merge和Output，Reduce被拆分成Input、Shuffle、Sort、Merge、Processor和Output等。这样，这些分解后的元操作可以任意灵活组合，产生新的操作，这些操作经过一些控制程序组装后，可形成一个大的DAG作业。

Storm是一个开源的分布式实时计算系统，可以简单、可靠的处理大量的数据流。它也为大数据的实时计算提供了一些简单的原语，这大大降低了Hadoop并行实时处理任务的复杂性，可以快速、高效的开发应用程序。

Hive是一个基于Hadoop的数据仓库的工具，它提供了一系列的工具，可以用来进行数据提取转化加载，这是一种可以存储、查询和分析存储在Hadoop中的大规模数据的机制。Hive定义了简单的类SQL查询语言，称为Hive SQL，它允许熟悉SQL的用户查询数据。同时，Hive SQL也允许熟悉MapReduce的开发者自定义Map和Reduce程序来处理内建的Map和Reducer无法完成的复杂分析工作。

Pig是一种数据流语言和运行环境，适合于使用Hadoop和MapReduce平台来查询大型半结构化数据集。通过允许对分布式数据集进行类似SQL的查询，Pig可以简化Hadoop的使用，尤其是MapReduce的编写。Pig在MapReduce的基础上创建了更简单的抽象过程语言，为Hadoop应用提供了一种更加接近结构化查询语言的接口。因此当需要从大量数据集中搜索满足特定条件的记录时，采用Pig要比MapReduce具有明显的优势。Pig只需要编写简单的脚本在数据集群中自动并行处理与分发，而MapReduce需要编写一个单独的应用程序。

Mahout 是 Apache 旗下的一个开源项目，提供一些可扩展的机器学习领域经典算法的实现，目的是帮助开发人员更加方便、快捷地创建智能应用程序。Mahout 包含聚类、分类、推荐、过滤、频繁项集挖掘等数据挖掘算法。此外，通过使用 Hadoop 库，Mahout 可以有效地扩展到云中。

ZooKeeper 是一个分布式、开放源码的分布式应用程序协调服务，是 Google 的 Chubby 一个开源的实现。它提供分布式的基本服务（如统一命名服务、状态同步服务、集群管理、分布式应用配置项的管理等），用于构建分布式应用，减轻分布式应用程序所承担的协调任务。ZooKeeper 包含一个简单的原语集，提供 Java 和 C 的接口。

HBase 是 Apache 的 Hadoop 项目的子项目，它是一个高可靠性、高性能、面向列、可伸缩的分布式存储系统。利用 HBase 技术可在廉价 PC Server 上搭建起大规模结构化存储集群。HBase 是 Google Bigtable 的开源实现，类似 Google Bigtable 利用 GFS 作为其文件存储系统，HBase 利用 Hadoop HDFS 作为其文件存储系统；Google 运行 MapReduce 来处理 Bigtable 中的海量数据，HBase 同样利用 Hadoop MapReduce 来处理 HBase 中的海量数据；Google Bigtable 利用 Chubby 作为协同服务，HBase 利用 ZooKeeper 作为对应。

Flume 是 Cloudera 提供的一个高可用的、高可靠的、分布式的海量日志采集、聚合和传输的系统。Flume 支持在日志系统中定制各类数据发送方，用于收集数据。同时，Flume 可对数据进行简单处理并写到各种数据接受方。

Sqoop 是 SQL to Hadoop 的缩写，主要用于在 Hadoop 与传统的数据库间进行数据的传递，它可以将一个关系型数据库（如 MySQL、Oracle 等）中的数据导进到 Hadoop（如 HDFS、Hive 或 Hbase）中，也可以将 HDFS 的数据导进到关系型数据库中。

Ambari 是一种基于 Web 的工具，支持 Apache Hadoop 集群的供应、管理和监控。Ambari 已支持大多数 Hadoop 组件，包括 HDFS、MapReduce、Hive、Pig、Hbase、ZooKeeper 和 Sqoop 等。

2. Hadoop 安装和使用

尽管 Hadoop 可以运行在 Linux、Windows 以及其他一些类 UNX 系统（如 OpenBSD、Solaris 等）之上，但是 Hadoop 官方真正支持的平台只有 Linux。因此，如果在其他平台运行 Hadoop 时，往往需要安装很多其他的包来提供一些 Linux 操作系统的功能，例如，在 Windows 环境运行 Hadoop，需要安装 Cygwin 等软件。

在 Linux 系统各个发行版中，CentOS 系统和 Ubuntu 系统在服务端和桌面端使用较为广泛，因此建议使用 CentOS 或 Ubuntu 作为系统平台。Hadoop 基本安装配置步骤如下：

（1）创建 Hadoop 用户。

一般创建一个名为“Hadoop”的用户来运行程序，这样可以区分不同用户之间的权限，还可以使针对 Hadoop 用户的配置不影响其他用户。创建用户的命令为 useradd，设置密码的命令为 passwd。

（2）安装 Java。

由于 Hadoop 本身就是使用 Java 语言编写，因此 Hadoop 的运行和开发都需要 Java 的支持，一般 CentOS 系统和 Ubuntu 系统都已经预装了 Java 环境。

（3）设置 SSH 登录权限。

Hadoop 在运行时，需要启动集群中所有机器的 Hadoop 守护进程，这个过程可以通过

SSH登陆来实现。

(4)安装配置。

可以从Hadoop官网(https://hadoop.apache.org/releases.html)下载相应的Hadoop版本，然后解压安装即可。如果是单机安装，还需要配置Hadoop的伪分布式系统。对于伪分布式系统，主要是对core-site.xml和hdfs-site.xml文件进行修改。

3. 常用的Linux操作和Hadoop操作

由于Hadoop运行在Linux系统上，因此需要学习一些常用的Linux命令和Hadoop基本操作方法。Linux提供了Windows下cmd.exe命令行窗口，它接收用户命令，然后调用相应的应用程序。Linux常用命令如表7-1所示。

表7-1 Linux常用命令

命令	作用
ls	显示文件或目录；参数 -l 表示列出文件详细信息 l(list)；参数 -a 表示列出当前目录下所有文件及目录，包括隐藏的 a(all)
mkdir	创建目录；参数 -p 表示创建目录，若无父目录，则创建 p(parent)
cd	切换目录
touch	创建空文件
echo	创建带有内容的文件
cat	查看文件内容
cp	复制文件
mv	移动或重命名
rm	删除文件；参数 -r 表示递归删除，可删除子目录及文件；参数 -f 表示强制删除
find	在文件系统中搜索某文件
wc	统计文本中行数、字数、字符数
grep	在文本文件中查找某个字符串
tar	压缩命令
pwd	显示当前目录
head、tail	显示文件头、尾内容
ctrl + alt + F1	命令行全屏模式
more、less	分页显示文本文件内容

使用Hadoop用户登录Linux系统，首先在Linux命令行窗口启动Hadoop(假设Hadoop安装目录为/usr/local/hadoop/)：

```
cd /usr/local/hadoop
./sbin/start. all-sh
```

./bin/hdfs dfs - mkdir - p /user/hadoop

其中 start. all-sh 命令不仅启动了 Hadoop，同时还启动了 HDFS 和 Yarn 组件。

7.1.2 HDFS

分布式文件系统把文件分布存储到多个计算机节点上，成千上万的计算机节点构成计算机集群。与之前使用多个处理器和专用高级硬件的并行化处理装置不同的是，目前的分布式文件系统所采用的计算机集群，都是由普通硬件构成的，这就大大降低了硬件上的开销。

分布式文件系统在物理结构上是由计算机集群中的多个节点构成的，这些节点包括两类，一类叫 MasterNode（主节点）或者也被称为 NameNode（名称结点），另一类叫 SlaveNode（从节点）或者也被称为 DataNode(数据节点)。NameNode 负责文件和目录的创建、删除和重命名等操作，同时管理 DataNode 和文件块的映射关系；DataNode 负责数据的存储和读取。

分布式文件系统 HDFS 是由一个 NameNode 节点和若干个 DataNode 节点组成的。HDFS 系统是以文件的形式来存储数据，从内部来看，存储的文件被分成了若干个数据块，并且这若干个数据块存储在一组 DataNode 节点上。

1. HDFS 的块

传统的文件系统中，为了提高读写速度，一般以块为单位，而不是字节为单位。HDFS 同样采用了块的概念，默认的一个块大小是 64 MB。在 HDFS 中的文件会被拆分成多个块，每个块作为独立的单元进行存储。而普通文件系统的块一般只有几千字节，因此，HDFS 在块的大小的设计上明显要大于普通文件系统。HDFS 文件块大小的设置是为了最小化寻址开销。当客户端需要访问一个文件时，HDFS 首先从名称节点获得组成这个文件的数据块的位置列表，然后根据位置列表获取实际存储各个数据块的数据节点的位置，最后数据节点根据数据块信息在本地 Linux 文件系统中找到对应的文件，并把数据返回给客户端。HDFS 设计一个比较大的块，可以把上述寻址开销分摊到较多的数据中，降低了单位数据的寻址开销。因此，HDFS 在文件块大小设置上要远优于普通文件系统。当然，块也不宜设置过大，因为，通常 MapReduce 中的 Map 任务一次只处理一个块中的数据，如果启动的任务太少，就会降低作业并行处理速度。

总之，HDFS 采用块的概念可以将大规模文件分拆成若干个文件块，适宜大规模文件的存储，而且不同的文件块可以被分发到不同的节点上，文件的大小就不会受到单个节点的存储容量的限制。此外，这种块的概念使的存储管理更为简便，简化了系统设计；同时这种概念也非常适合数据备份，也就是将文件块冗余的存储到多个节点上，从而提高系统的容错性和可用性。

2. 名称节点和数据节点

在 HDFS 中，名称节点负责管理分布式文件系统的命名空间，包括文件目录树、文件/目录信息以及数据块索引（映射信息）等，这些信息保存在 FsImage（命名空间镜像）文件和 EditLog（编辑日志）文件中，FsImage 用于维护文件系统的树结构及文件树结构中所有的文件和文件夹的元数据，具体包括目录的存储修改时间、权限和配额、文件的复制等级、修改和访问时间、访问权限、块大小以及组成文件的块等；EditLog 记录了所有针对文件的操作，包括文件的创建、删除、重命名等操作。名称节点记录了每个文件中各个块所在的数据节点的位置信息，但是并不是持久存储这些信息，而是在系统每次启动时扫描所有数据节点重构得到这些信息。

名称节点在启动时，会将 FsImage 的内容加载到内存当中，然后执行 EditLog 文件中的各项操作，从而使得内存中的元数据保持最新。完成此操作后，系统会创建一个新的 FsImage 文件和一个空的 EditLog 文件。名称节点启动成功并进入正常运行状态以后，HDFS 中的更新操作都会被写入到 EditLog 中，因此，FsImage 文件通常都很庞大(一般都是 GB 级别以上)。但是，如果向 EditLog 文件里面写就不会这样，因为 EditLog 要小很多。因此，每次执行写操作之后，且在向客户端发送成功代码之前，EditLog 文件都需要同步更新。

在名称节点运行期间，HDFS 的所有更新操作都是直接写到 EditLog 中，因此，EditLog 文件也将会变得很大，虽然这对名称节点的运行有明显的影响，但是，当名称节点重启的时候，名称节点需要将 FsImage 里面的所有内容映像到内存中，然后逐条执行 EditLog 中的记录，而当 EditLog 文件非常大时，就会导致名称节点启动非常慢，而在这段时间内 HDFS 系统一直无法提供读写操作，从而影响用户的使用。为了有效的解决这个问题，HDFS 引入第二名称节点(Secondary NameNode)。第二名称节点是 HDFS 的重要组成部分，它主要完成 FsImage 和 EditLog 的合并操作，减小 EditLog 文件的大小，缩短名称节点的启动时间，同时保存名称节点中元数据信息。Secondary NameNode 一般是单独运行在集群中的一台机器上。在实际系统中，第二名称节点会定期和名称节点通信，请求停止使用 EditLog 文件，暂时将新的写操作写到一个新的文件 edit. new 中。此外，第二名称节点会从名称节点获取 FsImage 和 EditLog 文件，并下载到本地的相应目录下，然后将 FsImage 载入到内存，并同时逐条执行 EditLog 文件中的各项更新操作，使得内存中的 FsImage 保持最新。这实际上就是将 EditLog 和 FsImage 文件合并。最后第二名称节点将新的 FsImage 文件发送给名称节点替换就得 FsImage 文件，同时也将 edit. new 文件替换为 EditLog 文件，这样 EditLog 文件就变小了。

数据节点是分布式文件系统 HDFS 的工作节点，负责数据的存储和读取。系统会根据客户端或者名称节点的调度来进行数据的存储和检索，并向名称节点定期发送自己所存储的数据块列表。每个数据节点中的数据会被保存在各自节点的本地 Linux 文件系统中。

4. HDFS 体系结构

HDFS 采用了主从(Master/Slave)结构模型，它包括一个名称节点和若干个数据节点，其中名称节点是 HDFS 的 Maste 节点。名称节点也是主服务器，管理 HDFS 的命名空间以及客户端对文件的访问操作，数据节点负责管理数据，HDFS 体系结构如图 7 - 2 所示。

HDFS 体系结构中，名称节点和数据节点都被设计成可以在普通商用计算机上运行。这些计算机通常运行的是 GNU/Linux 操作系统。HDFS 采用 Java 语言开发，因此任何支持 JVM 的机器都可以部署名称节点和数据节点。一个典型的部署场景是集群中选择性能较好的一台机器运行一个名称节点，其他机器分别运行一个数据节点或者一台机器运行多个数据节点。集群中唯一的名称节点是 HDFS 元数据的管理者，这种设计大大简化了系统的架构，同时用户数据也永远不会经过此名称节点，这也大大减轻了中心服务器的压力，便于数据管理。

从图 7 - 2 中可以看出，HDFS 是依靠三个重要的模块来管理分布式文件系统的，分别是：名称节点、数据节点和客户端(client)。其中，名称节点是分布式文件系统的管理者，它

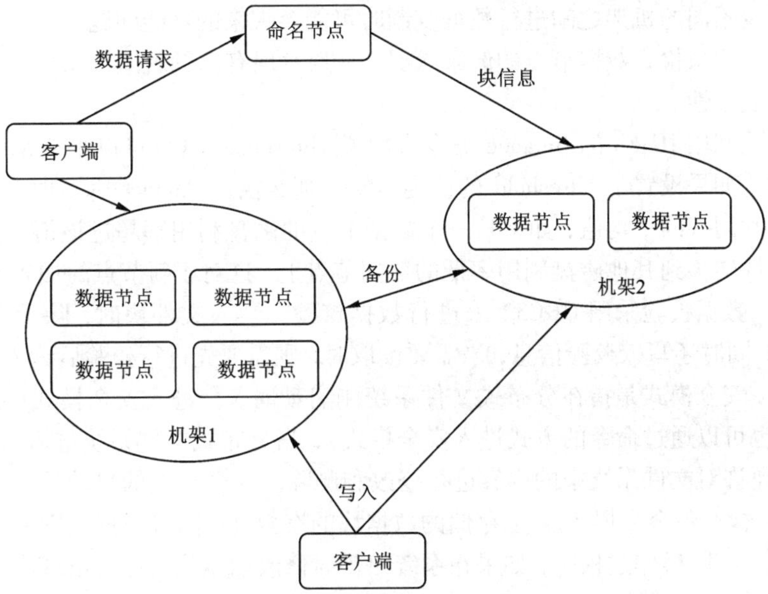

图 7－2　HDFS 体系结构

的主要责任是管理文件系统的集群配置信息、命名空间以及存储块的复制等。数据节点负责存储和读取数据文件，同时周期性的发送所有文件块的报告给名称节点。当客户端需要访问一个文件时，首先把文件名发送给名称节点，名称节点根据文件名找到对应的数据块，再根据每个数据块信息找到实际存储各个数据块的数据节点的位置，并把数据节点位置发送给客户端。最后客户端直接访问这些数据节点获取数据。

Client 是需要获取分布式文件系统文件的应用程序。它通过文件写入、文件读取和文件块复制实现对数据的管理。

文件写入的具体过程为 Client 向名称节点发起请求，需要文件写入；然后名称节点根据所请求的文件大小和文件块的配置情况，返回给 Client 所管理的数据节点的信息；同时 Client 将文件划分为多个数据块，按顺序将数据块依次存储到每一个数据节点中。

文件读取的具体过程为 Client 向名称节点发起请求，需要进行文件读取操作；名称节点返回文件所存储的数据节点的信息；Client 读取文件的信息。

文件块(block) 复制的过程为名称节点发现部分文件的数据块不满足最小复制数或部分数据节点失效；名称节点通知各个数据节点互相复制数据块，然后数据节点进行互相复制。

HDFS 涉及数据节点、名字节点和客户端之间的配合、相互调用，为了降低节点间代码的耦合性，提高单个节点代码的内聚性，HDFS 将这些节点间的通信抽象成不同的接口。HDFS 节点间的接口主要有两种形式，一种是 Hadoop RPC 接口，即 HDFS 中基于 Hadoop RPC 框架实现的接口；另一种是流式接口，即 HDFS 中基于 TCP 或者 HTTP 实现的接口。

此外，HDFS 的数据管理还包括数据备份、心跳检测、数据复制、数据效验等功能。

HDFS 文件块一般会有三份备份，一份放在名称节点制定的数据节点上，另一份放在与指定数据节点不在同一台机器上的数据节点上，最后一份放在与指定数据节点统一机架上的数据节点上。备份的目的是为了保证数据的安全性，采用这种配置方式主要是考虑同一个机架失败的情况及不同的机架之间进行数据复制时可能会带来的性能问题。

心跳检测是用来检查数据节点的健康状况，一旦发现有问题就立即采取数据备份，以保证存储数据的安全性。

数据复制是利用 HDFS 的 Balance 命令来配置 Threshold，这样可以平衡每一个数据节点的磁盘利用率。如果设置了 Threshold 的值为 10%，那么执行 Balance 命令时，首先统计所有数据节点磁盘利用率的平均值，如果某一个数据节点的磁盘利用率超过该值，则把这个数据节点上的文件块转移到其他磁盘利用率低的数据节点上，这对于新节点的加入十分有效。

CRC32

数据校验采用 CRC32 来进行数据校验。写入文件块时，除了会写入数据以外，同时还写入校验信息，当需要读取时，则需要先进行校验后读入。

安全模式是指在分布式文件系统刚启动时，会进入安全模式（在系统运行期间也可以通过命令的方式进入安全模式），当分布式文件系统进入安全模式以后，不允许对文件系统中的内容进行修改和删除。安全模式的目的是为了在系统启动时，检查各个数据节点 上存储的数据块的有效性，同时根据规则进行复制或删除部分数据块。在实际操作过程中，如果在系统启动时修改和删除文件会出现安全模式不允许修改的错误提示，只需要等待一会即可。

5. 常用 HDFS 操作

在 Linux 命令行终端可以使用 Shell 命令对 Hadoop 进行操作，利用这些命令可以对 HDFS 文档进行上传、下载、复制、查看、格式化节点等操作。HDFS 的 shell 命令的统一格式为：

hadoopcommand [genericOptions] [commandOptions]

HDFS 有很多命令，其中 fs 命令是最常用的命令，利用 fs 命令可以查看 HDFS 文件系统的目录、上传和下载数据、创建文件等。命令的格式如下：

hadoopfs [genericOptions] [commandOptions]

常用 fs 命令如下：

（1）显示 <path> 指定的文件的详细信息：

hadoop fs -ls <path>

（2）创建 <path> 指定的文件夹：

hadoop fs-mkdir <path>

（3）将 <path> 指定的文件的内容输出到标准输出（stdout）：

hadoop fs -cat <path>

（4）将本地源文件 <localsrc> 复制到路径 <dst> 指定的文件或文件夹中：

hadoop fs -copyFromLocal <localsrc> <dst>

（5）将 <path> 指定的文件的权限修改为 <mode>：hadoop fs -chmod[-R] <mode> <path>

（6）创建一个 <path> 指定的空文件：

hadoop fs - touchz <path>

（7）以指定的格式返回 <path> 指定的文件的相关信息：

hadoop fs - stat [format] <path>

(8)将文件从源路径 <src> 复制到目标路径 <dst>：hadoop fs -cp <src> <dst>

(9)显示 <path> 指定文件或文件夹中所有文件的大小：

hadoop fs -du <path>

(10)复制 <src> 指定的文件到本地文件系统 <localdst> 指定的文件或文件夹，可用 -ignorecrc 选项复制 CRC 校验失败的文件。使用 -crc 选项复制文件以及 CRC 信息：

hadoop fs -get [-ignorecrc] [-crc] <src> <localdst>

(11)对 <src> 指定的源目录中的所有文件进行合并，写入 <localdst> 指定的本地文件，-nl是可选的，用于指定在每个文件结尾添加一个换行符：

hadoop fs -getmerge [-nl] <src> <localdst>

(12)从本地文件系统中复制 <localsrc> 指定的单个或多个源文件到 <dst> 指定的目标文件系统：

hadoop fs -put <localsrc> < dst>

(13)删除 <path> 指定的文件，只删除非空目录和文件：

hadoop fs -rm <path>。

其他详细的命令可查看 Hadoop 官网。另外，需要注意的是，Hadoop 中有三种 shell 命令方式，其中 Hadoop fs 适用于任何不同的文件系统，Hadoop dfs 只能适用于 HDFS 文件系统，hdfs dfs 跟 Hadoop dfs 的命令作用一样，也只能适用于 HDFS 文件系统。

7.1.3 MapReduce

谷歌公司最先提出了分布式并行编程模型 MapReduce，Hadoop MapReduce 是它的开源实现，后者比前者使用门槛低很多，软件开发者可以很轻松地开发分布式并行程序。

MapReduce 采用"分而治之"策略，也就是说，一个存储在分布式文件系统中的大规模数据集会被切分成许多独立的分片(split)，这些小分片可以被多个 Map 任务并行处理。MapReduce 会为每个 Map 任务输入一个数据子集，Map 任务生成的结果会继续作为 Reduce 任务的输入，最终由 Reduce 任务输出最终结果，并写入分布式文件系统。

与以往的并行计算模式不同，MapReduce 的设计理念是"计算向数据靠拢"，而不是"数据向计算靠拢"，因为移动数据需要大量的网络传输开销，尤其是在大规模数据环境下，这种开销非常惊人。因此，基于这一理念，MapReduce 会将 Map 程序运行于就近的 HDFS 数据节点上，即将计算节点和存储节点放在一起运行，从而少了节点间数据传输的开销。

1. MapReduce 体系结构

MapReduce 也采用了主从(Master/Slave)架构，包括一个主节点和若干个从节点，其中主节点运行 JobTracker，从节点运行 TaskTracker。主节点负责调度构成一个作业的所有任务，这些任务分布在不同的从节点上。主节点监控它们的执行情况，并且重新执行之前失败的任务；从节点仅负责由主结点指派的任务。当一个 Job 被提交时，JobTracker 接收到提交作业和配置信息之后，就会将配置信息等分发给从节点，同时调度任务并监控 TaskTracker 的执行。MapReduce 体系结构如图 7-3 所示。

MapReduce 体系结构主要由四个部分组成，即 Client、JobTracker、TaskTracker 和 TaskScheduler。

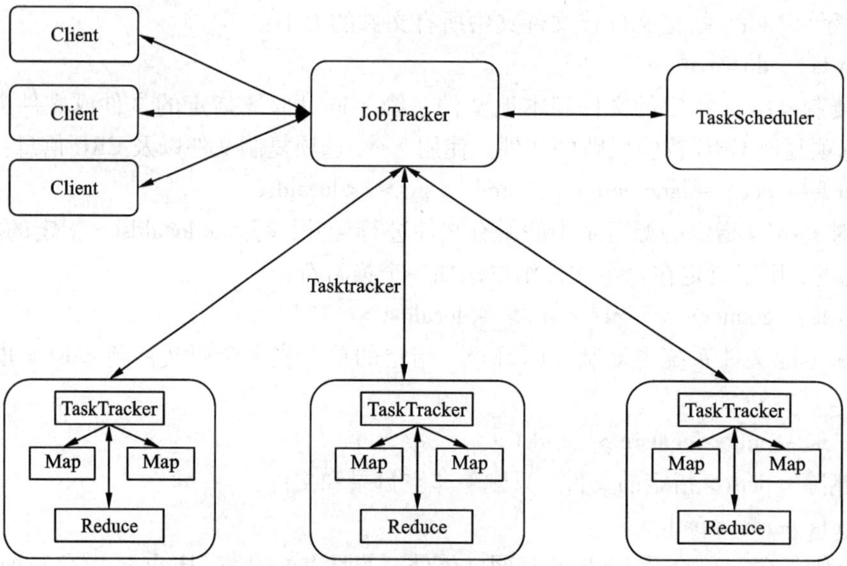

图 7-3 MapReduce 体系结构

Client 即客户端，它将用户编写的 MapReduce 程序提交到 JobTracker 端，同时用户通过 Client 提供的一些接口查看作业运行状态。

JobTracker 负责资源监控和作业调度，JobTracker 监控所有 TaskTracker 与 Job 的健康状况，一旦发现失败，就将相应的任务转移到其他节点；同时 JobTracker 会跟踪任务的执行进度、资源使用量等信息，并将这些信息通知 TaskScheduler(任务调度器)端，TaskScheduler 会在资源出现空闲时，选择合适的任务使用这些资源。

TaskTracker 会周期性地通过"心跳"将本节点上资源的使用情况和任务的运行进度汇报给 JobTracker，同时接收 JobTracker 发送过来的命令并执行相应的操作(如启动新任务、杀死任务)等。TaskTracker 通过任务槽(slot)等量划分本节点上的资源量(CPU、内存等)来分配资源，一个 Task 获取到一个 slot 后才有机会运行，slot 分为 MapSlot 和 ReduceSlot，分别供 Map 和 Reduce 使用。

Map 和 Reduce 是两种 Task，即 Map Task 和 Reduce Task，均由 TaskTracker 启动。

2. MapReduce 核心——Map 函数和 Reduce 函数

MapReduce 分为两个阶段，Map 阶段和 Reduce 阶段。这两个阶段分别用两个函数来表示，即 Map 函数和 Reduce 函数，它们是 MapReduce 的核心。实际开发中，程序员只须关注如何实现 Map 函数和 Reduce 函数，而并不需要处理并行编程中的其他各种复杂问题(如分布式存储、工作调度、负载均衡、容错处理、网络通信等)，这些问题都会由 MapReduce 框架负责处理，因此，MapReduce 编程比较容易。

Map 函数的输入来自分布式文件系统的文件块，这些文件块可能是文档，也可能是二进制文件。文件块是一系列元素的集合，这些元素可以是任意类型，并且可能跨文件块存储。Map 函数将输入的元素转换成 < key, value > 形式的键值对，其中键不同于通常意义中的关键字，它没有唯一性。Reduce 函数的任务是将 Map 函数的输出结果中具有相同键值的键值对按照某种方式组合起来，并输出处理后的键值对，同时将输出结果合并成一个文件。

也就是说，Map 函数和 Reduce 函数都是以 <key, value> 作为输入。Map 函数接收一个 <key, value> 形式的输入，然后产生同样为 <key, value> 形式的中间输出，Hadoop 负责将所有相同中间 key 值的 value 集合到一起发送到 Reduce 函数，Reduce 函数接收一个形似 <key, (list of values)> 形式的输入，然后对这个集合的 value 进行处理并输出结果，Reduce 的输出也是 <key, value> 形式的。

3. MapReduce 工作流程

大规模数据集的处理包括分布式存储和分布式计算两个核心环节，而在 Hadoop 系统中，HDFS 实现分布式数据存储，Hadoop MapReduce 实现分布式计算。MapReduce 的输入和输出都是利用 HDFS 分布式文件系统，这些文件被分布存储到集群中的多个节点上。MapReduce 的核心思想是“分而治之”，也就是把一个大的数据集拆分成多个小数据块在多台机器上并行处理，其工作流程如图 7－4 所示。

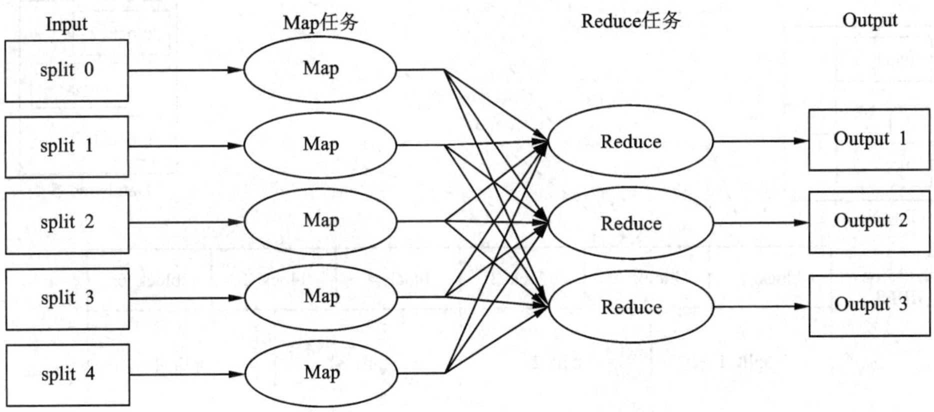

图 7－4　MapReduce 工作流程

从图 7－4 可以看出，MapReduce 首先将输入数据拆分成很多个 split(即分片)，并由多个 Map 任务在多台机器上执行，每个 Map 任务通常运行在数据存储的节点上，计算和数据放在一起运行，不需要额外的数据传输开销。当 Map 任务结束后，会生成以 <key, value> 形式的许多中间结果，MapReduce 将这些中间结果分发到多个 MapReduce，与 Map 任务相似，Reduce 也是在多台机器上并行执行，并将具有相同 key 值的 <key value> 的键值对发送到同一个 Reduce 任务，Reduce 任务对中间结果进行汇总计算得到最后结果，并输出到分布式文件系统中。

需要指出的是，不同的 Map 任务之间不会进行通信，不同的 Reduce 任务之间也不会发生任何信息交换，用户不能显式地从一台机器向另一台机器发送消息，所有的数据交换都是通过 MapReduce 框架自身去实现的。

在 MapReduce 的整个执行过程中，Map 任务的输入文件和 Reduce 任务的处理结果都是存储在分布式文件系统中，而 Map 任务处理得到的中间结果则存储在本地。另外，只有当所有的 Map 任务处理结束后，Reduce 任务才能开始。

4. 分片(split)

HDFS 是以固定大小的块为基本单位存储数据，而对于 MapReduce 而言，其处理单位是 split。MapReduce 利用 InputFormat 模块进行数据预处理，并将输入文件切分为多个 split。split 只是一个逻辑概念，实际上输入文件并没有被物理切割，因此，split 只包含数据起始位置、数据长度、数据所在节点等一些元数据信息。它的划分方法完全由用户自己定义。文件块分片的示意图如图 7 - 5 所示。

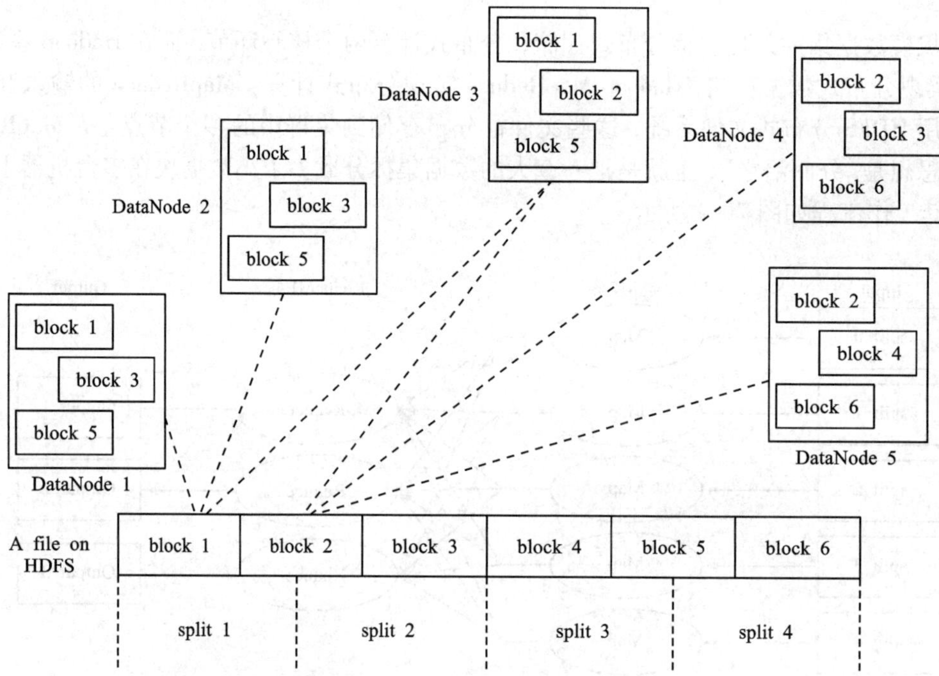

图 7 - 5 文件块分片示意图

从图 7 - 5 可以看出，用户可以按照自己定义将 HFDS 文件块切分为多个 split，而大多数情况下，理想的 split 大小为一个 HDFS 块。然后 Hadoop 为每个 split 创建一个 Map 任务，也就是说，split 的数量决定了 Map 任务的数量；而 Reduce 任务的数量取决于集群中可用的 reduce 任务槽(slot)的数目，通常设置为比 Reduce 任务槽数目稍微小一些的 Reduce 任务个数(这样可以预留一些系统资源来处理可能发生的错误)。

5. Shuffle 过程

为了让 Reduce 可以并行处理 Map 端的结果，需要对 Map 的输出进行一定的分区(partition)、排序(sort)、合并(combine)和归并(merger)等处理，从而得到 <key,(list of values)>形式的中间结果，然后在交给对应的 Reduce 进行处理，这个过程称为 Shuffle。

Shuffle 过程是 MapReduce 整个工作流程的核心环节，Shuffle 过程可以分为 Map 端的操作和 Reduce 端的操作，具体如图 7 - 6 所示。

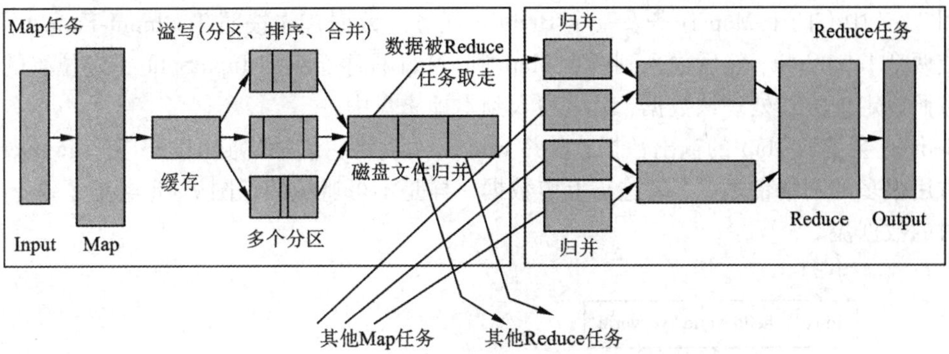

图 7-6 Shuffle 过程

从图 7-6 可以看出，在 Map 端，Map 的输出结果首先被写入缓存，当缓存满时，就启动溢写操作，同时把缓存中的数据写入磁盘文件，并清空缓存。当启动溢写操作时，需要把缓存中的数据进行分区，然后对每个分区的数据进行排序和合并，然后再写入磁盘文件。每次溢写操作都会生成一个新的磁盘文件，随着 Map 任务的执行，磁盘中就会生成多个溢写文件。在 Map 任务全部结束之前，这些溢写文件会被归并成一个大的磁盘文件，然后通知相应的 Reduce 任务来领取相应的处理数据。相对于 Map 端，Reduce 端的 Shuffle 过程非常简单，只需要从不同 Map 任务领回需要处理的数据，对数据进行归并处理，然后交给 Reduce 任务。

下面结合一个 WordCount 实例具体解释 MapReduce 工作流程。图 7-7 是 WordCount 程序的执行流程，该 WordCount 程序的目的是统计每个单词的数量。

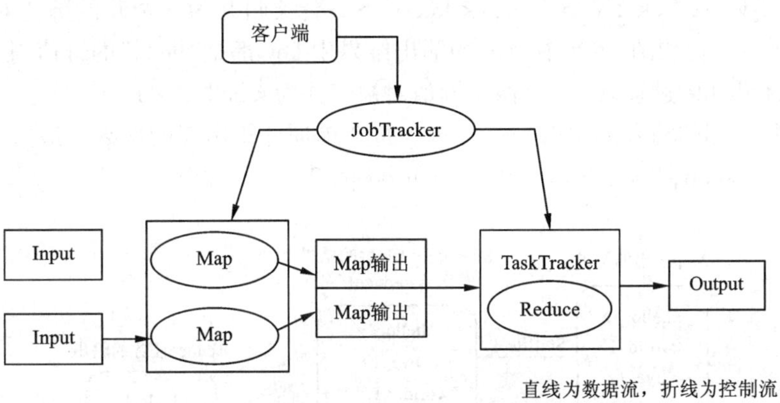

图 7-7 WordCount 程序执行流程

从图 7-7 可以看出，负责控制以及调度 MapReduce 的 Job 的是 JobTracker，负责运行 MapReduce 的 Job 的是 TaskTracker。当然，MapReduce 在运行时是分成 MapTask 和 Reduce Task 来处理的，而不是完整的 Job。简单的控制流大概是这样的：JobTracker 调度任务给 TaskTracker，TaskTracker 执行任务时，会返回进度报告。JobTracker 则会记录进度的进行状况，如果某个 TaskTracker 上的任务执行失败，那么 JobTracker 会把这个任务分配给另一台

TaskTracker，直到任务执行完成。

图 7 - 7 中有两个 Map 任务及一个 Reduce 任务。数据首先按照 Textlnput-Format 形式被处理成两个 InputSplit，然后输入到两个 Map 中，Map 程序会读取 InputSplit 指定位置的数据，然后按照设定地方式处理该数据，最后写入到本地磁盘中。

Reduce 会读取 Map 的输出数据，合并 value，然后将它们输出到 HDFS 上。Reduce 的输出会占用很多的网络带宽，不过这与上传数据一样是不可避免的。图 7 - 8 给出了 WordCount 执行时的数据流。

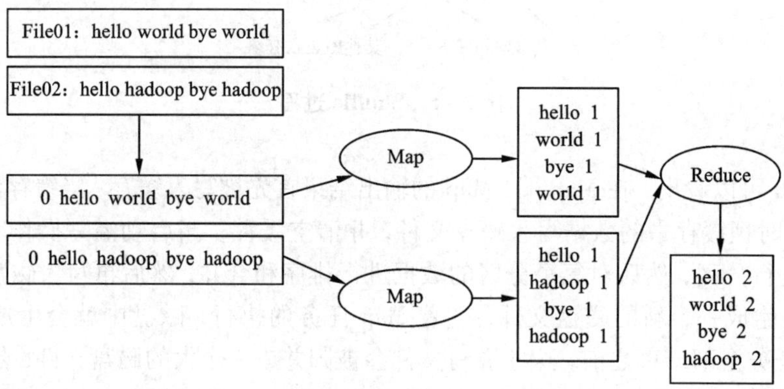

图 7 - 8 WordCount 执行时的数据流

实际上，Map 端和 Reduce 端之间还存在 Shuffle 过程，也就是说，Shuffle 过程会把具有相同 key 值的键值对归并成一个键值对，如图 7 - 9 所示。具体而言，对于若干个具有相同 key 的键值对 $<k_1, v_1>$，$<k_1, v_2>$，…，$<k_1, v_n>$，会被归并为一个新的键值对 $<k_1, <v_1, v_2, \cdots, v_n> v_1>$。比如图 7 - 9 中 Map 的输出结果中 key 都是“hello”的键值对 <hello，1 >，经过 Map 端的 Shuffle 过程以后，这两个键值对被归并为 <hello，<1，1 > >。归并后的键值对会作为 Reduce 端的输入，由 Reduce 任务为每个单词计算出现的次数。最后，输出结果为 <hello，2 >、<world，2 >、<bye，2 >、<hadoop，2 >。

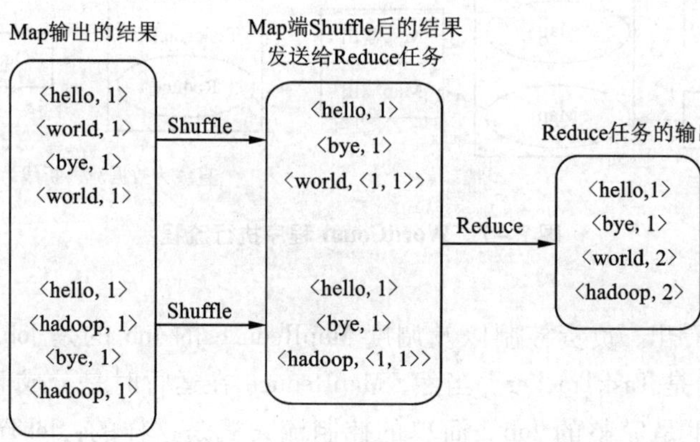

图 7 - 9 WordCount 程序 Map 端 shuffle 过程

总之，Hadoop 中的分布式文件系统 HDFS 能够实现数据在计算机集群组成的云上高效的存储和管理。Hadoop 中的并行编程框架 MapReduce 能够让用户编写的 Hadoop 并行应用程序运行更加简化，并且 MapReduce 计算模型非常适合在大量计算机组成的大规模集群上并行运行。

7.1.4 HBase

HBase 是一个高可靠、高性能、面向列、可伸缩的分布式数据库，它是谷歌 BigTable 的开源实现，主要用来存储非结构化和半结构化的松散数据。HBase 的目标是利用廉价计算机集群，通过水平扩展的方式处理超过 10 亿行数据和数百万列元素组成的庞大的数据表。

在 Hadoop 生态系统中，HBase 利用 MapReduce 处理海量数据，实现高性能计算；利用 ZooKeeper 作为协同服务，实现稳定服务和失败恢复；利用 HDFS 作为底层存储。此外，Sqoop 为 HBase 提供了高效、便捷的数据导入功能，Pig 和 Hive 为 HBase 提供高层语言支持。

1. HBase 与传统关系数据库的区别

随着大数据技术的发展，传统的关系数据库已经无法满足大数据的高并发、高可靠和高可用等方面的需求，而包括 HBase 在内的非关系型数据库弥补了传统数据库的缺陷。HBase 与传统关系数据库的区别主要体现在数据类型、数据操作、存储模式、数据索引和数据维护等方面。

从数据类型来看，关系数据库采用关系模型，具有丰富的数据类型和存储方式，而 HBase 则采用了更加简单的数据模型，它把数据存储为未经解释的字符串，从而用户的结构化、非结构化数据都可以转化为字符串保存到 HBase 中。

从数据操作来看，关系数据库中包含了丰富的操作，其中会涉及复杂的多表连接，而 HBase 操作则不存在复杂的表与表之间的关系，只有简单的插入、查询、删除、清空等，因此 HBase 避免了复杂的表和表之间的关系，使得数据操作更为简单直观。

从数据存储模式来看，关系数据库是基于行模式存储的，而 HBase 是基于列模式存储的，每个列族都由几个文件保存，不同列族的文件是分离的。这种存储模式的优点是降低了 I/O 开销、支持大量并发操作，同时，同一列族的数据可以进行压缩，提高数据的压缩比。

从数据索引来看，关系数据库通常可以针对不同列构建复杂的多个索引，以提高数据访问性能，而 HBase 只有一个索引——行键。HBase 中的所有访问方法，或者通过行键访问，或者通过行键扫描，从而使得整个系统不会慢下来。

从数据维护来看，在关系数据库中，更新操作会用最新的当前值去替换记录中原来的旧值，旧值被覆盖后就不会存在。而在 HBase 中执行更新操作时，并不会删除数据旧的版本，而是生成一个新的版本，有的旧版本仍然保留

此外，关系数据库很难实现横向扩展，而 HBase 能够轻易地通过在集群中增加或者减少硬件数量来实现性能的伸缩。

2. HBase 的数据模型

HBase 是一个稀疏的、多维度、排序的映射表。这张表的索引是行键、列族、列限定符和时间戳。每个值是一个不解释的字符串，数据都是字符串，没有类型。用户在表格中存储数据，每一行都有一个可排序的主键和任意多的列。由于它是稀疏存储的，所以同一张表里面的每一行数据都可以有截然不同的列。图 7-10 展示了一个 Hbase 数据模型的实例。

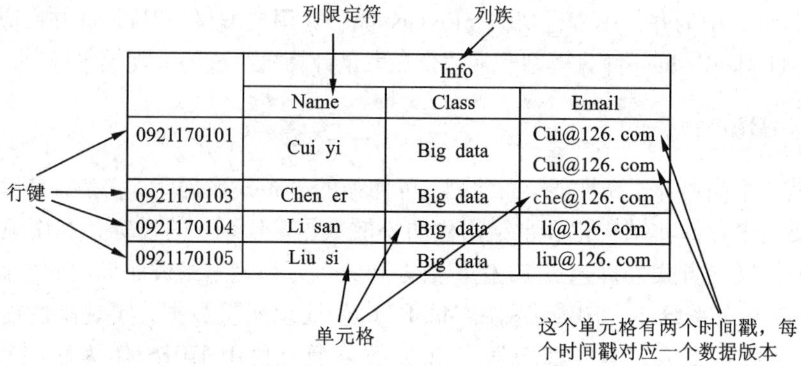

图 7-10 Hbase 数据模型实例

从图 7-10 可以看出，HBase 采用表来组织数据，表由行和列组成，列又可以划分为多个列族；HBase 表都由若干行组成，每个行由行键(row key)来标识；HBase 表被分组成许多"列族"(column family)，它是基本的访问控制单元，而列族里的数据通过列限定符来定位，列族限定符不用事先定义，也不需要在不同行之间保持一致；在 HBase 表中，通过行、列族和列限定符确定一个单元格(cell)，单元格中存储的数据没有数据类型，被视为字节数组，每个单元格都保存着同一份数据的多个版本，这些版本采用时间戳进行索引。

图 7-10 实际上是一张存储学生信息的 HBase 表，学号为行键，表中的列族 Info 用来存储学生的相关信息，列族中包含三个列，分别为 Name(姓名)、Class(班级)和 Email(电子邮件)，学号为 0921170101 的学生的邮件有两个版本，用两个时间戳索引。

3. 面向列存储

传统的关系数据库采用的是面向行的存储，被称为行式数据库。行式数据库的数据是一行一行被存储的，第一行写入磁盘后，再继续写入第二行，依此类推，如图 7-11 所示。在从磁盘中读取数据时，需要从磁盘中顺序扫描每个元组的完整内容，然后从每个元组中筛选出查询所需要的属性。

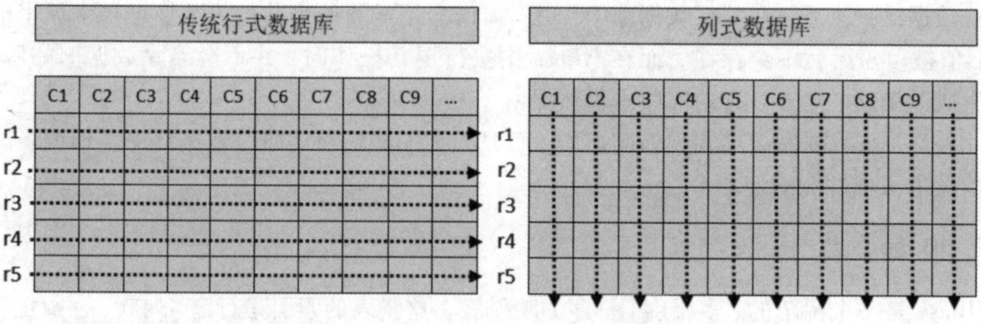

图 7-11 行式数据库和列式数据库

Hbase 是面向列的存储，也就是说，HBase 是一个列式数据库。列式数据库是将同一个数据列的各个值存放在一起。插入某个数据行时，该行的各个数据列的值也会存放到不同的地方。列式数据库适合于批量数据处理和即席查询。这种方式可以降低 I/O 开销，支持大量并发用户查询，而且列式数据库特别适合用于数据挖掘、决策支持和地理信息系统等查询密集型系统中。所以，列式数据库大多应用于医疗、交通等大数据行业中，这些行业需要处理大量的数据统计分析，如果采用行式数据库，消耗的时间难以计算。

4. HBase 体系结构

HBase 在分布式集群上主要依靠由 HRegion、HMaster、HClient 组成的体系结构从整体上管理数据。

HBase 体系结构包括 HBaseMaster、HRegionServer 和 HBaseClient 三大组成部分。

(1) HBaseMaster：HBase 主服务器，与 BigTable 的主服务器类似。

(2) HRegionServer：HBase 域服务器，与 Bigtable 的 Tablet 服务器类似。

(3) HBaseClient：HBase 客户端是由 org. apache. Hadoop. HBase. client. HTable 定义的。

一个 HBase 只部署一台主服务器(HBaseMaster)，它通过领导选举算法(leader election algorithm)确保只有唯一的主服务器是活跃的，ZooKeeper 保存主服务器的服务器地址信息。如果主服务器瘫痪，可以通过领导选举算法从备用服务器中选择新的主服务器。

HBase 域服务器主要有服务于主服务器分配的域、处理客户端的读写请求、缓冲区回写、压缩和分割域等功能。每个域只能由一台域服务器来服务。当它开始服务于某域时，它会从 HDFS 文件系统中读取该域的日志和所有存储文件。同时它还会管理操作 HDFS 文件的持久性存储工作。

HBase 客户端负责查找用户域所在的域服务器地址。HBase 客户端会与 HBase 主机交换消息以查找根域的位置，这是两者之间唯一的交流。

定位根域后，客户端连接根域所在的域服务器，并扫描根域获取元域信息，元域包含所需用户域的域服务器地址。客户端再连接元域所在的域服务器，扫描元域来获取所需用户域所在的域服务器地址。定位用户域后，客户端连接用户域所在的域服务器并发出读写请求。用户域的地址将在客户端中被缓存，后续的请求无须重复上述过程。

综上所述，在 HBase 的体系结构中，HBase 主要由主服务器、域服务器和客户端三部分组成。主服务器作为 HBase 的中心，管理着整个集群中的所有域，监控每个域服务器的运行情况等；域服务器接收来自服务器的分配域，处理客户端的域读写请求并回写映射文件等；客户端主要用来查找用户域所在的域服务器地址信息。

5. HBase 常用命令

HBase 为用户通过了非常方便的 shell 命令，通过这些命令可以非常容易的实现对表、列族、列限定符等的操作。下面介绍常用的 shell 命令以及相关操作。

首先，启动 HDFS 和 HBase，然后在终端输入“hbase shell”命令就可进入 shell 环境，通过使用各种命令完成相应的操作。

(1) create 命令，用来创建表。例如，创建表 b1，列族为 l1，列族版本号为 1，命令如下：

```
hbase > create 'b1', {name = >'l1', version = >1}
```

如果创建表 b1，它有四个列族，分别为 l1、l2、l3 和 l4，命令如下：

hbase > create 'b1', {name = > 'l1'}, {name = > 'l2'}, {name = > 'l3'}, {name = > 'l4'}

(2) put 命令，用来向表中指定的单元格添加数据。例如，向表 b1 中的行 r1，列 l2 所对应的单位格添加数据 v，命令如下：

hbase > put 'b1', 'r1', 'l2', 'v'

(3) get 命令，用来获得相应单元格的值。例如，获取表 b1 中，行 r2、列 l3 和列 l4 上的数据，命令如下：

hbase > get 'b1', ' r2', 'l3', 'l4'

(4) scan 命令，用来浏览表信息。例如，浏览表 b1，列 l4 的数据，命令如下：

hbase > scan 'b1', {COLUMNS = > 'l4'}

(5) alter 命令，用来修改列族模式。例如，向表 b1 添加列族 z1，命令如下：

hbase > alter 'b1', name = > 'z1'

删除表 b1 中的列族 z1，命令如下：

hbase > alter 'b1', name = > 'z1', METHOD = > 'delete'

(6) count 命令，用于统计表中的行数。例如，统计表 b1 的行数，命令如下：

hbase > count 'b1'

(7) delete 命令，用来删除指定单元格的数据。例如，删除 b1 中行 r2、列 l2 的数据，命令如下：

hbase > delete 'b1', ' r2', 'l2'

(8) status 命令，用于输出 HBase 集群状态信息，可以通过 summary、simple 和 detailed 这三个参数指定输出信息的详细程度。例如，输出集群详细状态信息，命令如下：

hbase > status 'detailed'

此外，在 HBase shell 环境下，通过终端输入"help"命令查看 HBase 支持的所有 shell 命令。

7.1.5 Hive

Hive 是建立在 Hadoop 上的数据仓库基础构架。它提供了一系列的工具，用来进行数据提取、转化、加载，这是一种可以存储、查询和分析存储在 Hadoop 中的大规模数据的机制。Hive 定义了简单的类 SQL 查询语言，称为 HQL，它允许熟悉 SQL 的用户查询数据。作为一个数据仓库，Hive 的数据管理包括元数据存储、数据存储和数据交换三层体系结构。

1. 元数据存储

Hive 将元数据存储在 RDBMS 中，它提供三种模式可以连接到数据库：

(1) SingleUser Mode：此模式连接到一个 In-memory 的数据库 Derby，一般用于 UnitTest。

(2) MultiUser Mode：通过网络连接到一个数据库中，这是最常用的模式。

(3) RemoteServer Mode：用于非 Java 客户端访问元数据库，在服务器端启动一个 MetaStore Server，客户端则利用 Thrift 协议通过 MetaStore Server 来访问元数据库。

2. 数据存储

关于数据存储，Hive 没有专门的数据存储格式，也没有为数据建立索引，用户可以非常自由地组织 Hive 中的表，只需要在创建表的时候告诉 Hive 数据中的列分隔符和行分隔符，它就可以解析数据了。此外，Hive 中所有的数据都存储在 HDFS 中，存储结构主要包括数据库、文件、表和视图。Hive 中包含 4 种数据模型：Table 内部表、External Table 外部表、Partition 分区及 Bucket 桶。Hive 默认可以直接加载文本文件，还支持 sequence file、RCFile。

（1）Hive 数据库。

Hive 数据库类似传统数据库的 DataBase，在第三方数据库里实际是一张表。创建 Hive 数据库命令为：

hive > create database test_database

（2）内部表（inner table）。

Hive 的内部表与数据库中的 Table 概念类似。每一个 Table 在 Hive 中都有一个相应的目录存储数据。例如，一个表 test，它在 HDFS 中的 路径为/user/local/test，其中/user/local/是在 hive-site. xml 中指定的数据仓库的目录，所有的 Table 数据（不包括 External Table）都保存在这个目录中。删除表时，元数据与数据都会被删除。相关命令为：

①创建数据文件：test_inner_table. txt。

②创建表：create table test_inner_table（key string）。

③加载数据：LOAD DATA LOCAL INPATH 'filepath' INTO TABLE test_inner_table。

④查看数据：select * from test_inner_table。

⑤删除表：drop table test_inner_table。

（3）外部表（external table）。

外部表指已经存在于 HDFS 中的数据，可以创建 Partition。它和内部表在元数据的组织上是相同的，而实际数据的存储则有较大的差异。内部表的创建过程和数据加载过程这两个过程可以分别独立完成，也可以在同一个语句中完成；在加载数据的过程中，实际数据会被移动到数据仓库目录中；对数据对访问将会直接在数据仓库目录中完成。删除表时，表中的数据和元数据将会被同时删除。而外部表只有一个过程，加载数据和创建表同时完成，实际数据是存储在 Location 后面指定的 HDFS 路径中，并不会移动到数据仓库目录中。当删除一个外部表时，仅删除该链接。相关命令为：

①创建数据文件：test_external_table. txt。

②创建表：create external table test_external_table（key string）。

③查看数据：select * from test_external_table。

④删除表：drop table test_external_table。

（4）分区（partition）。

分区对应于数据库中的 Partition 列的密集索引，但是 Hive 中分区的组织方式和数据库中的很不相同。在 Hive 中，表中的一个分区对应于表下的一个目录，所有的分区的数据都存储在对应的目录中。

（5）桶（Bucket）。

桶是将表的列通过 Hash 算法进一步分解成不同的文件存储。它对指定列计算 hash，根据 hash 值切分数据，目的是为了并行，每一个桶对应一个文件。相关命令为：

①创建数据文件：test_bucket_table. txt。

②创建表：create table test_bucket_table（key string）clustered by（key）into 20 buckets。

③查看数据：select * from test_bucket_table。

(6) Hive 的视图。

视图与传统数据库的视图类似。视图是只读的、是基于基本表的，如果改变，数据增加不会影响视图的呈现。如果不指定视图的列，会根据 select 语句生成。相关命令为：

create view test_view as select * from test

总之，Hive 构建在 Hadoop 之上，HQL 中对查询语句的解释、优化、生成查询计划由 Hive 完成，数据都是存储在 Hadoop 的 HDFS 中。

3. Hive 架构

由于 Hive 采用了类似 SQL 的查询语言 HQL，因此很容易将 Hive 理解为数据库。但是从 Hive 架构来看，Hive 和数据库差别非常大。Hive 架构包括用户接口、元数据存储、Thrift 服务器以及驱动器，具体如图 7－12 所示。

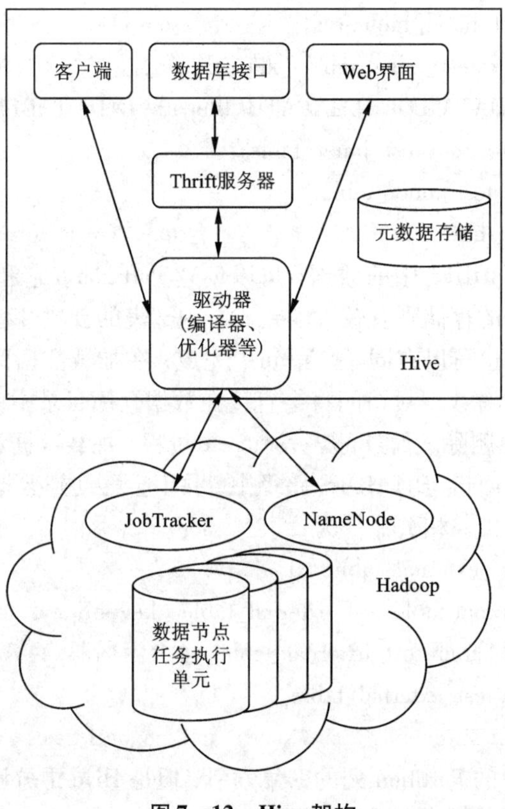

图 7－12 Hive 架构

从图 7－12 可以看出，用户接口包括客户端、Web 界面和数据库接口。元数据存储主要是存储在关系数据库中的，如 MySQL、Derby 等。驱动器包括编译器、优化器、执行器等。

用户接口主要有三个：客户端、数据库接口和 Web 界面，其中最常用的是客户端。Client 是 Hive 的客户端，当启动 Client 模式时，用户会想要连接 HiveServer，这时需要指出 HiveServer 所在的节点，并且在该节点启动 Hive Server。Web 界面是通过浏览器访问 Hive 的。

Hive 将元数据存储在数据库中，如 MySQL、Derby 中。Hive 中的元数据包括表的名字、表的列和分区及其属性、表的属性（是否为外部表等）、表数据所在的目录等。

编译器、优化器完成 HQL 查询语句从词法分析、语法分析、编译、优化到查询计划的生成。生成的查询计划存储在 HDFS 中，并在随后由 MapReduce 调用执行。Hive 的数据存储在 HDFS 中，大部分的查询由 MapReduce 完成。

4. Hive 的执行

Hive 编译器将一个 Hive QL 转换为操作符。操作符 Operator 是 Hive 的最小处理单元，每个操作符代表 HDFS 的一个操作或者有个 MapReduce 任务。Operator 是 Hive 定义的一个处理过程，其定义为：

```
protected List <Operator<? extends Serializable >> childOperators;
protected List <Operator<? extends Serializable >> parentOperators;
protected boolean done; // 初始化值为 false
```

所有的操作构成了 Operator 图，如图 7－13 所示。Hive 正是基于这些图关系来处理 Scan、Group by、Join 等操作。比如扫描 Hive 表数据的操作为 TableScanOperator；创建将发送到 Reducer 端的 < Key, Value > 键值对操作为 ReduceSinkOperator；Join 两份数据的操作为 JoinOperator；选择输出列的操作为 SelectOperator；建立结果数据并输出至文件的操作为 FileSinkOperator，排序的操作为 GroupByOperator 等。

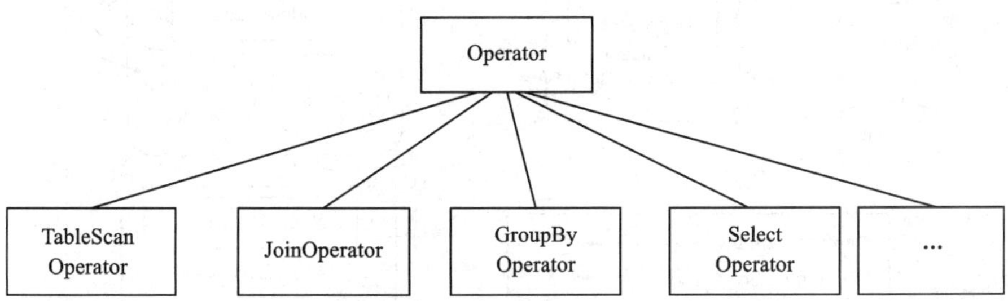

图 7－13　Operator 图

此外，Hive 通过 ExecMapper 和 ExecReducer 执行 MapReduce 任务。

以上从 Hadoop 的分布式文件系统 HDFS、分布式计算框架 MapReduce、分布式数据库 HBase 和数据仓库工具 Hive 介绍了 Hadoop 的数据管理，它们都通过自己的数据定义、体系结构实现了数据从宏观到微观的立体化管理，完成了 Hadoop 平台上大规模的数据存储和任务处理。

7.1.6 Yarn

在 Hadoop1.0 版本中，MapReduce 采用了主从架构的设计，包含了一个 JobTracker 和若干个 TaskTracker，前者负责作业的调度和资源的管理，后者负责执行 JobTracker 指派的具体任务。但是这种架构设计存在单点故障、JobTracker 任务过重、内存溢出以及资源划分不合理等问题。

为了解决这些问题，Hadoop2.0 以后的版本对其核心子项目 MapReduce 的体系结构进行了重新设计，生成了 MapReduce 2.0 和 Yarn(yet another resource negotiator)。而 Yarn 架构设计的基本思路就是将 JobTracke 的三大功能(资源管理、任务调度和任务监控)进行拆分，分别交给不同的新组件去处理。重新设计后产生的 Yarn 包括 ResourceManage、ApplicationMaster 和 NodeManager 三个组件。其中，ResourceManager 负责资源管理，ApplicationMaste 负责调度和监控，NodeManager 负责执行原 TaskTracker 的任务。实际上，这种设计就是一种“放权”，大大降低了 JobTracker 的负担，提升了系统运行的效率和稳定性。

1. Yarn 体系结构

Yarn 的体系结构包含三个组件，分别是 ResourceManage、ApplicationMaster 和 NodeManager，具体如图 7－14 所示。

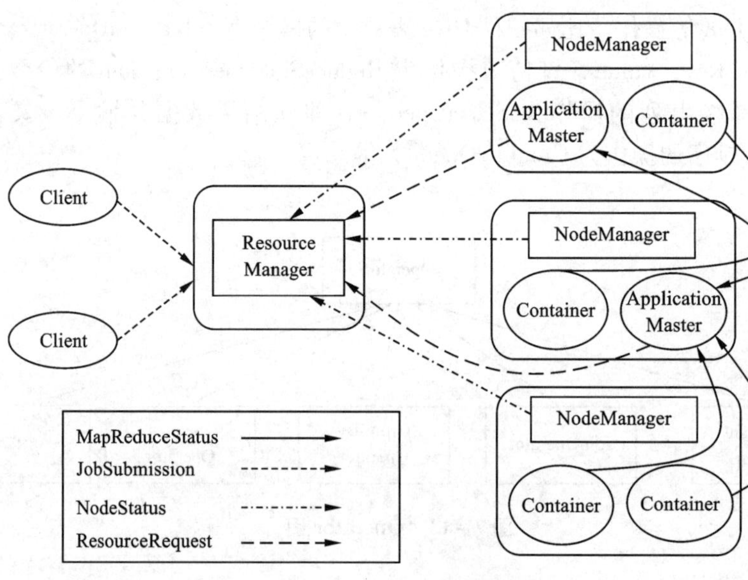

图 7－14　Yarn 体系结构

从图 7－14 可以看出，ResourceManager 和 NodeManager 组成数据计算框架。ResourceManager 负责管理资源，NodeManager 是框架在每台机器中负责 Containers 的代理，负责监视它们的资源使用情况并将其报告给 ResourceManager。每个应用程序 ApplicationMaster 实际上是一个特定于框架的库，负责从 ResourceManager 协商资源并与 NodeManager 一起工作来执行和监视任务。

ResourceManager(RM)是一个全局的资源管理器，负责整个系统的资源管理和分配。它主要由两个组件构成：调度器(scheduler)和应用程序管理器(applications manager，ASM)。调度器主要负责资源管理和分配，不再负责监控或者跟踪应用的执行状态，也不负责因应用执行失败或者硬件故障而产生的失败任务，因为这些任务由应用程序管理器来完成。调度器接收各个应用程序的资源需求，然后根据容量、队列等限制条件(如每个队列分配一定的资源，最多执行一定数量的作业等)，将系统中的资源分配给各个正在运行的应用程序。资源分配单位用一个抽象概念"资源容器"(resource container，简称 Container)表示，Container 是一个动态资源分配单位，它将内存、CPU、磁盘、网络等资源封装在一起，从而限定每个任务使用的资源量。此外，该调度器是一个可插拔的组件，用户可根据自己的需要设计新的调度器，Yarn 提供了多种直接可用的调度器，比如 FairScheduler 和 CapacityScheduler 等。应用程序管理器负责管理整个系统中所有应用程序的提交、与调度器协商资源以及启动 ApplicationMaster、监控 ApplicationMaster 运行状态并在失败时重新启动等。

在 Hadoop 平台中，用户的应用程序是以作业(job)的形式提交，然后一个作业会被切分为多个任务(包括 Map 任务和 Reduce 任务)进行分布式执行。ResourceManager 接收用户的作业，按照作业的上下文信息以及从 NodeManager 收集来的 Container 状态信息，启动调度过程，并为用户作业启动一个 Application Master(AM)。ApplicationMaster 的主要功能包括：

(1)与 ResourceManager 调度器协商以获取资源，ResourceManager 会以 Container 的形式为 ApplicationMaster 分配资源。

(2)把获得的资源进一步分配给内部的各个任务(Map 任务或 Reduce 任务)。

(3)与 NodeManager 保持交互通信进行应用程序的启动、运行、监控和停止，监控申请到的资源的使用情况、所有任务的执行进度和状态，并在任务运行失败时重新为任务申请资源以重启任务。

(4)定时向 ResourceManager 发送"心跳"消息，报告资源的使用情况和应用的进度信息。

(5)当作业完成时，ApplicationMaster 向 ResourceManager 注销 Container。

当前 Yarn 自带了两个 ApplicationMaster，一个是用于演示 ApplicationMaster 编写方法的实例程序 distributedshell，它可以申请一定数目的 Container 以并行运行一个 shell 命令或者 shell 脚本；另一个是运行 MapReduce 应用程序的 AM - MRAppMaster。此外，其他的计算框架对应的 AM 正在开发中，比如 OpenMPI、Spark 等。

NodeManager 是驻留在一个 Yarn 集群中的每个节点上的代理，主要负责 Container 生命周期的管理，监控每个 Container 的资源使用情况，跟踪节点健康状况，并以"心跳"的方式与 ResourceManager 保持通信，向 ResourceManager 汇报作业的资源使用情况和每个 Container 的运行状态，同时，它还要接收来自 ApplicationMaster 的启动停止 Container 的各种请求。实际上，NodeManager 主要负责管理抽象的 Container，只处理与 Container 相关的任务，而不具体负责每个任务自身状态的管理，因为这些任务的管理由 ApplicationMaster 完成。

Container 是 Yarn 中的资源抽象，它封装了某个节点上的多种资源，如内存、CPU、磁盘、网络等，当 ApplicationMaster 向 ResourceManager 申请资源时，ResourceManager 为 ApplicationMaster 返回的资源便是用 Container 表示的。Yarn 会为每个任务分配一个 Container，且该任务只能使用该 Container 中描述的资源。需要注意的是，Container 是一个动态资源划分单位，是根据应用程序的需求动态生成的。

2. Yarn 部署

在部署 Hadoop 时，需要将 Yarn 的各个组件与 Hadoop 集群中的其他组件统一部署。如图 7 – 15 所示，Yarn 的 ResourceManager 组件和 HDFS 的名称节点部署在一个节点上，Yarn 的 ApplicationMaster 和 NodeManager 是和 HDFS 的数据节点部署在一个节点上。Yarn 的 Container 代表了内存、CPU、磁盘、网络等资源，它也是与 HDFS 的数据节点部署在一个节点上。

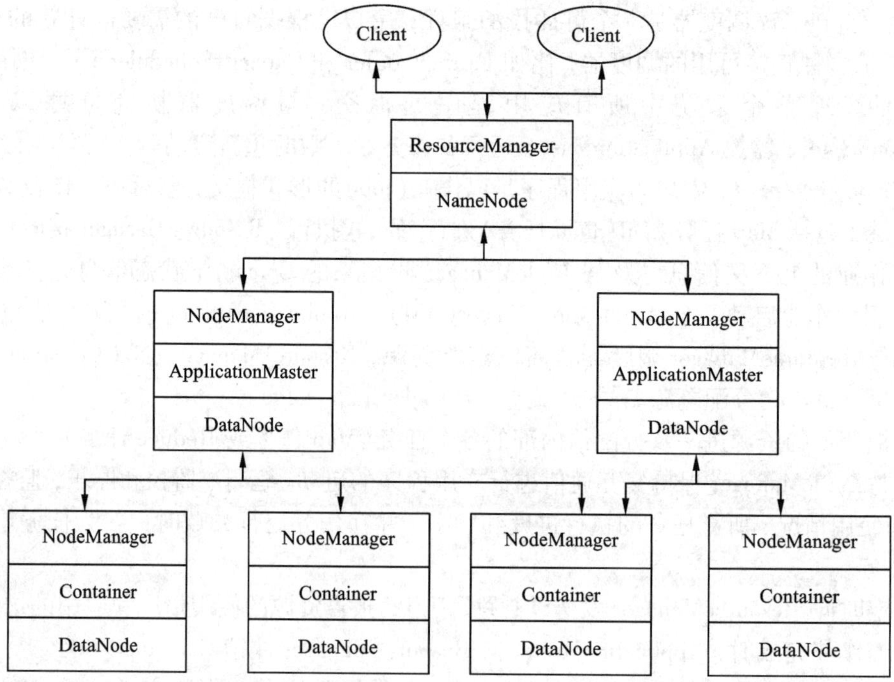

图 7 – 15 Yarn 组件和 Hadoop 组件的部署

3. Yarn 工作流程

在 Yarn 框架中执行一个 MapReduce 应用程序，Yarn 将分两个阶段运行该程序，第一阶段是启动 ApplicationMaster；第二阶段是由 ApplicationMaster 创建应用程序，为它申请资源，并监控它的整个运行过程，直到运行完成，工作流程如图 7 – 16 所示。

从图 7 – 16 可以看出，Yarn 从应用程序提交到完成大致需要如下步骤：

(1) 用户向 Yarn 提交应用程序，提交的内容包括 ApplicationMaster 程序、启动 ApplicationMaster 的命令、用户程序等。

(2) Yarn 中的 ResourceManag 负责接收和处理来自客户端的请求。接到客户端应用程序请求后，ResourceManager 里面的调度器会为应用程序分配一个 Container，并与对应的 NodeManager 通信，要求它在这个 Container 中启动应用程序的 ApplicationMaster (即 AM – MRAppMaster)。

(3)ApplicationMaster 首先向 ResourceManager 注册，用户可以直接通过 ResourceManager 查看应用程序的运行状态，然后它将为各个任务申请资源，并监控它的运行状态，直到运行结束。接下来的步骤(4)~(7)是具体的应用程序执行步骤。

(4)ApplicationMaster 采用轮询的方式通过 RPC 协议向 ResourceManager 申请和领取资源。

(5)ResourceManager 以 Container 提出申请分配资源，一旦 ApplicationMaster 申请到资源后，就会与该 Container 所在的 NodeManager 进行通信，要求它启动任务。

(6)当 ApplicationMaster 要求 Container 启动任务时，NodeManager 为任务设置运行环境(包括环境变量、Jar 包、二进制程序等)后，将任务启动命令写到一个脚本中，并通过运行该脚本启动任务。

(7)各个任务通过某个 RPC 协议向 ApplicationMaster 汇报自己的状态和进度，而 ApplicationMaster 随时掌握各个任务的运行状态。

(8)应用程序运行完成后，ApplicationMaster 向 ResourceManager 注销并关闭自己。

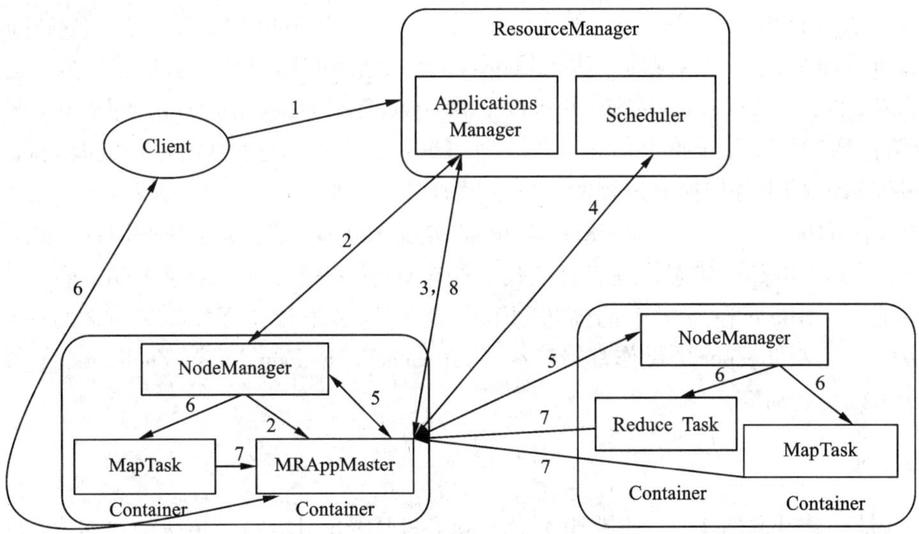

图7-16 Yarn 工作流程

从 Yarn 工作流程也可以看出，Yarn 可以看做是一个云操作系统，它负责为应用程序启动 ApplicationMaster(相当于主线程)，然后再由 ApplicationMaster 负责数据切分、任务分配、启动和监控等工作，而由 ApplicationMaster 启动的各个 Task(相当于子线程)仅负责自己的计算任务。当所有任务计算完成后，ApplicationMaster 认为应用程序运行完成，然后退出。

7.1.7 ZooKeeper 和 Sqoop

1. ZooKeeper

ZooKeeper 是一个分布式的，开放源码的分布式应用程序协调服务，是 Google 的 Chubby 一个开源的实现，是 Hadoop 和 HBase 的重要组件。它是一个为分布式应用提供一致性服务的软件，提供的功能包括配置维护、域名服务、分布式同步、组服务等。基于 ZooKeeper 分布式应用程序可以实现诸如数据发布/订阅、负载均衡、命名服务、分布式协调/通知、集群管理、Master 选举、分布式锁和分布式队列等功能。

在 Hadoop 中，ZooKeeper 主要用于实现 HA(hive availability)，包括 HDFS 的(NamaNode)和 Yarn 的 ResourceManager 的 HA。同时，在 Yarn 中，ZooKeepr 还用来存储应用的运行状态。

从 7.1.6 节可知，Yarn 最核心的组件是 ResourceManager。为了实现 HA，必须有多个 ResourceManager 并存(一般就两个)，并且只有一个 ResourceManager 处于 Active 状态，其他的则处于 Standby 状态，当 Active 节点无法正常工作(如机器宕机或重启)时，处于 Standby 的就会通过竞争选举产生新的 Active 节点。

在实际应用中，首先，所有的 ResourceManager 在启动时，都会去竞争写一个 Lock 子节点，而 ZooKeepr 能够保证最终只有一个 ResourceManager 能够创建成功。创建成功的那个 ResourceManager 就会切换为 Active 状态，没有成功的那些 ResourceManager 则切换为 Standby 状态。

其次，所有 Standby 状态的 ResourceManager 都会注册变更的 Watcher 监听，能够快速感知到 Active 状态的 ResourceManager 的运行情况；一旦处于 Active 状态的 ResourceManager 出现诸如宕机或重启的异常情况时，其在 ZooKeeper 上连接的客户端会话就会失效，这个节点就会被删除，而处于 Standby 状态的 ResourceManager 就都会接收到来自 ZooKeeper 服务端的 Watcher 事件通知，然后开始重新竞争写一个 Lock 子节点。这就是利用 ZooKeeper 来实现 ResourceManager 的主备切换的过程。

此外，在 HBase 中，利用 ZooKeeper 可以实现 HMaster 选举与主备切换、系统容错、RootRegion 管理、Region 状态管理和分布式 SplitWAL 任务管理等。由于 ZooKeeper 出色的分布式协调能力，HBase 在各版本的演进过程中越来越多地增加了 ZooKeeper 的应用场景。HBase 中所有对 ZooKeeper 的操作都封装在了 org. apache. hadoop. hbase. ZooKeeper 包中，感兴趣的同学可以自行研究。

2. Sqoop

Sqoop 是一款开源的工具，主要用于 Hadoop(如 HDFS、Hive)与传统的数据库(如 Mysql、SQL、Oracle 等)间进行数据的传递。也就是说，它可以将一个关系型数据库中的数据导进到 Hadoop 的 HDFS 中，也可以将 HDFS 的数据导进到关系型数据库中。实际上，Sqoop 通过操作命令转化为 Hadoop 的 MapReduce 任务进行数据传输，从而提供并发特性和容错。

Sqoop 主要通过 JDBC 和关系数据库进行交互。理论上支持 JDBC 的 Database 都可以使用 Sqoop 和 HDFS 进行数据交互。

Sqoop 提供了 import 和 export 工具来完成数据的导入和导出。Sqoop 数据导入是指从 RDBMS 到 HDFS 导入单个表。表中的每一行被视为 HDFS 的记录。所有记录被存储在文本文件的文本数据或者序列文件的二进制数据。Sqoop 数据导出是从 HDFS 导出一组文件到一个 RDBMS，作为输入到 Sqoop 文件包含记录，通过用户指定的分隔符读取、解析成一组记录。

7.2　实验内容

本实验主要设计一个基于 Hadoop 的日志分析系统。其中的日志数据来源于淘宝网用户 2016 年 5—11 月的购物记录，包括 40 万用户，5000 万条记录；而对日志分析处理方式中，实验利用 HadoopHive 结合的技术实现对日志进行统计分析；最后利用 EnterpriseCharts 对得到的分析结果进行图表展示，可视化的表达出最终的分析结果。

7.2.1　技术方案与实验环境

实验首先从百度网盘获取数据，然后对数据进行清洗等预处理工作以满足实验的要求，其次采用基于 Hadoop Hive 体系对数据进行统计分析，最后利用 Enterprise Charts 对数据进行可视化展示。

系统所需软件开发工具包括：

(1) Linux：CentOS-7.0。

(2) Jdk：jdk-8u91-linux-x64。

(3) 虚拟机：VirtualBox-5.1.18-114002-Win。

(4) Hive：hive-0.12.0.tar.gz。

(5) ZooKeeper：ZooKeeper-3.4.5.tar。

(6) Hadoop：Hadoop-2.7.3.tar。

(7) Sqoop：sqoop-1.4.4.bin_Hadoop-2.0.4-alpha.tar.gz。

本实验在分布式集群下完成，因此建议系统所须的硬件环境为：计算机硬件配置 8 GB 内存以上，至少 500 GB 的硬盘。

7.2.2　实验环境搭建

1. Hadoop 环境搭建

实验中，Hadoop 的安装主要是参考了官方安装教程，主要应用的软件版本为 Hadoop 2.7.3，所用的操作系统为 CentOS7.0。本实验使用四个节点作为集群环境：一个作为 master 节点，三个作为 slave 节点，master 节点局域网 IP 为 192.168.56.100；另外三个作为 slave 节点，slave1 节点的局域网 IP 为 192.168.56.101，slave2 节点的局域网 IP 为 192.168.56.102，slave3 节点的局域网 IP 为 192.168.56.103。

Hadoop 集群的安装配置大致过程为：首先选定一台机器作为 master 节点；其次在 master 节点上配置网络，在 master 节点上安装 JDK 环境，在 master 节点上安装 Hadoop，完成配置后复制 3 台 master 节点的机器作为 slave 节点；最后分别修改各个 slave 节点的网络配置。

(1) 配置网络。

系统使用虚拟机安装，更改网络连接方式为桥接(bridge)模式，以实现多个节点互连，首先在 master 节点上完成准备工作：为了便于区分，可以修改各个节点的主机名为“master”，其余三个 slave 节点也用对应节点名作为主机名。然后执行如下命令修改自己所用节点的 IP 映射，配置好后需要在各个节点上测试是否相互 ping 得通，如果 ping 不通，则后面就无法顺利配置成功。

首先设置 IP 地址，确保虚拟机上的电脑和物理主机在同一网段。具体如下：

vim /etc/sysconfig/network-scripts/ifcfg-enp0s3

IPADDR = 192.168.56.100

NETMASK = 255.255.255.0

其次，设置目标主机，具体如下：

vim /etc/sysconfig/network(设置目标主机)

NETWORKING = yes

GATEWAY = 192.168.56.1

其次，修改主机名。将主机名修改为 master，运行命令：hostnamectl set-hostname master。主机名修改之后，须重启网络才能生效，重启网络命令：systemctl restart network。最后将 master 机器复制三台，分别作为 slave1，slave2，slave3 节点，然后重复以上步骤分别修改 IP 和主机名。

最后，网络环境测试。各个节点互相 ping，观察能否相互通信，若不成功，注意防火墙的影响。

(2)安装 JDK。

本实验选择的版本为 jdk-8u91-linuxx64，使用命令跳转到 cd/usr/local 目录下直接解压 JDK 压缩包就可安装。解压命令为：rpm -ivh jdk – 8u91 – linux – x64. rpm。

安装 JDK 之后在任何目录下运行 java – version 命令，如果有版本信息输出，说明安装配置已经完成。

(3)安装 Hadoop。

首先，下载 Hadoop。可以通过 http：//mirror. bit. edu. cn/apache/Hadoop/common/或者 http：//mirrors. cnnic. cn/apache/Hadoop/common/下载。一般选择下载最新的稳定版本，即下载"stable"下的 Hadoop – 2. x. y. tar. gz 这个格式的文件，这是编译好的，直接进行解压就可安装，本实验使用的版本为 Hadoop – 2. 7. 3. tar。实验将 Hadoop 安装至/usr/local/路径下，Hadoop 解压后即可使用。

其次，使用 tar – xvfHadoop – 2. 7. 3. tar. gz 命令进行解压，因为解压文件名太长，为方便管理，将文件名改成 Hadoop 方便管理，即 mv Hadoop – 2. 7. 3. tar. gz Hadoop。

再次，修改配置文件，即加入 java_home 变量，具体如下：

vimHadoop – env. sh

exportjava_home = /usr/java/default

然后，编辑 profile 文件。即使用命令 vim /etc/profile 编辑文件添加 Hadoop 的安装目录。具体如下：

export PATH = PATH：/usr/Hadoop/bin：/usr/local/Hadoop/sbin

在完成文件配置之后需要执行 source /etc/profile 命令，配置才能生效。

最后，修改 Hadoop 核心配置文件/usr/local/Hadoop/etc/。

Hadoop/conf/core – site. xml，通过 fs. defaultFS 指定 NameNode 的 IP 地址和端口号，通过 Hadoop. tmp. dir 指定 Hadoop 数据存储的临时文件夹。

通过命令 vim core – site. xml 打开文件，在文件中加入以下内容：

```
< configuration >
< property >
< name > fs. defaultFS < /name >
< value > hdfs：//master：9000 < /value >
< /property >
< property >
< name > Hadoop. tmp. dir < /name >
< value > /home/Hadoop/app/Hadoop -2. 4. 1/tmp < /value >
< /property >
< /configuration >
```

2. Yarn 环境搭建

（1）配置 mapred. xml。

在/usr/local/Hadoop/etc/Hadoop/conf 下，将 mapred - site. xml. templat 重命名成 mapred - site. xml，并添加以下内容：

```
< configuration >
< property >
< name > mapreduce. framework. name < /name >
< value > yarn < /value >
< /property >
< /configuration >
```

（2）配置 yarn - site. xml。

为了能够运行 MapReduce 程序，需要让各个 NodeManager 在启动时加载 ShuffleServer，ShuffleServer 实际上是 Jetty/Netty Server，ReduceTask 通过该 Server 从各个 NodeManager 上远程拷贝 MapTask 产生的中间结果。上面增加的两个配置均用于指定 ShuffleServe。

```
< configuration >
< property >
< name > yarn. resourcemanager. hostname < /name >
< value > master < /value >
< /property >
< property >
< name > yarn. nodemanager. aux - services < /name >
< value > mapreduce_shuffle < /value >
< /property >
< property >
< name > yarn. nodemanager. auxservices. mapreduce. shuffle. class < /name >
< value > org. apache. Hadoop. mapred. ShuffleHandler < /value > < /property >
< /configuration >
```

(3)启动 Yarn。

使用以下命令分别启动 ResourceManager 和 NodeManager：

```
yarn - daemon. sh start resourcemanager
yarn - daemon. sh start nodemanager
```

或者一次启动 Yarn 集群：

```
start - yarn. sh
```

3. ZooKeeper 环境搭建

为了获得可靠的 ZooKeeper 服务，用户应该在一个集群上部署 ZooKeeper。只要集群上大多数的 ZooKeeper 服务启动了，那么 ZooKeeper 服务将是可用的。另外，最好使用奇数台机器。本实验 ZooKeeper 拥有 3 台机器，分别是 master、slave1、slave3。本实验使用的版本是 ZooKeeper – 3. 4. 5. tar. gz。

(1)解压 ZooKeeper 压缩包。

```
tar - zxvf ZooKeeper - 3. 4. 5. tar. gz
```

为方便管理，对压缩文件修改名称为：mv ZooKeeper - 3. 4. 5 zoo。

(2)修改 zoo. cfg。

在 master 节点上修改 zoo. cfg 文件使用命令将 cp zoo sample. cfgzoo. cfg、sample. cfg 修改为 zoo. cfg，然后对其编辑，在其中加入以下内容：

```
tickTime = 2000
initLimit = 10
syncLimit = 5
dataLogDir = /opt/ZooKeeper/logs
dataDir = /usr/local/zoo/tmp
clientPort = 2181
autopurge. snapRetainCount = 500
autopurge. purgeInterval = 24
server. 1 = master: 2888: 3888
server. 2 = slave1: 2888: 3888
server. 3 = slave3: 2888: 3888
```

其余 master 节点安装完成之后，在 slave1、slave3 同步配置文件 zoo. cfg。TickTime 这个时间是作为 ZooKeeper 服务器之间或客户端与服务器之间维持心跳的时间间隔，也就是说每个 TickTime 时间就会发送一个心跳。InitLimit 这个配置项是用来配置 ZooKeeper 接受客户端(这里所说的客户端不是用户连接 ZooKeeper 服务器的客户端，而是 ZooKeeper 服务器集群中连接到 Leader 的 Follower 服务器)。初始化连接时最长能忍受多少个心跳时间间隔数。当已经超过 10 个心跳的时间(也就是 TickTime)长度后 ZooKeeper 服务器还没有收到客户端的返回信息，那么表明这个客户端连接失败。总的时间长度就是 10 × 2000 = 20s。SyncLimit 这个配置项标识 Leader 与 Follower 之间发送消息、请求和应答时间长度，最长不能超过多少个 Tick-Time 的时间长度，总的时间长度就是 5 × 2000 = 10s。dataDir 顾名思义就是 ZooKeeper 保存数据的目录，默认情况下 ZooKeeper 将写数据的日志文件也保存在这个目录里；ClientPort

这个端口就是客户端连接 ZooKeeper 服务器的端口，ZooKeeper 会监听这个端口接受客户端的访问请求；server. A = B：C：D 中的 A 是一个数字，表示这个是第几号服务器，B 是这个服务器的 IP 地址，C 是第一个端口用来集群成员的信息交换，表示这个服务器与集群中的 leader 服务器交换信息的端口，D 是在 leader 挂掉时专门用来进行选举 leader 所用的端口。

(3)创建 ServerID 标识除了修改 zoo. cfg 配置文件外，ZooKeeper 集群模式下还要配置一个 myid 文件，这个文件里面有一个数据就是 A 的值(该 A 就是 zoo. cfg 文件中 server. A = B：C：D 中的 A。

创建空文件夹，具体如下：

mkdir /usr/local/zoo/tmp

然后再创建一个空文件，具体如下：

touch/usr/local/zoo/tmp/myid

最后向 myid 文件写入 ID，具体如下：

echo 1 > /usr/local/zoo/tmp/myid

在 192. 168. 56. 101 服务器上面创建 myid 文件，并设置值为 1，同时与 zoo. cfg 文件里面的 server. 2 保持一致，具体如下：

echo 2 > /usr/local/zoo/tmp/myid

在 192. 168. 56. 103 服务器上面创建 myid 文件，并设置值为 1，同时与 zoo. cfg 文件里面的 server. 2 保持一致，具体如下：

echo 3 > /usr/local/zoo/tmp/myid

(4)集群测试在每个节点的/usr/lcoal/zoo/bin 目录下启动 ZooKeeper 进程，执行命令/zkServer. sh start，然后使用 jps 命令显示当前节点正在运行的进程，若出现 Quorum Peer Main 则表示启动成功。

4. Hive 环境搭建

下载相应版本的 Hive，解压，本实验使用的版本是 hive - 0. 12. 0。

(1)修改配置文件。

进入 usr/local/hive/conf 目录，修改 hive - site. xml 文件，修改配置如下：

```
< configuration >
< property >
< name > javax. jdo. option. ConnectionURL < /name >
< value > jdbc：mysql：//weekend01：3306/hive? createDatabaseIfNotExist = true < /value >
< description > JDBC connect string for a JDBC metastore < /description >
< /property >
< property >
< name > javax. jdo. option. ConnectionDriverName < /name >
< value > com. mysql. jdbc. Driver < /value >
< description > Driver class name for a JDBC metastore < /description >
< /property >
< property > < name > javax. jdo. option. ConnectionUserName < /name >
```

```
<value>root</value>
<description>username to use against metastore database</description>
</property>
<property>
<name>javax.jdo.option.ConnectionPassword</name>
<value>root</value>
<description>password to use against metastore database</description>
</property>
</configuration>
```

(2)安装测试。

使用命令 cd usr/local/hive/bin 目录下，使用./hive 启动 Hive，如果出现 Hive，则表明 Hive 安装成功。

5. Sqoop 环境搭建

Sqoop 是一个用来在 Hadoop 体系和关系型数据库之间进行数据互导的工具，实质就是将导入导出命令转换成 MapReduce 程序来实现，只须在一台节点上安装。

首先，可以到 sqoop 官网 http://hive.apache.org/，选择镜像下载地址：http://mirror.bit.edu.cn/apache/sqoop/下载一个稳定版本，本实验使用的 Sqoop 版本是 sqoop-1.4.4.bin_Hadoop-2.0.4-alpha.tar.gz。

然后，进行安装与配置，具体如下：

进入到/usr/local/sqoop/bin 目录下，如果不存在 sqoop-env.sh 文件，复制 sqoop-env-template.sh 文件，然后修改 sqoop-env.sh 配置文件。具体如下：

```
cd /app/sqoop-1.4.5/conf
cp sqoop-env-template.sh sqoop-env.sh
vim sqoop-env.sh
```

编辑 sqoop-env.sh 文件，具体配置如下：

```
#Set path to where bin/Hadoop is available
exportHADOOP_COMMON_HOME=/home/Hadoop/app/Hadoop-2.4.1
#Set path to whereHadoop-*-core.jar is available
exportHADOOP_MAPRED_HOME=/home/Hadoop/app/Hadoop-2.4.1
#set the path to where bin/hbase is available
export HBASE_HOME=/home/Hadoop/app/hbase-0.96.2-Hadoop2
#Set the path to where bin/hive is available
export HIVE_HOME=/home/Hadoop/app/hive-0.12.0-bin #Set thepath for where zookeperconfigdir is
export ZOOCFGDIR=/home/Hadoop/app /ZooKeeper-3.4.5/conf
```

将数据库连接驱动的包拷贝到/usr/local/sqoop/lib 里，输入 sqoop help 命令验证是否正确安装 Sqoop，如果正确安装则出现 Sqoop 提示。

最后，配置 Mysql 远程连接。执行下面的语句，主要解决远程主机连接数据库的权限问题。

```
GRANT ALL PRIVILEGES ON taobao. * TO 'root'@'192.168.56.1'
IDENTIFIED BY 'a123' WITH GRANT OPTION;
FLUSH PRIVILEGES;
```

到此为止，系统配置工作基本完成。

7.2.3　实验过程

1. 数据集说明

本实验的数据集来自于阿里云天池比赛给定的数据。数据集为用户在淘宝网上 2016 年 5—11 月的购物记录，包括 40 万用户 5000 万条记录。具体数据集可以从在百度云盘得到，地址为：https://pan.baidu.com/s/1MolEEGHk4ja4rY0tXIyObg。

数据集包括三个字段，即 user_id，age_range 和 gender。具体描述如表 7 - 2 所示。

表 7 - 2　数据说明

数据字段	描述
user_id	购物者的唯一 ID
age_range	用户的年龄范围：1 <18；2 为[18，24]；3 [25，29]；4 [30，34]；5 代表[35，39]；6 [40，49]；7 和 8 为 > = 50；0 和 NULL 为未知
gender	用户性别：0 为女性，1 为男性，2 为空或者未知

从表 7 - 2 可以看出，user_id 为购物者的唯一 ID，age_range 为用户的年龄范围，gender 为用户性别。数据集中前 10 条记录如图 7 - 17 所示。

user_id	age_range	gender
376517	6	1
234512	5	0
344532	5	0
186135	5	0
30230	5	0
272389	6	1
281071	4	0
139859	7	0
198411	5	1
67037	4	1

图 7 - 17　数据集前 10 条记录

用户行为日志文件包括 user_id、item_id、cat_id、seller_id、brand_id、time_tamp 和 action_type，具体描述如表 7 - 3 所示。

表 7-3 用户行为日志数据

数据字段	描述
user_id	购物者的唯一 ID
item_id	该项目的唯一 ID
cat_id	该项目所属类别的唯一 ID
seller_id	商家的唯一 ID
brand_id	商品品牌的唯一 ID
time_tamp	操作发生的日期(格式：mmdd)
action_type	它是一个枚举类型{0, 1, 2, 3}，其中 0 表示点击，1 表示加入购物车，2 表示购买，3 表示加入收藏

从表 7-3 可以看出，user_id 为购物者的唯一 ID，item_id 为该项目的唯一 ID，cat_id 为该项目所属类别的唯一 ID，seller_id 为商家的唯一 ID，brand_id 为商品品牌的唯一 ID，time_tamp 为操作发生的日期，action_type 是一个枚举类型，表示加入购物车、购买或者加入收藏。用户行为数据的前 10 条记录，如图 7-18 所示。

user_id	item_id	cat_id	seller_id	brand_id	time_stam	action_type
328862	323294	833	2882	2661	829	0
328862	844400	1271	2882	2661	829	0
328862	575153	1271	2882	2661	829	0
328862	996875	1271	2882	2661	829	0
328862	1086186	1271	1253	1049	829	0
328862	623866	1271	2882	2661	829	0
328862	542871	1467	2882	2661	829	0
328862	536347	1095	883	1647	829	0
328862	364513	1271	2882	2661	829	0
328862	575153	1271	2882	2661	829	0

图 7-18 用户行为数据的前 10 条记录

2. 数据集上传到 Hive

在获得了满足条件的数据集之后，需要把数据上传到 HDFS，导入到 Hive 表后，才可以进行统计分析。

在 Hive 中创建数据库、用户表以及日志表，然后将数据集上传到 HDFS 中。

3. 数据分析

采集到的数据可以按照需求进行不同的分析，实验中主要对消费者特征和消费者购物行为进行了分析。

(1)消费者特征统计分析。

使用命令 cd /usr/local/hive/bin 进入到 bin 目录下，然后执行./hive 命令，接着在 Hive 控制台执行下面的 Sql 语句，实现统计分析。比如，统计用户的年龄分布，具体如下：

```
select count( * ) from user where user_age =1
select count( * ) from user where user_age =2
select count( * ) from user where user_age =3
select count( * ) from user where user_age =4
select count( * ) from user where user_age =5
select count( * ) from user where user_age =6
select count( * ) from user where user_age =9 oruser_age =7
```

这里分别统计出年龄小于18岁的用户数、年龄在18~24岁的用户数、年龄在25~29岁的用户数、年龄在30~34岁的用户数、年龄小于35~39岁的用户数、年龄小于40~49岁的用户数、年龄大于50岁的用户数。

此外，还可以统计用户的性别比例，具体命令如下：

```
select count( * ) from user where usr_sex =1
select count( * ) from user where user_sex =2
```

(2)消费者购物行为分析。

统计每月的销售额，cd /usr/local/hive/bin 首先进入到bin目录下，然后执行./hive命令，执行以下语句，统计出淘宝网5月份的销售额：

```
select count( * ) from taobao where time_stamp like '5%' and action_type =0
```

统计出淘宝网5月份商品的点击量：

```
select count( * ) from taobao where time_stamp like '5%' and action_type =1
```

统计出淘宝网5月份加入购物车的商品数量：

```
select count( * ) from taobao where time_stamp like '5%' and action_type =2
```

统计出淘宝网5月份被收藏的商品数量：

```
select count( * ) from taobao where time_stamp like '5%' and action_type =3
```

其他月份的统计数据只须简单修改Sql语句即可，结果如图7-19所示。

序号	月份	点击量	购物车	购买量	收藏量
0	5	2299526	1750	2394709	224911
1	6	5715897	2715	315585	322532
2	7	4334576	2397	282827	264918
3	8	4581209	3306	289721	306221
4	9	5657308	4923	368047	406901
5	10	7624845	11120	442844	619938
6	11	18337352	50799	1353641	860302
7	11.11	9188104	14725	1223354	156450

图7-19　5-11月统计结果

同样的在Hive控制台执行下面的Sql语句，对brand_id进行分组，所有相同的brand_id在一组，而且需要满足action_type =2，time_stamp =1111，对符合条件的数据进行从大到小排序，并且通过limit 10只取前10条。比如统计双11销售额前十的品牌，具体命令如下：

```
selectbrand_id, count(action_type) as sum from taobao where action_type =2 and time_stamp =
```

1111 GROUP BY brand_id order by sumdesc limit 10；

具体结果如图 7－20 所示。

品牌Id	销售量
2276	21895
8235	12909
1446	10105
6585	9272
1214	7311
1662	7242
4290	6862
3738	6640
187	6586
82	10075

图 7－20　双 11 销售额前十的品牌

同样的在 Hive 控制台执行下面的 sql 语句，对 seller_id 进行分组，所有相同的 seller_id 在一组，而且需要满足 action_type＝2，time_stamp＝1111，对符合条件的数据进行从大到小排序，并且通过 limit 10 只取前 10 条。比如，统计双 11 销售额前十的店铺，具体命令如下：

selectseller_id，count（action_type） as sum from taobao where action_type＝2 and time_stamp＝1111 GROUP BY seller_id order by sumdesc limit 10；

（4）数据展示

将数据分析结果可以利用可视化的方式展示，可以形象、直观地观察数据。实验采用 Enterprise Charts 对数据进行简单的可视化展示。

Enterprise Charts（商业产品图表库），简称 ECharts 是基于 Canvas 和 Javascript 的图表库，提供直观，生动，可交互，可个性化定制的数据可视化图表。它是由百度公司提供的开源可视化平台。

为了方便，可以利用 Echart 提供的 demo 来实现数据的展示。在浏览器中输入网址 http://echarts. baidu. com/examples/index. html#chart-type-bar，如图 7－21 所示。

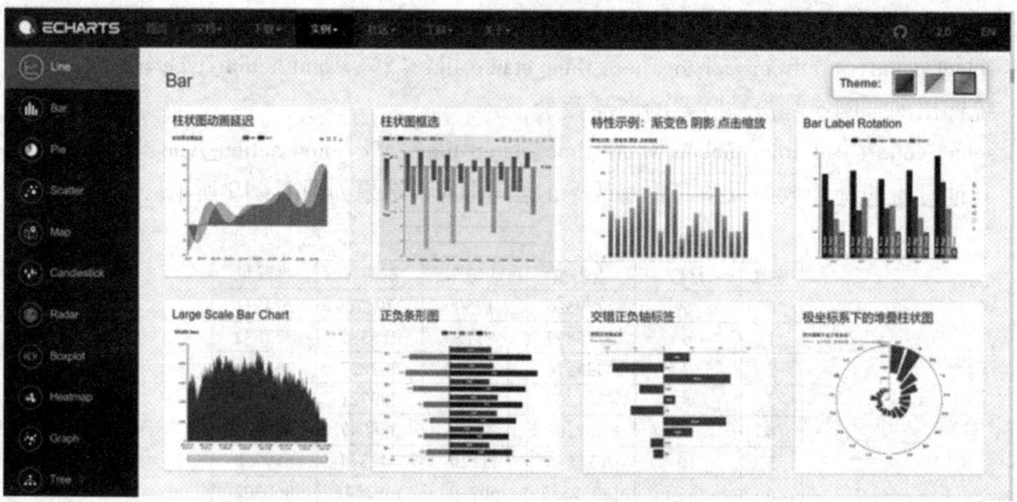

图 7－21　Echart 提供的 demo 网页

从图 7－21 可以看出，Echart 提供很多可视化模板并且用户可以直接修改数据。例如，点击图 7－21 中左列的 Bar，并选择 Bar simple，如图 7－22 所示。

在图 7－23 中，按照可视化要求，直接在左边的程序中修改数据，点击“运行”就可以得到简单的可视化效果。

利用 Echart 提供的柱状图统计用户的年龄分布，结果如图 7－24 所示。

图 7－22　**Echart 提供柱状图 demo**

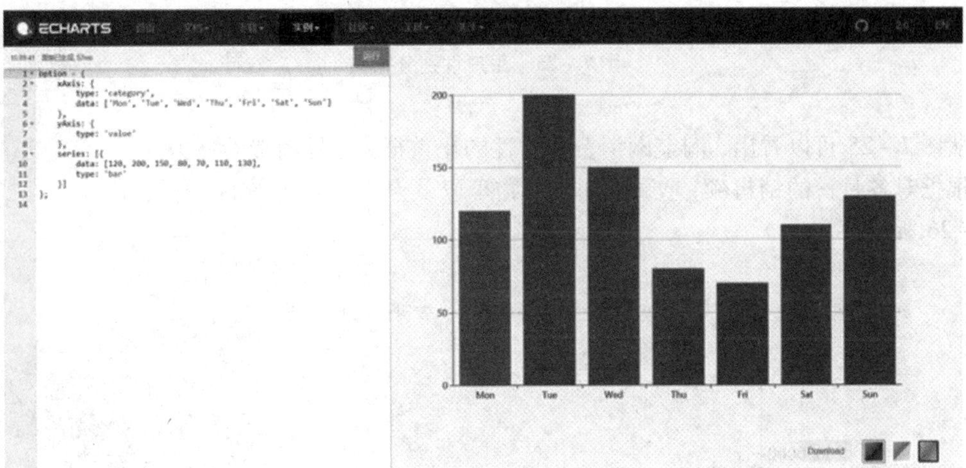

图 7－23　**Echart 提供柱状图修改**

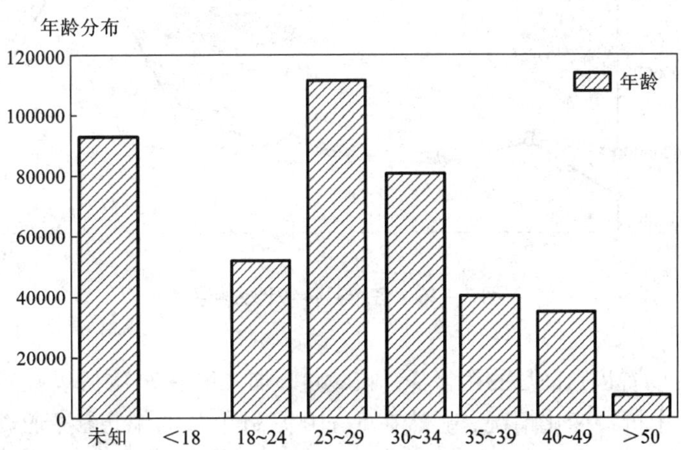

图 7－24　**用户年龄分布图**

从图 7 - 24 中可以看出，25 ~ 29 岁年龄段的用户所占比例最高，18 岁以下年龄段所占比例最小。也就是说，淘宝网消费者中年轻人是消费的主力。

利用 Echart 提供饼状图对用户性别的统计分析，用户性别比例的可视化如图 7 - 25 所示。

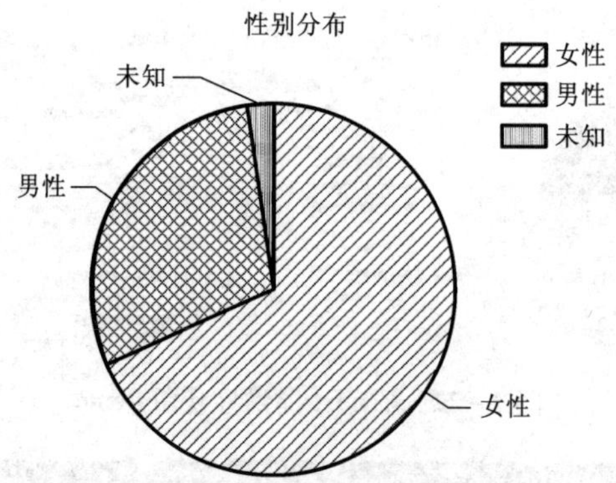

图 7 - 25　用户性别分布图

从图 7 - 25 可以看出，淘宝网消费者女性的比重很大，是消费的主力。

根据对各月份的销售额、收藏、加入购物车以及点击数量的统计分析，其数据可视化如图 7 - 26 所示。

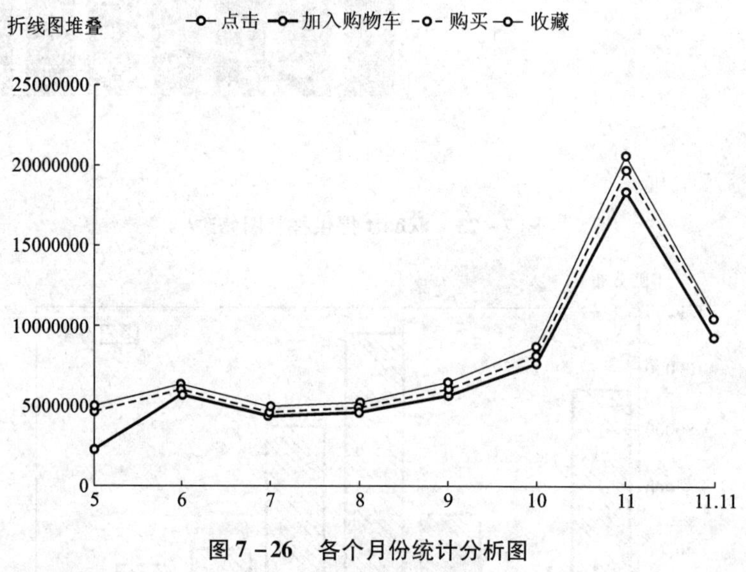

图 7 - 26　各个月份统计分析图

从图 7 - 26 可以看出，每月的销售额、收藏量、加入购物车数量以及商品的点击量的折线图，并且根据图中折线变化情况，显然在 5—10 月每个月的销售额、收藏量、加入购物车数量以及商品的点击量变化都不大，但是在 11 月数据迅速增长，“双 11”的销售额比之前每个月的销售额都高出很多。

根据“双 11”销售额前十的品牌和销售额前十的店铺的统计，其数据可视化如图 7 – 27 和7 – 28所示。

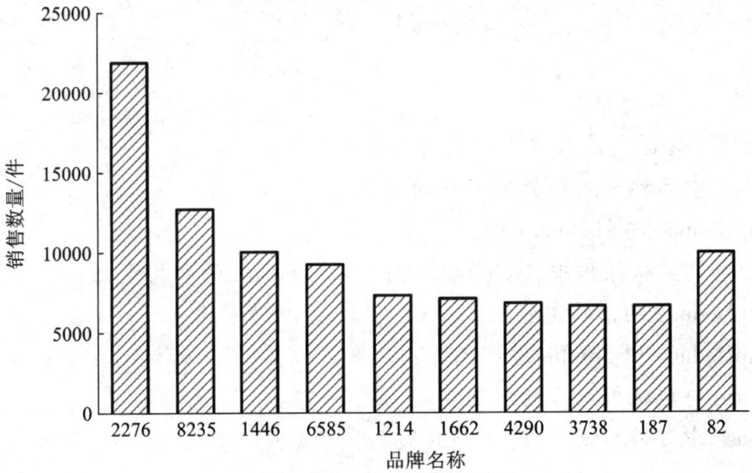

图 7 – 27　“双 11”销售额前十的品牌

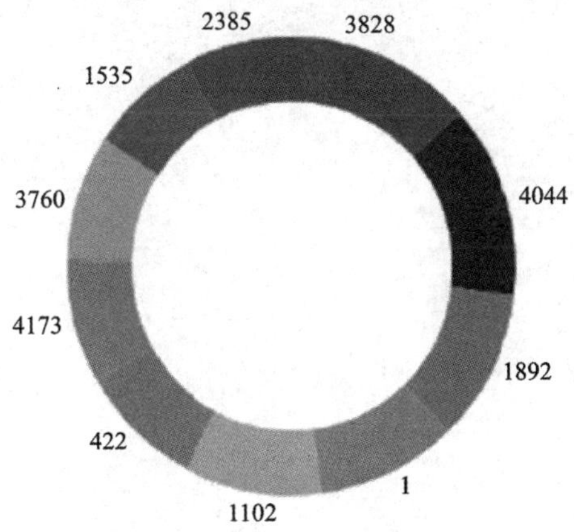

图 7 – 28　“双 11”销售额前十的商铺

图 7 – 28 中不同颜色深浅代表不同商铺，颜色块大小代表销售数量。

从图 7 – 27 和图 7 – 28 可以看出“双 11”销售额前十的品牌和“双 11”销售额前十的商铺以及它们之间的差距。数据通过可视化展示，更加直观反映数据特征。

7.3　小结

本章以淘宝网数据为数据源，首先获取数据并对数据进行预处理，然后利用 Hadoop 对数据进行存储和数据分析，最后利用 Enterprise Charts 实现数据的可视化展示。

通过实验是的学生可以初步了解大数据处理全过程，加强对大数据的基本概念，大数据采集方法和架构、预处理算法、数据分析方法，大数据展示方法以及互联网大数据处理分析方法等知识的理解，学会从数据采集 - 数据预处理 - 数据分析 - 数据可视化展示的大数据数据分析方法。

习 题

1. Hadoop 具有哪些特征?
2. HDFS 的块与普通文件系统中的块有何区别?
3. 简述 HDFS 中名称节点和数据节点的功能。
4. 简述 MapReduce 与 Hadoop 的关系。
5. MapReduce 的主从结构中，JobTracker 和 TaskTracker 的作用是什么?
6. 简述 MapReduce 的工作流程。
7. 分析 MapReduce 中 Shuffle 过程的作用。
8. 简述 Hbase 与传统数据库的区别。
9. 解释 Hbase 中行键/列键和时间戳的概念。
10. 简述 Yarn 组件在 Hadoop 中的作用。

参考文献

[1] 迈尔-舍恩伯格，库克耶. 大数据时代[M]. 盛杨燕等译. 杭州：浙江人民出版社，2013.

[2] 大数据白皮书(2016 年). http：//www. cac. gov. cn/2016-12/28/c_1121534609. htm

[3] 刘鹏. 大数据[M]. 北京：电子工业出版社，2017.

[4] 王崇骏. 大数据思维与应用攻略[M]. 北京：机械工业出版社，2016.

[5] 韩家炜. 数据挖掘：概念与技术[M]. (第 3 版). 范明译. 北京：机械工业出版社，2012.

[6] 任磊. 大数据可视化分析综述[J]. 软件学报，2014，25(9)：1909-1936.

[7] Apache Chukwa. http：//chukwa. apache. org/.

[8] Apache Flume. https：//flume. apache. org/.

[9] Scrible. https：//github. com/facebookarchive/scribe/.

[10] Apache Kafka. https：//kafka. apache. org/.

[11] 金博尔-罗斯. 数据仓库工具箱—维度建模权威指南[M]. (第 3 版). 王念滨等译. 北京：清华大学出版社，2015.

[12] 周林，殷侠等. 数据采集与分析技术[M]. 西安：西安电子科技大学出版社，2005.

[13] 马明建. 数据采集与处理技术[M]. 西安：西安交通大学出版社，2005.

[14] https：//baike. baidu. com/item/%E7%BD%91%E7%BB%9C%E7%88%AC%E8%99%AB

[15] https：//baike. baidu. com/item/ETL/1251949？fr=aladdin

[16] https：//blog. csdn. net/xlgen157387/article/details/77266719

[17] 刘宪军. Oracle 数据库备份、恢复与迁移[M]. 北京：机械工业出版社，2016.

[18] https：//blog. csdn. net/qq_34581118/article/details/77824597.

[19] Apache Sqoop. http：//sqoop. apache. org/.

[20] Kettle. http：//kettle. pentaho. com/.

[21] 罗刚. 网络爬虫全解析—技术、原理与实践[M]. 北京：电子工业出版社，2017.

[22] 唐松，陈智铨. Python 网络爬虫从入门到实践[M]. 北京：机械工业出版社，2017.

[23] Python. https：//www. python. org/

[24] https：//blog. csdn. net/bo_mask/article/details/76067790？utm_source=copy

[25] 张俊林. 这就是搜索引擎：核心技术详解[M]. 北京：电子工业出版社，2012.

[26] 袁津生，李群，蔡岳. 搜索引擎原理与实践[M]. 北京：北京邮电大学出版社，2008.

[27] http：//technology. chtsai. org/mmseg/

[28] https：//github. com/huaban/jieba-analysis

[29] http：//www. nltk. org/

[30] http：//thulac. thunlp. org/

[31] http：//ictclas. nlpir. org/

[32] https：//github. com/isnowfy/snownlp

[33] Sergey Brin, LawrencePage. The anatomy of a large-scale hypertextual Web search engine[J]. Computer Networks and ISDN Systems, 1998, 30(1-7): 107-117.

[34] HITS. https://blog.csdn.net/rubinorth/article/details/52231620

[35] D. Gibson, J. Kleinberg, P. Raghavan. Inferring Web Communities from Link Topology[J]. Proceedings of the Ninth ACM Conference on Hypertext and Hypermedia: Links, Objects, Time and Space-Structure in Hypermedia Systems. Pittsburgh, PA, USA. 1998: 225-234.

[36] 刘云霞. 数据预处理[M]. 厦门: 厦门大学出版社, 2011.

[37] Ian H Witten. 数据挖掘: 实用机器学习工具与技术[M].(第3版). 北京: 机械工业出版社, 2014

[38] 吕晓玲, 宋捷. 大数据挖掘与统计机器学习[M]. 北京: 中国人民大学出版社, 2016.

[39] 林子雨. 大数据技术原理与应用[M].(第2版). 北京: 人民邮电出版社, 2017

[40] Tom White. Hadoop 权威指南 [M]. 周傲英译. 北京: 清华大学出版社, 2010.

[41] Apache Hadoop. http://hadoop.apache.org/

[42] 王鹏. 云计算的关键技术与应用实例[M]. 北京: 人民邮电出版社, 2010.

[43] 蔡斌, 陈湘萍. Hadoop 技术内幕: 深入解析 HadoopCommon 和 HDFS 架构设计与实现原理[M]. 北京: 机械工业出版社, 2013.

[44] Apache HBase. http://hbase.apache.org/

[45] APACHE HIVE. http://hive.apache.org/

[46] 董西成. Hadoop 技术内幕: 深入解析 Yarn 架构设计与实现原理[M]. 北京: 机械工业出版社, 2014.

[47] Apache ZooKeeper. http://ZooKeeper.apache.org/

[48] Apache Sqoop. http://sqoop.apache.org/

[49] 林子雨. 大数据基础编程、实验和案例教程[M]. 北京: 清华大学出版社, 2017.

[50] Echarts. http://echarts.baidu.com/